21 世纪高等学校计算机类
课程创新系列教材·微课版

U0648662

Java程序设计

微课视频版

董正言 刘文涛 主编

清华大学出版社
北京

内 容 简 介

本书全面阐述 Java 语言编程技术，语言简洁、通俗易懂、内容全面、重点突出，并佐以大量例题以阐明重点内容。全书共 16 章，第 1 章介绍 Java 语言的核心特征，Java 编程平台的搭建；第 2 章和第 3 章介绍 Java 编程基础知识，包括基本数据类型、流程控制；第 4～11 章介绍面向对象编程的核心技术，包括类和对象、继承、抽象类、接口和多态、JDK 常用类、输入/输出流、泛型编程和集合类等内容；第 12 章介绍 Java 数据库编程技术；第 13 章介绍 Java 图形用户界面编程技术；第 14 章介绍多线程编程技术；第 15 章介绍套接字；第 16 章介绍 Java 反射技术。限于篇幅，第 16 章以二维码拓展阅读的形式展示。

本书可以作为高等学校计算机科学和软件工程等相关专业"Java 程序设计"课程的教材，也可以作为开发 Java 程序的参考书。

图书在版编目(CIP)数据

Java 程序设计：微课视频版/董正言，刘文涛主编. -- 北京：清华大学出版社，2025.6.
(21 世纪高等学校计算机类课程创新系列教材). -- ISBN 978-7-302-69522-6

Ⅰ. TP312.8

中国国家版本馆 CIP 数据核字第 2025DZ0783 号

责任编辑：黄　芝　李　燕
封面设计：刘　键
责任校对：申晓焕
责任印制：丛怀宇

出版发行：清华大学出版社
　　　网　　　址：https://www.tup.com.cn，https://www.wqxuetang.com
　　　地　　　址：北京清华大学学研大厦 A 座　　邮　　编：100084
　　　社 总 机：010-83470000　　　　　　　　邮　　购：010-62786544
　　　投稿与读者服务：010-62776969，c-service@tup.tsinghua.edu.cn
　　　质量反馈：010-62772015，zhiliang@tup.tsinghua.edu.cn
　　　课件下载：https://www.tup.com.cn，010-83470236
印 装 者：三河市天利华印刷装订有限公司
经　　销：全国新华书店
开　　本：185mm×260mm　　　印　张：20.25　　　字　数：496 千字
版　　次：2025 年 8 月第 1 版　　　　　　印　次：2025 年 8 月第 1 次印刷
印　　数：1～1500
定　　价：69.80 元

产品编号：105327-01

前 言

新一轮科技革命和产业革命带动了传统产业的升级改造。党的二十大报告强调"必须坚持科技是第一生产力、人才是第一资源、创新是第一动力,深入实施科教兴国战略、人才强国战略、创新驱动发展战略,开辟发展新领域新赛道,不断塑造发展新动能新优势"。建设高质量高等教育体系是摆在高等教育面前的重大历史使命和政治责任,高等教育要坚持国家战略引领,聚焦重大需求布局,推进新工科、新医科、新农科、新文科建设,加快培养紧缺型人才。

Web 应用编程是新世纪兴起的一门学科,Java 语言是 Web 编程的首选语言。

Java 语言是 20 世纪 90 年代由 Sun 公司推出的一款纯粹的面向对象的编程语言。其核心特征是跨平台性,只要这个平台上安装了 Java 虚拟机,经过编译的 Java 程序就可以在这些平台上直接运行。这种"一次编译,到处运行"的特性使得 Java 成为开发 Web 应用程序的首选语言。自诞生之日起,Java 得到了广泛的应用,到 20 世纪末即成为拥有程序员数量最多的编程语言。截至目前,Java 编程技术的发展已历经了 30 余年,依然长盛不衰。

本书以 2021 年发布的 JDK 17(最新的 Java 稳定版,一个可称为里程碑的版本)为基础,全面、详细地介绍 Java 语言编程技术。

为了使读者能够全面、透彻地掌握 Java 编程技术,本书中使用了大量演示例程,全部例程代码都基于 JDK 17,并通过编译。

本书配备了丰富的教学资源,包括所有章节的课件、例题代码、习题及答案,读者可以登录清华大学出版社网站或扫描如下二维码登录课程网站进行下载。

课程网站二维码

本书语言简洁、重点突出,是一部面向大学本科软件工程相关专业的 Java 编程入门教材。

本书属于武汉轻工大学教材建设基金资助项目,武汉轻工大学数学与计算机学院的董正言编写了第 1 章、第 6 章和第 8~16 章,刘文涛编写了第 2~5 章和第 7 章。

由于作者学识水平和时间的限制,书中疏漏和不妥之处,敬请读者批评指正。

作 者

2025 年 3 月

目　录

第1章

绪论

1.1 编程语言的发展及 Java 语言的诞生

计算机由硬件和软件组成。硬件指组成计算机的各种零部件,如中央处理器(CPU)、主存储器(内存)、硬盘等;软件是指挥硬件运行的程序,如操作系统、各种硬件的驱动程序和其他应用程序等。程序设计语言是用来设计计算机软件的,自 1946 年第一台电子数字计算机诞生至今,计算机科学发展迅猛,程序设计语言也经历了漫长的发展过程。

第一代程序设计语言是机器语言。机器语言是由计算机硬件可以识别的机器指令组成的集合,由二进制编码组成。不难想象,采用机器语言编写程序的难度很大,编程人员既要掌握数目繁多的机器指令,又要熟知计算机的硬件结构,只有极少数专业人员才能胜任。

不久后,出现了汇编语言,汇编语言用一些容易记忆的助记符代替机器语言中的二进制编码,使机器指令看上去更容易理解。常用的助记符有 MOV、ADD、SUB 等。计算机在运行由汇编语言编写的程序时,首先需要把程序翻译成计算机能够识别的机器指令,完成这个翻译功能的程序叫作汇编程序。因为不同类型的计算机具有不同的硬件结构和指令系统,所以,由汇编语言编写的程序不是平台独立的,也就是说,为一种计算机编写的汇编语言程序不能直接在另一种类型的计算机上运行。

由于机器语言和汇编语言都能直接操作计算机硬件,因此被称为低级语言。

20 世纪 60 年代末,出现了结构化高级编程语言。高级编程语言采用数量有限的、容易理解的执行语句编写程序,并允许程序员用具有一定含义的名字为程序中使用的数据命名。高级语言致力于解决问题,而不针对特定的硬件,屏蔽了计算机的硬件细节,采用高级语言编写的程序无须修改就可以在不同类型的计算机上运行,程序的可移植性高。计算机在运行高级语言编写的程序时,首先要用一个翻译程序把高级语言翻译成硬件可识别的机器指令,这个翻译程序叫作编译程序,这个翻译过程被称为编译。常见的结构化高级语言有 C、BASIC 等。采用高级语言进行结构化程序设计的原则是自顶向下,逐步求精。

随着科学技术的飞速发展,计算机逐步走进了各行各业,计算机软件的规模也越来越庞大。20 世纪 90 年代初期,图形界面操作系统(如微软公司的 Windows 操作系统)以其优秀的人机交互性和可操作性逐步取代了基于命令流操作系统(如 MS-DOS),并得到普及。采用结构化程序设计方法设计大型的图形界面应用程序会显得力不从心。这时,一种新型的程序设计方法——面向对象的程序设计方法应运而生,并取代了结构化程序设计方法,成为大型程序设计的主流技术。同时,面向对象的程序设计语言也取代了结构化高级语言,成为主流的编程语言。在面向对象的程序设计方法中，把数据和操作它们的方法封装在一起，抽象出解域空间对象模型，用于描述实际的问题域空间对象，更直接地反映了客观世界中的事物，以及它们之间的关系；同时，利用继承和多态技术，极大提高了程序代码的重用性和程序设计效率。一种由 C 语言扩展升级而产生的、支持面向对象编程技术的高级语言 C++在这一时期逐步成为了拥有最多程序员的主流编程语言。

20 世纪 90 年代，随着 Internet（互联网）的出现，人类社会逐步进入了网络时代。Internet 上连接着大量基于不同平台的主机和通信设备，Sun Microsystems 公司（简称 Sun 公司，现已被 Oracle 公司收购）的 James Gosling（詹姆斯·高斯林）等意识到急需一种能够开发跨平台应用程序的编程语言。他们对一种名叫 Oak 的语言进行了改造，并于 1995 年 5 月正式推出了 Java 语言。James Gosling 也因此被称为"Java 之父"。

1.2　Java 语言的发展

1996 年 1 月，Sun 公司发布了第一个 Java 语言开发工具包 JDK 1.0，这是 Java 发展历程中的重要里程碑，标志着 Java 成为一种独立的开发工具。

1997 年 2 月，Sun 公司发布了 JDK 1.1。

1998 年 12 月 8 日，第 2 代 Java 平台企业版 J2EE 面世。

1999 年 6 月，Sun 公司发布了 Java 平台的 3 个版本 J2EE、J2SE、J2ME。其中 J2EE 是用于开发企业级应用程序、Web 应用程序、分布式应用程序的 Java 平台；J2SE 是用于开发桌面应用程序的 Java 平台；J2ME 专门用于开发嵌入式设备和移动设备上的应用程序。

2000 年 5 月，JDK 1.3、JDK 1.4 和 J2SE 1.3 相继面世。

2001 年，Java 语言程序员的人数首次超过 C 语言程序员的人数，成为了世界上极受欢迎的编程语言。

2004 年 9 月 30 日，J2SE 1.5 发布，成为 Java 语言发展史上的又一里程碑。为了表示该版本的重要性，J2SE 1.5 更名为 Java SE 5.0。

2005 年 6 月，Sun 公司发布了 Java SE 6。此时，Java 的各种版本已经更名，取消其中的数字 2，如 J2EE 更名为 Java EE，J2SE 更名为 Java SE，J2ME 更名为 Java ME。

2006 年 11 月，Sun 公司宣布将 Java 技术作为免费软件对外发布，并发布了 Java 平台标准版的第一批源代码。

2009 年，Sun 公司被 Oracle 公司收购。

2010 年，Oracle 公司发布了 Java 7。

2014 年，Oracle 公司发布了 Java 8。Java 8 是 Java 版本中的一次重大更新，引入了很多新特性和新功能。至今还被许多程序员使用。

2017 年，Java 9 面世。

2018 年，Oracle 公司发布 Java 10 和 Java 11。

2019 年，Java 12、Java 13 相继面世。

2020 年 3 月和 9 月，Oracle 公司相继发布了 Java 14 和 Java 15。

2021 年，Oracle 公司发布了 Java 16 和 Java 17。Java 17 也为 Java 带来了一些重要的改进和更新，是继 Java 8 之后的又一个里程碑式的版本。

2022 年,Oracle 公司推出了 Java 18 和 Java 19。

2023 年,Java 20 和 Java 21 面世。

2024 年 3 月 20 日,Oracle 公司发布了 Java 的最新版本 Java 22。

Java 语言自 2001 年取代 C 语言成为程序员最多的编程语言以来,在以后接近 20 年的时间里,一直雄踞榜首,直到 2019 年才被 Python 语言超越。但在以后的几年中,也仍然稳居三甲之列。

1.3 Java 语言的特点

Java 语言备受程序员喜爱,是由其卓越的语言特性决定的。Java 语言具有简单、面向对象、解释型、跨平台、多线程、动态性和安全性等特性。

Java 语言的简单性主要是针对 C++ 而言的,Java 的设计灵感来源于 C++,Java 语言关键字、控制语句和程序结构都和 C++ 极其相似,但却摒弃了 C++ 中的一些复杂的、编程时容易出错的元素,如指针、多继承、运算符重载等,使编程变得更加简单。

Java 是一种纯粹的面向对象的编程语言,这也是它相较于 C++ 的一个优势。C++ 语言是从 C 语言演化而来的,C 语言是一种结构化编程语言,C++ 在 C 语言的基础上增加了面向对象的编程技术,同时也保留了结构化语言的一些不好的元素,如全局变量、goto 语句等。而 Java 支持纯粹的面向对象编程技术,可以说迄今为止,Java 是对面向对象技术支持非常出色的一门编程语言,相较于晦涩难懂的 C++ 程序,Java 程序的结构显得更加简单、优雅。

Java 既是一种编译型语言,又是一种解释型语言。Java 编译器将源程序编译成一种中间码文件,这种中间码被称为字节码。字节码不能直接在计算机硬件上运行,必须要通过 Java 解释器把它翻译成本地计算机硬件能够识别的机器指令,这一过程被称为解释,经过解释产生的机器指令才能在计算机上运行。Java 解释器通常被称为 Java 虚拟机(Java Virtual Machine,JVM)。

Java 是跨平台的,这里的跨平台指经过编译之后得到的程序文件不需要再次编译就可以在不同的计算机平台上直接运行。不同平台的机器指令集是不同的,对于 C++ 等编译型的语言,由于编译器把高级语言源程序语句编译成本地平台的机器指令,因此程序若要在其他平台运行,必须使用基于目标平台的编译器对源程序进行重新编译。C++ 程序的编译和运行过程如图 1.1 所示。由于 Java 编译器并不把源程序编译成机器指令,而是字节码,因此一个平台只需安装基于该平台的 Java 虚拟机,就可以运行字节码文件。Java 为 Windows、macOS、Linux 等平台都提供了 Java 虚拟机,所以在 Windows 系统上编译的 Java 字节码文件可以直接在 macOS 或 Linux 等系统上运行。Java 程序的编译和运行过程如图 1.2 所示。可以把 Java 程序的这种跨平台特性总结为一句话:“一次编译,到处运行”。

但事物总是矛盾的,任何事物都有正反两面。从图 1.1 和图 1.2 不难看出,Java 语言的跨平台特性是以牺牲程序的运行效率为代价的。

Java 语言内置了多线程编程能力。Java 类库提供了实现多线程的类,可以直接使用它们编写多线程程序,而不用去调用平台 API(应用程序编程接口),这为程序员编程带来了极大的方便。

Java 虽然是一种静态类型的编程语言,但是它具有很多动态特性。例如,Java 的类是

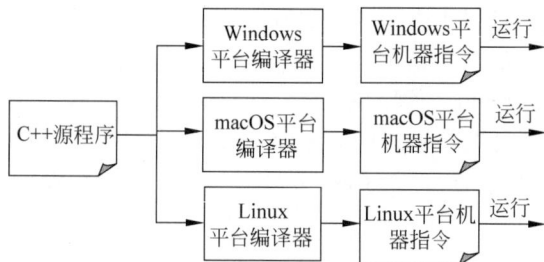

图 1.1　C++程序的编译和运行过程

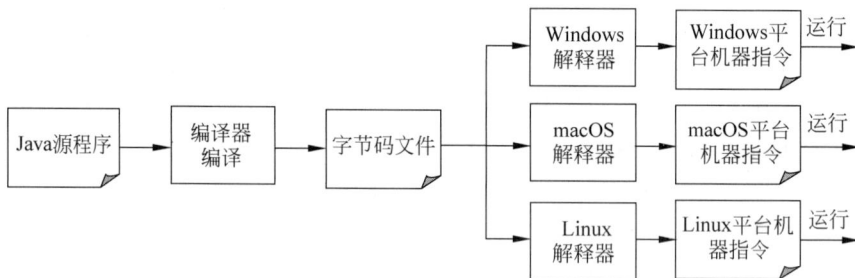

图 1.2　Java 程序的编译和运行过程

动态加载的,Java 语言提供了强大的反射技术,反射技术可以使程序在运行时获取对象的类型信息,并创建和操作对象。这使得 Java 既具有静态语言类型安全的优点,又具有动态语言的灵活性。能够实现许多静态语言无法实现的功能。

　　Java 还提供了很多使程序安全运行的机制。例如,Java 语言的自动内存回收机制使程序不易发生内存泄漏;Java 摒弃了 C++的指针变量,使程序员不能直接操作内存,增加了使用内存的安全性;Java 提供了丰富的异常类型来规避程序运行时有可能出现的问题,避免因运行时异常导致程序崩溃。

　　Java 语言的这些特点使它特别适合用来编写 Web 应用程序,在过去的 20 多年里,Java在 Web 编程领域一直占据统治地位。

1.4　搭建开发环境

1.4.1　下载并安装 JDK

　　JDK(Java Development Kit)是 Java 开发工具包,要开发 Java 程序,必须先在计算机上安装 JDK。可以登录 Oracle 官方网站下载 JDK,步骤如下。

　　(1) 登录网址 https://www.oracle.com/cn/进入 Oracle 官网主页。

　　(2) 单击页面上方的"产品"选项,在弹出窗体中单击 Java 图标,进入 Java 页面。

　　(3) 在 Java 页面中,单击页面右上方的"下载 Java"按钮,进入 Java Downloads 页面。

　　(4) 在 Java Downloads 页面中可以看到当前可下载的最新版本的 JDK,如图 1.3 所示。如果想下载以前的 JDK 版本(如 JDK 8),可以单击页面上方的 Java archive 选项,进入Java Archive 页面,其中列出了所有可供选择的 JDK 版本。

　　(5) 在 Java Downloads 页面中,选择并单击其中的 JDK 17,在下部会出现 JDK 17 的下

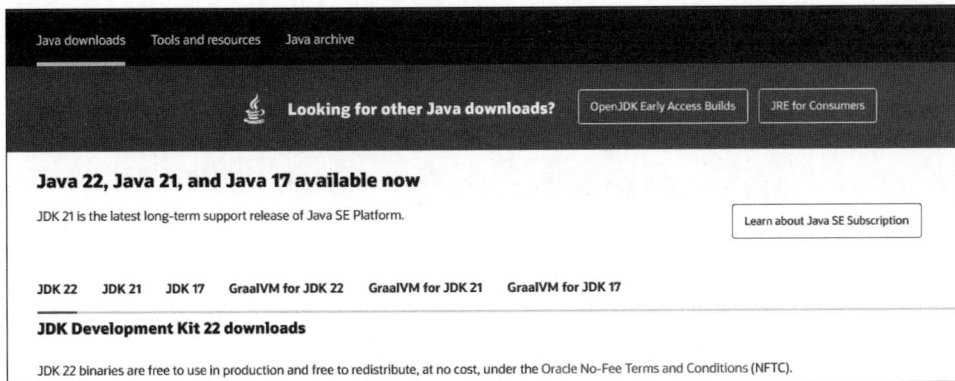

图 1.3 Java Downloads 页面

载页面。

(6) 在 JDK 17 下载页面中提供了针对 3 种不同平台(Linux、macOS、Windows)的 JDK 下载链接,在其中选择自己使用的操作系统,如图 1.4 所示。

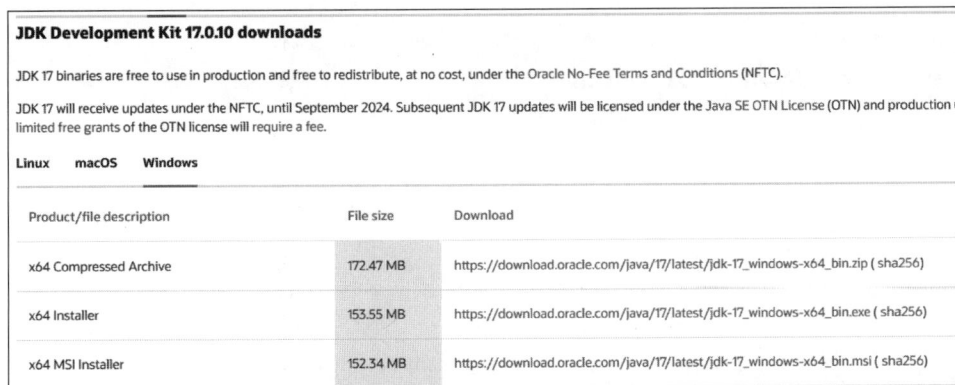

图 1.4 JDK 17 下载页面

(7) 在图 1.4 所示的页面中,单击 x64 Installer 后面的下载链接即可开始下载 JDK 17。下载完毕后,会在本地的下载目录中得到一个名为 jdk-17_windows-x64_bin.exe 的可运行文件,它是 JDK 17 的安装包。

成功下载了 JDK 17 安装文件后,就可以开始在计算机上安装并配置 JDK 17 了,步骤如下。

(1) 运行文件 jdk-17_windows-x64_bin.exe,开始安装 JDK 17。

(2) 在安装过程中,安装程序会提示选择 JDK 的安装目录,如图 1.5 所示。默认的安装目录是 C:\Program Files\Java\jdk-17\。建议更改安装目录,尽量不要把安装目录设置到计算机的 C 盘上。例如可将 JDK 安装在"D:\Java\jdk-17\"目录中。

(3) 在图 1.5 所示的界面中单击"更改"按钮,重新选择安装目录。然后单击"下一步"按钮即可开始安装 JDK 17。

(4) JDK 17 安装成功后,需要设置系统的环境变量。在计算机桌面上,右击"此电脑"图标,在弹出的菜单中单击"属性"菜单项,打开计算机的"设置"页面。

(5) 从计算机的"设置"页面中进入"系统>系统信息"页面。在其中找到"高级系统设置"选项,如图 1.6 所示。

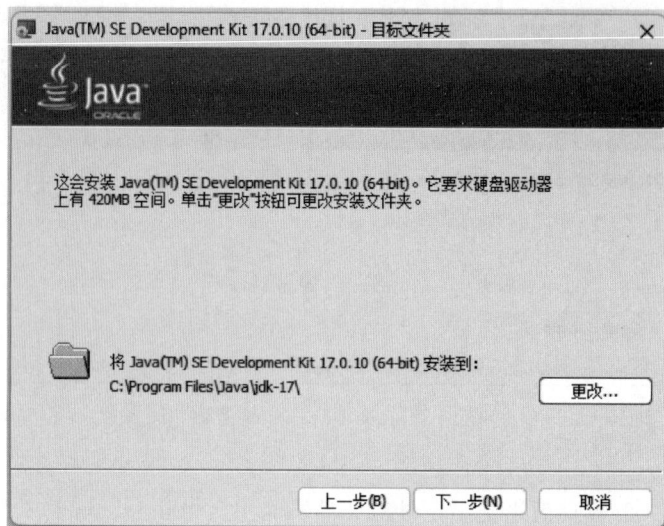

图 1.5　选择 JDK 17 的安装目录

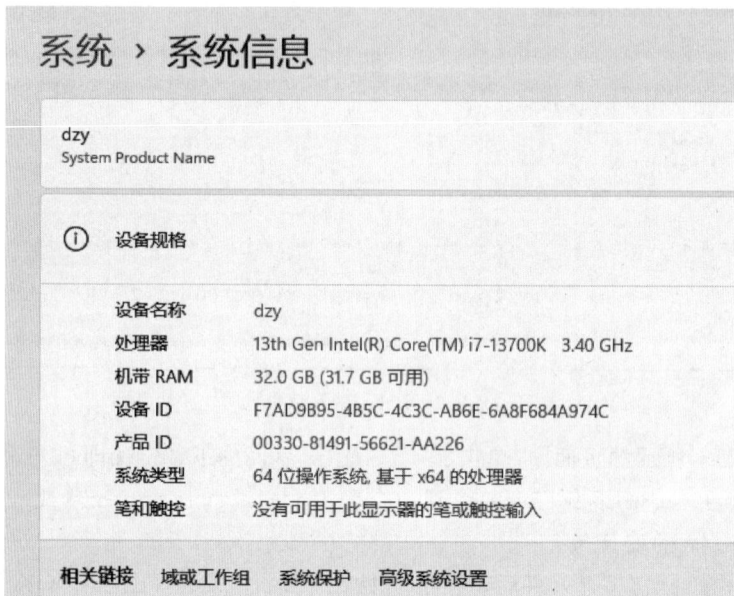

图 1.6　进入"系统>系统信息"页面

（6）单击"高级系统设置"选项，打开"系统属性"页面，如图 1.7 所示。

（7）在"系统属性"页面中单击"环境变量"按钮，打开"环境变量"对话框，如图 1.8 所示。

（8）在"环境变量"对话框中，查看是否已配置了环境变量 Path。若已经配置了 Path 环境变量，则找到并选中该环境变量，单击"编辑"按钮，进入 Path 环境变量的编辑页面，如图 1.9 所示；如果还没有配置 Path 环境变量，则单击"新建"按钮，进入"新建用户变量"对话框，如图 1.10 所示。

（9）在图 1.9 所示的"编辑环境变量"对话框中，新建一个分项，每个分项的值都是一个字符串。将表示 JDK 17 安装目录下的 bin 子目录的完整路径的文本设置为该分项的值。在

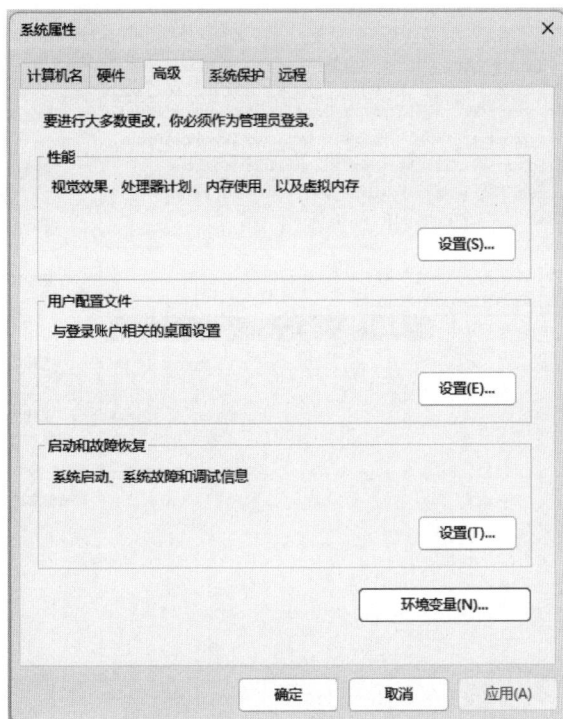

图 1.7 进入"系统属性"页面

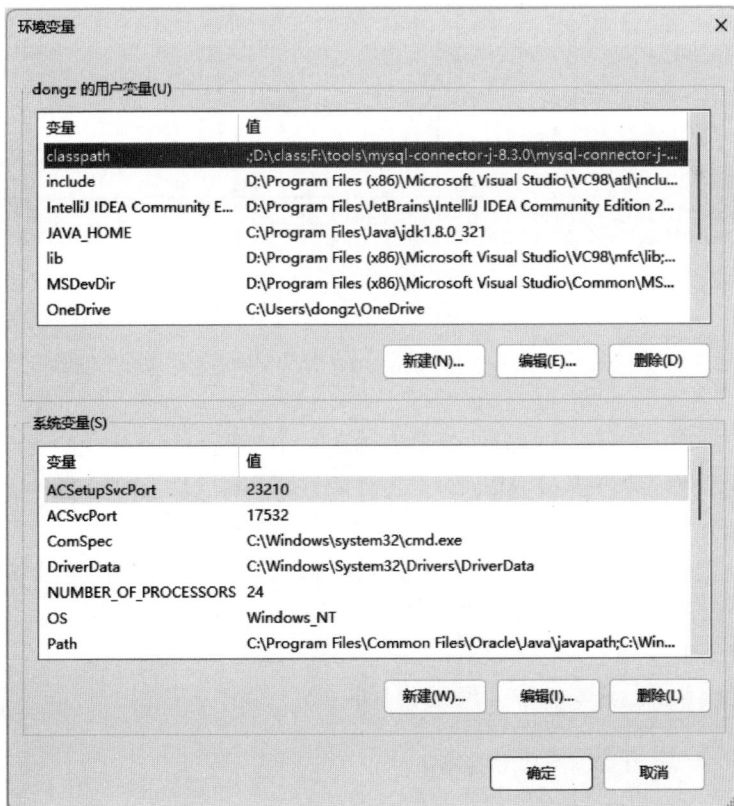

图 1.8 在"环境变量"对话框中设置环境变量

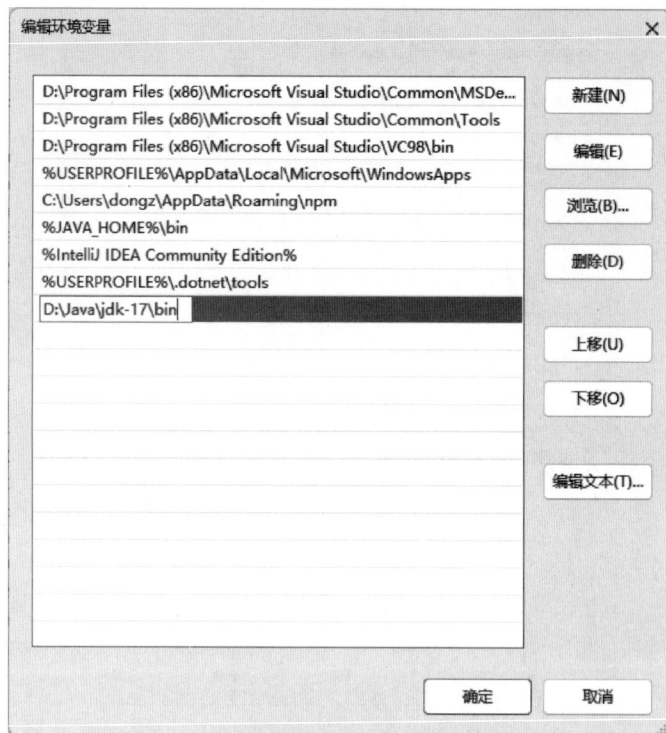

图 1.9　编辑并设置 Path 环境变量

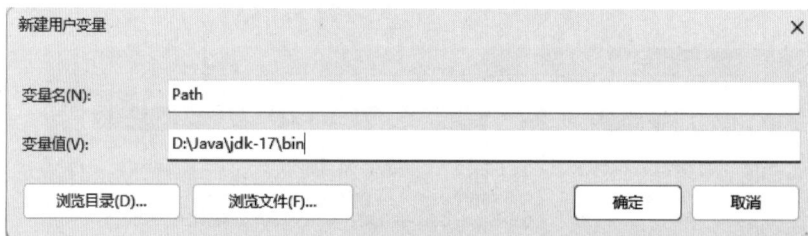

图 1.10　新建并设置 Path 环境变量

作者的计算机上，该值为 D:\Java\jdk-17\bin。然后单击"确定"按钮，完成环境变量的设置。

（10）如果 Path 环境变量是新建的，则在如图 1.10 所示的"新建用户变量"对话框中将环境变量 Path 的值设置为表示 JDK 17 安装目录下的 bin 子目录的完整路径的文本，如 D:\Java\jdk-17\bin。然后单击"确定"按钮，完成环境变量的设置。

（11）设置完环境变量后，应测试环境变量是否设置成功。打开系统的"命令提示符"窗口，并在其中输入命令 java-version，如果窗口中正确显示了 JDK 的版本信息，则环境变量配置成功，如图 1.11 所示。

至此，已在计算机上成功安装并配置了 JDK 17。

1.4.2　下载并安装 Eclipse

安装了 JDK 17 后，已经可以使用 EditPlus 或操作系统自带的"记事本"等文本编辑器

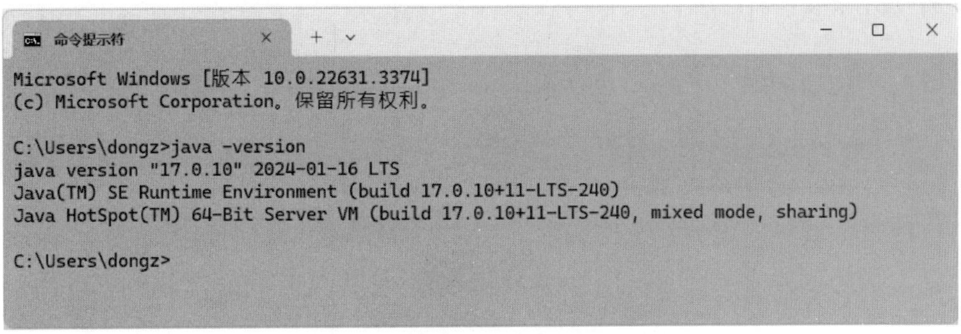

图 1.11 测试环境变量是否设置成功

编写并运行 Java 程序了。但是这些文本编辑器不是专业的编程软件,使用它们会影响编程效率。

"工欲善其事,必先利其器"。若想高效地编程,必须先选择一款优秀的专业编程软件。当下有几款非常流行、优秀的 Java 开发工具,如 JetBrains 公司的 Java 开发工具 IDEA,Apache 的 NetBeans 和 IBM 公司开发的 Eclipse。本书使用 Eclipse 作为 Java 程序的开发工具。

Eclipse 是由 IBM 公司研发的一款免费、开源的程序开发软件。它不仅可以用来开发 Java 程序,也可以用于开发 C++ 和 PHP 程序。读者可以登录 Eclipse 官网下载 Eclipse 安装程序,步骤如下。

(1) 在浏览器地址栏输入网址 https://www.eclipse.org/ 并登录 Eclipse 官网,单击页面上的 Download 按钮进入下载页面;或直接在浏览器地址栏输入 https://www.eclipse.org/downloads/进入下载页面,如图 1.12 所示。

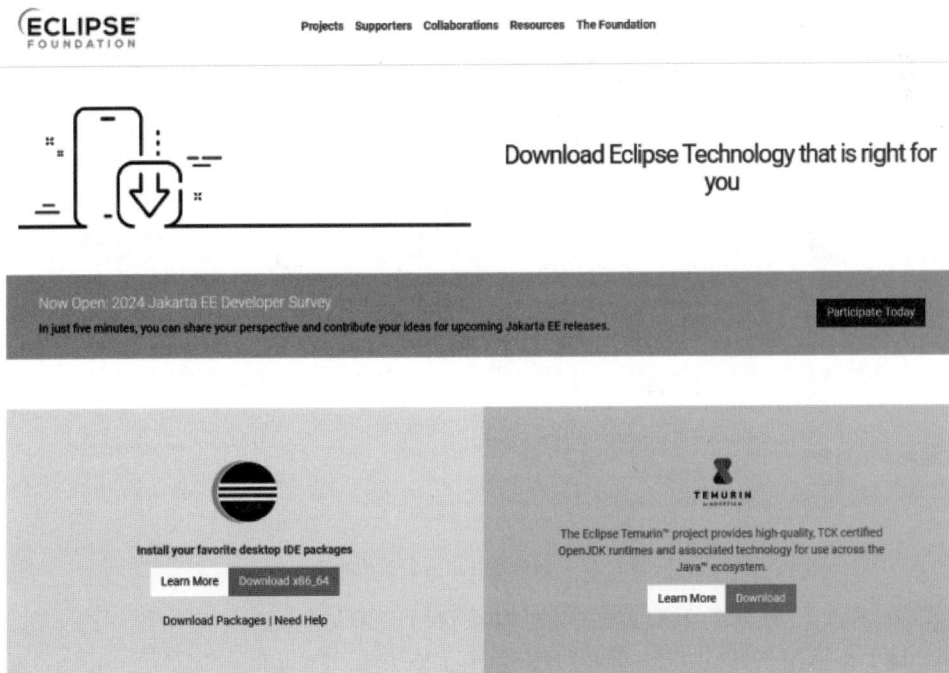

图 1.12 Eclipse 下载页面

（2）单击下载页面中的 Download x86_64 按钮，进入二级下载页面，如图 1.13 所示。

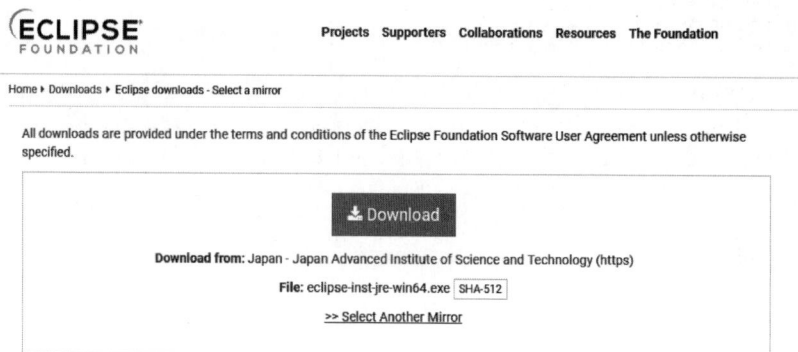

图 1.13　进入二级下载页面

（3）在图 1.13 所示的下载页面中，可以直接单击 Download 按钮开始下载 Eclipse 安装文件。如果下载速度过慢，可以单击 Download 按钮下面的 Select Another Mirror 打开下拉列表，从列表中选择其他的下载镜像站点进行下载。

（4）下载结束后，将获得一个可运行的安装文件 eclipse-inst-jre-win64.exe，运行这个文件就可以开始安装 Eclipse。有些读者不希望下载安装版的 Eclipse，可以在图 1.12 所示的页面中单击 Download x86_64 按钮下面的超链接 Download Packages，进入解压版 Eclipse 的下载页面，如图 1.14 所示。

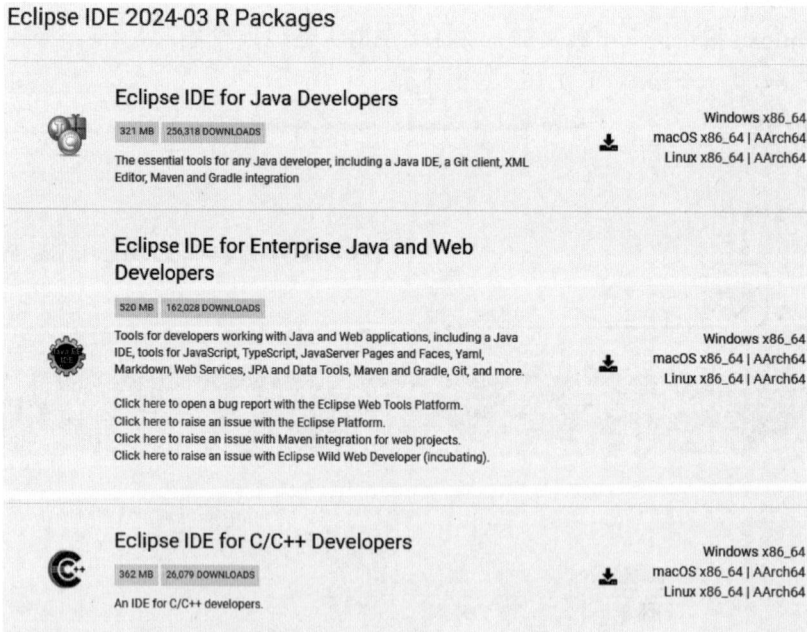

图 1.14　解压版 Eclipse 下载页面

（5）在图 1.14 所示的下载页面中，可以看到用于开发多种类型应用程序的 Eclipse 下载链接，其中包括用于开发 Java 桌面应用程序的 Eclipse IDE for Java Developers；用于开发动态 Web 应用程序的、支持 JavaEE 开发技术的 Eclipse IDE for Enterprise Java and

Web Developers；用于开发 C++ 程序的 Eclipse IDE for C/C++Developers 等。

(6) 在图 1.14 所示的页面中，在 Eclipse IDE for Java Developers 选项后面列出了在三种不同平台上(Windows、macOS 和 Linux)开发 Java 桌面程序的 Eclipse 下载链接，读者可以根据自己使用的平台选择相应的下载链接。本书作者使用的是 Windows 11 操作系统，所以应选择 Windows 后面的超链接 x86_64。单击该超链接后即可进入二级下载页面，如图 1.15 所示。

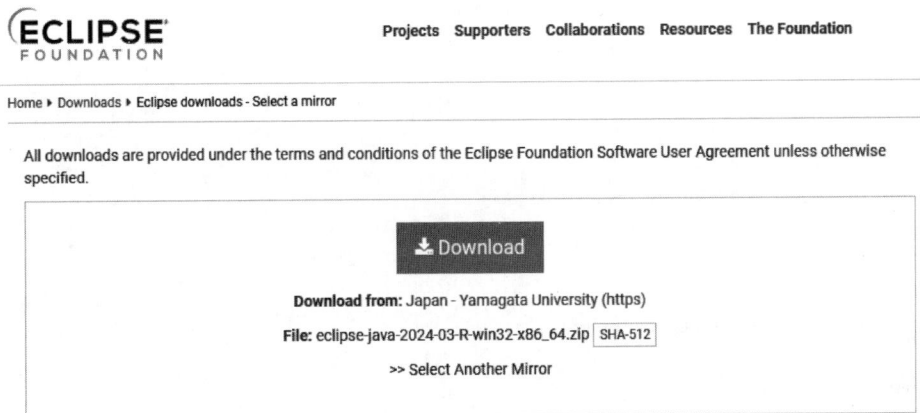

图 1.15　解压版 Eclipse 的二级下载页面

(7) 在图 1.15 所示的二级下载页面中，单击 Download 按钮即可开始下载。下载之后会得到一个名为 eclipse-java-2024-03-R-win32-x86_64.zip 的压缩文件。解压版的 Eclipse 不需要运行安装，直接对压缩文件进行解压即可完成安装。

(8) 安装版的 Eclipse 安装文件运行后，会在系统桌面添加一个图标，单击该图标即可启动 Eclipse；解压版的 Eclipse 压缩包解压后，在解压文件夹中会出现一个名为 eclipse 的子目录，该目录中有一个名为 eclipse.exe 的运行文件。双击运行该文件即可启动 Eclipse。

(9) Eclipse 启动后会首先进入 Select a directory as workspace 页面，以选择工作目录，如图 1.16 所示。工作目录是计算机用于保存由 Eclipse 开发的 Java 程序的子目录。用户在选择了工作目录后，单击界面下方的 Launch 按钮，进入 Eclipse 主界面，如图 1.17 所示。

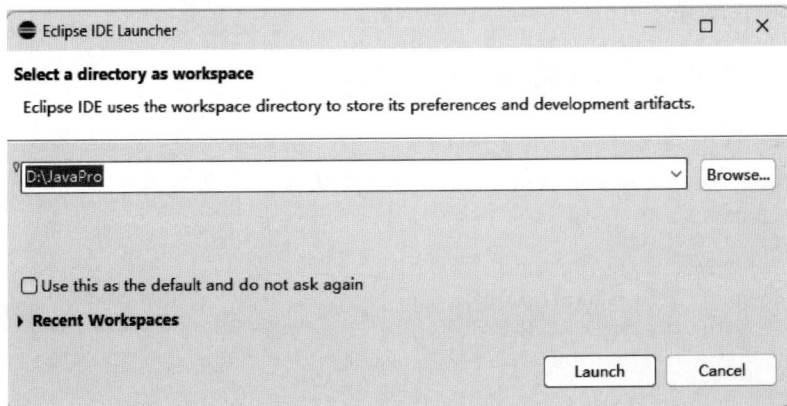

图 1.16　选择 Eclipse 工作目录

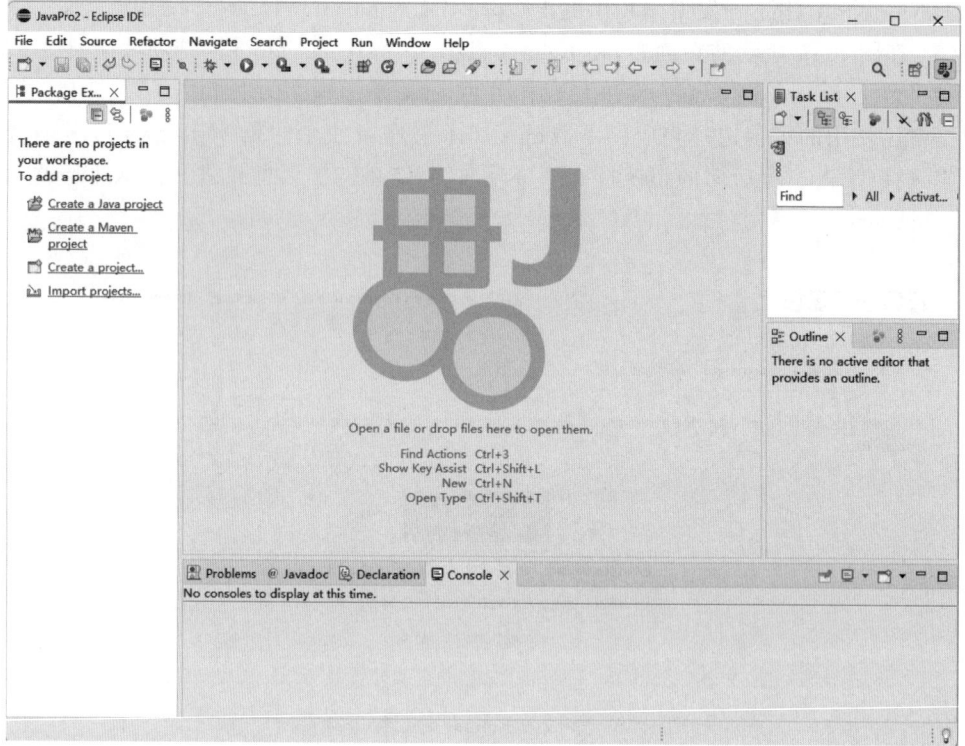

图 1.17　Eclipse 主界面

1.5　第一个 Java 程序

Java 程序包括 3 种类型，分别为 Application 应用程序、Applet 小程序和 Servlet 程序。Application 应用程序是在安装了 JVM 的某种特定平台上独立运行的应用程序；Applet 小程序是嵌入浏览器中运行的 Java 程序；Servlet 程序是由 Java 语言编写的在 Web 服务器上运行的程序。由于 Applet 小程序近年来的应用不是很多，本书中不予介绍。Servlet 程序运行在 Web 服务器端，用于处理客户端提交的 HTTP 的请求。本节介绍使用记事本和 Eclipse 编写和运行 Java Application 程序的方法。

1.5.1　使用记事本编写 Java 程序

【例 1.1】　使用记事本编写 Java 程序。

记事本是 Windows 操作系统自带的文本编辑软件。启动记事本，并在其中输入以下代码。

```java
public class FirstClass{
    public static void main(String[] args){
        System.out.println("你好！");
        System.out.println("欢迎来到 Java 的世界！");
    }
}
```

上面的 Java 代码声明了一个名为 FirstClass 的类。类是程序员自定义的一种抽象数据类型。FirstClass 类中声明了一个 main()方法,main()方法是 Java Application 应用程序的主方法,任何 Application 应用程序都从 main()方法开始执行。包含 main()方法的类通常被称为程序的主类。当前程序的 main()方法中包含两条语句,功能是向"命令提示符"窗体输出两行字符串。

执行记事本的"文件"→"另存为"菜单命令,打开文件"另存为"对话框,如图 1.18 所示。

图 1.18 "另存为"对话框

在"另存为"对话框中,将文件命名为 FirstClass.java。Java 规定,程序源文件的名字必须和其中的主类名字相同,源文件的扩展名必须是".java"。一个 Java 程序可以由多个源文件构成,每个源文件中最多只能有 1 个公有(public)的类。如果一个源文件中不包含主类,那么源文件的名字必须和其中的公有类名相同。

在"另存为"对话框中,将文件的"保存类型"设置为"所有文件(".")",然后单击"保存"按钮。

打开系统的"命令提示符"窗口,进入保存程序源文件的文件夹,输入以下命令并按Enter 键。

```
javac FirstClass.java
```

上面的命令指定 Java 编译器对源文件 FirstClass.java 进行编译。其中的 javac 是 Java编译器文件的文件名,它被保存在 JDK 安装路径的 bin 子目录中。由于在 1.4 节中已经为bin 目录设置了环境变量 Path,因此在计算机的任何位置,都可以使用该目录中的所有命令文件。如果程序中存在语法错误,则编译器会在"命令提示符"窗口中给出错误提示。若编译完成后"命令提示符"窗口中没有任何提示信息,则程序被成功编译为字节码文件,如图 1.19 所示。

程序编译成功后,Java 编译器会为程序中的每个类生成一个字节码文件,字节码文件的文件名是该类的类名,字节码文件的扩展名是".class"。读者可以进入保存程序的子目录观察程序编译的结果。

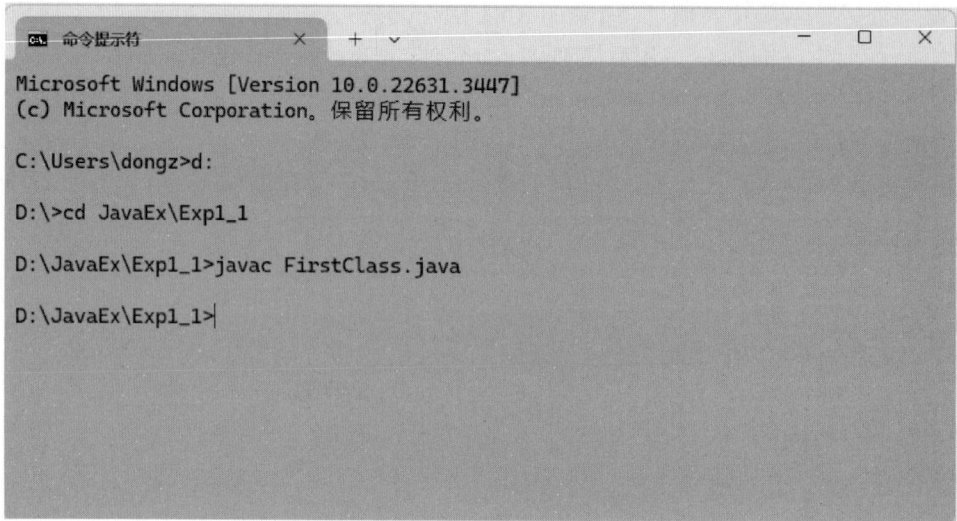

图 1.19　在"命令提示符"窗口中编译源程序

下一步，在"命令提示符"窗口中输入命令 java FirstClass，然后按 Enter 键运行程序。命令中的 java 是 Java 解释器（JVM）的文件名，Java 解释器也被保存在 JDK 安装路径的 bin 子目录中。程序运行结果如图 1.20 所示。

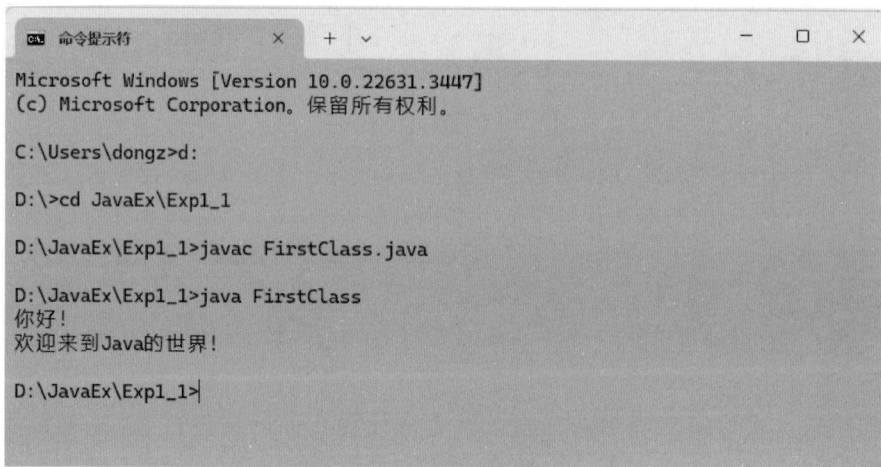

图 1.20　程序运行结果

1.5.2　在 Eclipse 中编写并运行程序

【例 1.2】　使用 Eclipse 编写 Java 程序。

启动 Eclipse，执行 File→New→Java Project 命令打开 New Java Project 对话框，如图 1.21 所示。

在 New Java Project 对话框中输入工程名 Exp1_2，然后单击对话框下面的 Finish 按钮创建一个名为 Exp1_2 的新的 Java 工程。

成功创建了 Java 工程后，即可在 Eclipse 的 Package Explorer 视图中看到刚创建的工程文件夹，如图 1.22 所示。

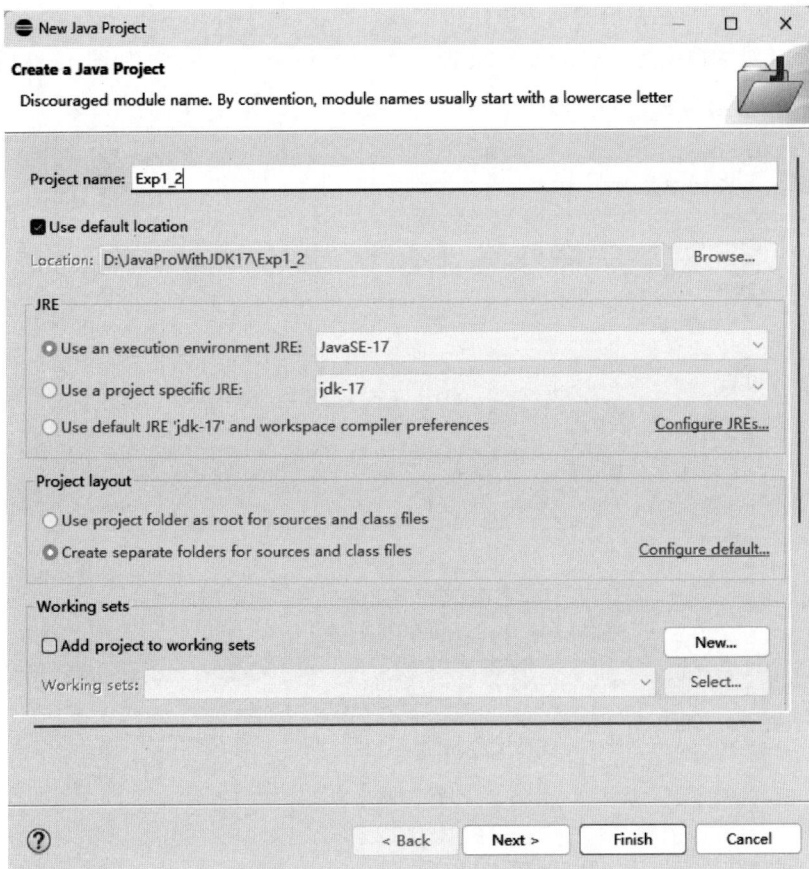

图 1.21 New Java Project 对话框

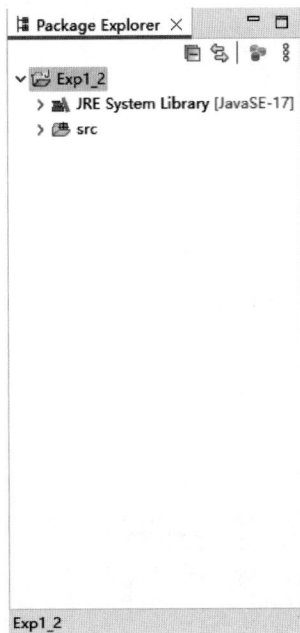

图 1.22 在 Package Explorer 视图中查看工程信息

右击工程 Exp1_2,在弹出的菜单中执行 New→Class 命令打开 New Java Class 对话框,在 New Java Class 对话框中为工程 Exp1_2 添加一个名为 FirstClass 的类,如图 1.23 所示。

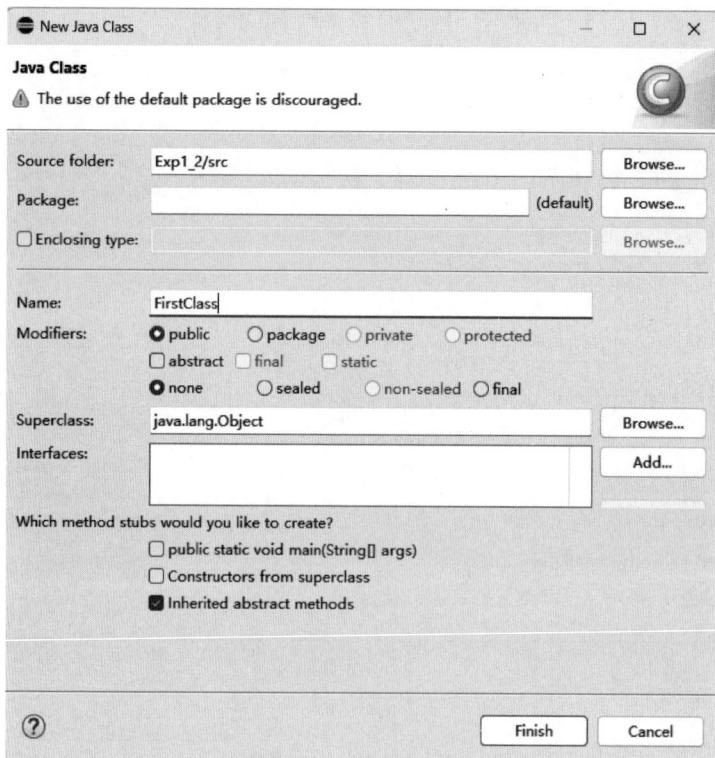

图 1.23　在工程中创建新类

成功创建了 FirstClass 类后,在 Eclipse 的工作区中将出现该类的代码编辑器。在其中输入 FirstClass 类的程序代码,如图 1.24 所示。

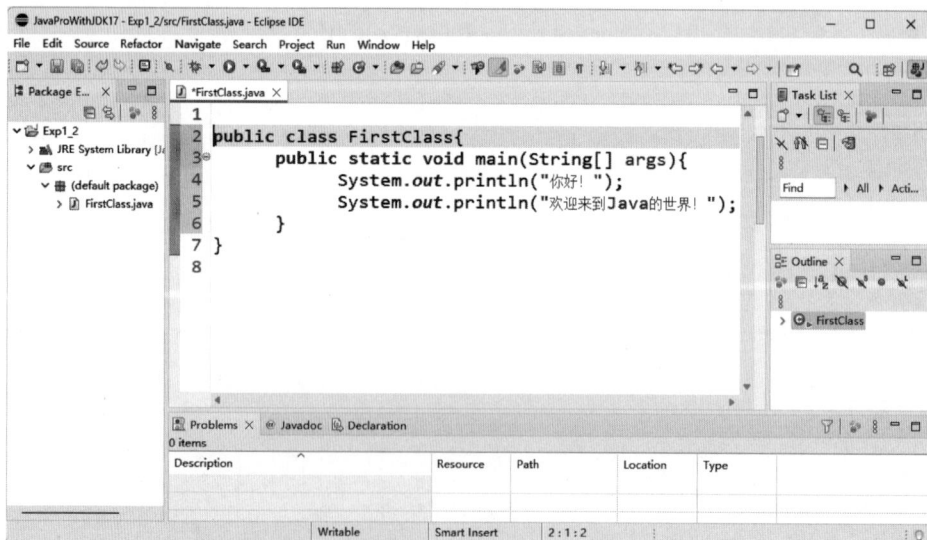

图 1.24　在 Eclipse 中编写 FirstClass 类

执行 Eclipse 窗体菜单栏中的 Run→Run 命令,或单击工具栏中的运行图标 ▶ 即可运行该程序。程序运行结果将显示在 Eclipse 窗体下方的 Console 视图中,如图 1.25 所示。

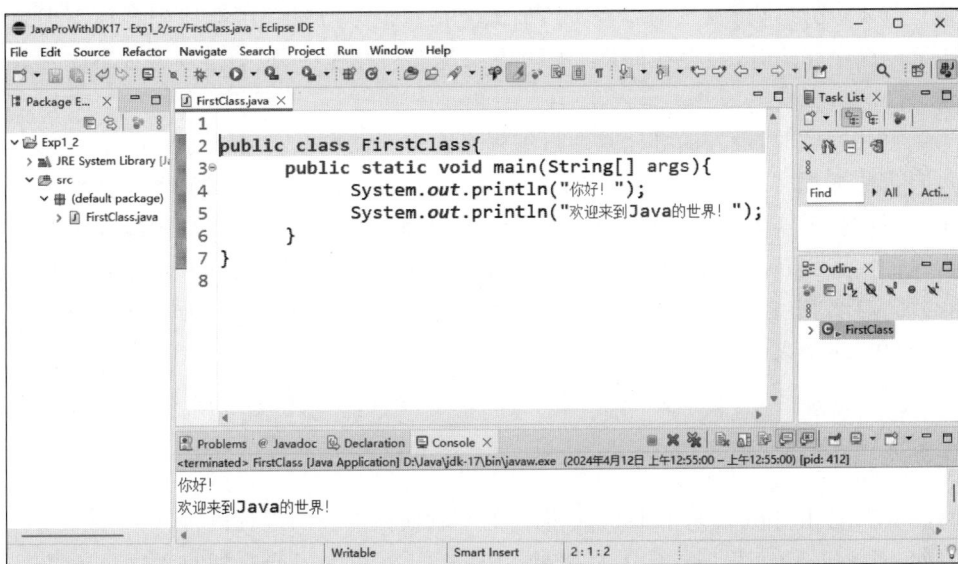

图 1.25 在 Eclipse 中运行程序

1.6 课程思政建设

1.6.1 课程思政的重要性

课程思政的目的是立德树人。这一理念强调将思想政治教育元素融入各类课程中,旨在培养学生的社会主义核心价值观,提升他们的道德情操和公民素养。

具体来说,课程思政旨在帮助学生树立正确的世界观、人生观和价值观,促进德才兼备的人才培养,以支持国家和社会的繁荣发展。此外,课程思政还涉及对人与世界、国家民族、社会他人、自然环境以及学科专业等关系的理解,通过这种教育方式,学生可以更好地认识世界的本质和人生的价值,从而成为具有社会责任感和创新能力的人才。

1.6.2 课程思政设计

本课程的很多内容可以自然地融入思政观点,以下是两个具体的案例。

案例 1:Java 语言的跨平台特性使它在 Web 程序设计领域独领风骚,所谓跨平台指 Java 源程序经过编译得到的字节码文件可以在各种不同的平台上运行。Java 程序可以实现这种“一次编译,到处运行”的跨平台性是因为在程序运行时,Java 解释器(JVM)会将字节码翻译成特定平台的机器指令。正是由于多了这个解释环节,使 Java 程序的运行速度无法和纯编译型的 C++语言相提并论。

从此案例可以看出,我们需要用矛盾的观点看待事物,任何事物都具有两面性,事物有好的一面,必然会有不好的一面。当我们在现实生活中遇到问题时,要全面、客观地看待和分析问题。在学习和工作中找到自己存在的问题,明确自身的优点和缺点,发扬优点,克服缺点。不断地完善自己,使自己成为具有社会责任感和创新能力的人才。

案例2:Java程序设计是一门实践性很强的课程,学习过编程的人都知道,想要熟练地掌握编程技术,必须进行大量的编程实践训练。在理论学习过程中会遇到各种不理解的问题;在设计程序算法时,会存在许多疑问;在编程实践过程中,也会出现各种事先预料不到的问题。

遇到这些问题时,最好的办法是通过编程实践去研究和探索问题的答案和解决方案,只有通过自身的编程实践得来的知识才是真正属于自己的知识。要养成用编程实践去验证问题解决方案的科学实验精神,只有通过实践证明的理论才是真理。大量的编程实践还可以培养自身的实践创新能力,当我们积累了大量的编程实践经验后,就可以熟练地使用理论知识,随心所欲地创造自己的未来,为中华民族的伟大复兴贡献力量。正如习近平总书记所说的"空谈误国,实干兴邦"。

1.7　小结

Java语言是由Sun公司于1995年推出的一款面向对象的编程语言。

2001年,Java语言程序员的人数超越了C++语言,成为了当时拥有程序员人数较多的编程语言之一。在其后的近二十年,Java语言程序员的数量持续处于领先地位。

Java语言具有解释型、跨平台、多线程、动态性等特性,特别适合开发Web应用程序。

JDK(Java软件工具包)是支持Java程序开发的类库。最早由Sun公司开发,目前由ORacle公司开发和维护。本章介绍了JDK的下载和安装方法。

Eclipse是一款由IBM公司开发的、免费的、当下流行的、可应用于Java程序开发的专业编程软件。本章简要介绍了Eclipse的下载、安装和使用方法。

第2章

Java基本数据类型和运算符

程序最基本的功能是处理数据,程序可以处理各式各样的问题,对这些问题的处理归根结底都要转换为对数据的处理。作为一种功能强大的编程语言,Java 提供了丰富的数据类型和处理数据的运算符。

2.1 Java 基本数据类型

Java 的数据类型分为两大类:基本数据类型和抽象数据类型。基本数据类型也被称为简单数据类型,是 Java 语言预定义的数据类型,包括整型、浮点型、字符型和布尔型,可以直接使用。抽象数据类型指字符串、数组、类和接口等类型,它们通常是程序员在编程时根据需要自定义的数据类型,JDK 也提供了大量的抽象数据类型供程序员在编程时使用。本节介绍 Java 基本数据类型。

2.1.1 整型

Java 的整数类型包括单字节整型(byte)、短整型(short)、普通整型(int)和长整型(long)4 种。

(1) 单字节整型用 1 字节的二进制数保存一个整型数据,单字节整型数据的取值范围是 $-2^7 \sim 2^7-1$。表示这种数据类型的 Java 语言关键字为 byte,使用关键字可以定义这种数据类型的变量。

(2) 短整型用 2 字节的二进制数保存一个整型数据,取值范围是 $-2^{15} \sim 2^{15}-1$。关键字为 short。

(3) 普通整型用 4 字节的二进制数保存一个整型数据,取值范围是 $-2^{31} \sim 2^{31}-1$。关键字为 int。

(4) 长整型用 8 字节的二进制数保存一个整型数据,取值范围是 $-2^{63} \sim 2^{63}-1$。关键字为 long。

与 C++语言不同,Java 语言没有无符号整数类型。

2.1.2 浮点型

Java 语言提供了两种浮点数类型用来保存程序中的包含小数部分的数据——实数,它们是单精度浮点型和双精度浮点型。

1. 单精度浮点型

单精度浮点型的关键字是 float,它用 4 字节的二进制数来保存一个实数。单精度浮点型数据既可以表示正实数也可以表示负实数,正负实数的取值范围是对应的。正实数的取值范围是 $1.401\,298\times10^{-45}\sim3.402\,823\times10^{38}$。

2. 双精度浮点型

双精度浮点数的关键字是 double,它用 8 字节的二进制数保存一个实数。双精度浮点数表示的正实数的取值范围是 $4.900\,000\times10^{-324}\sim1.797\,693\times10^{308}$。

2.1.3　字符型

Java 字符型数据的关键字是 char,和 C++ 语言使用 1 字节的 ASCII 码存储一个字符不同,Java 使用 2 字节的 Unicode 码存储字符型数据。ASCII 码由于只有 1 字节,因此最多只能编码 256 个不同的字符。而 Java 语言使用 2 字节的 Unicode 码对字符进行编码,2 字节的 Unicode 码最多可以编码 65 536 个不同的字符。除了英文字符,Unicode 码还对世界上其他语言字符进行了编码。所以,在 Java 程序中既可以处理英文信息,也可以处理中文或日文等语言信息;既可以使用英文字符序列作为一个标识符,也可以使用一个中文单词作为一个标识符。

Unicode 码完全兼容 ASCII 码,即 ASCII 字符集中的一个字符的 ASCII 码值和这个字符在 Unicode 字符集中的 Unicode 码值相等,如大写英文字符 'A' 的 ASCII 码值为 65,它的 Unicode 码值也为 65。

2.1.4　布尔型

布尔型的关键字为 boolean,布尔型数据的取值为 true 或 false。

各种类型数据的字节长度和取值范围如表 2.1 所示。

表 2.1　各种类型数据的字节长度和取值范围

数 据 类 型	字 节 长 度	取 值 范 围
boolean	1	true、false
char	2	$-32\,768\sim32\,767$
byte	1	$-128\sim127$
short	2	$-32\,768\sim32\,767$
int	4	$-2\,147\,483\,648\sim2\,147\,483\,647$
long	8	$-2^{63}\sim2^{63}-1$
float	4	$3.4\times10^{-38}\sim3.4\times10^{38}$
double	8	$1.7\times10^{-308}\sim1.7\times10^{308}$

2.2　常量和变量

数据在程序中以常量或变量两种方式存在。

2.2.1　常量

常量,顾名思义就是其值不能改变的数据。程序中有两种类型的常量:数值常量和符号常量。

1. 数值常量

数值常量是出现在程序语句中的数值字面量。例如：

```
int i = 100;
```

上述语句把整数值 100 赋值给一个整型变量 i,语句中的数值 100 就是以数值字面量形式出现在语句中的整型常量。

1）整型常量

整型常量包括十进制整型常量、八进制整型常量和十六进制整型常量。

十进制整型常量就是程序中出现的普通整数,如 10、16、1029 等。

八进制整型常量是以数字字符 0 开头的整数,如 010、025、0471 等。

十六进制整型常量是以一个数字字符 0 和一个字母字符 x 开头的整数,如 0x10、0xA2 等。如下语句的输出为八进制整数 10 和十六进制整数 10 的十进制值。

```
System.out.println("010 = " + 010 + "\n0x10 = " + 0x10 + "\n");
```

上述语句的执行结果如图 2.1 所示。

整型常量的数据类型默认为 int 型,加字母后缀 L（或 l）表示长整型。

```
010=8
0x10=16
```

图 2.1 输出八进制整数和十六进制整数

2）浮点常量

浮点常量以两种形式出现在程序中：一般形式的浮点常量和指数形式的浮点常量。如 10.25、25.3、1000.00 都是普通形式的浮点常量。1025E－2、0.253E＋2、－5.76E＋1 就是指数形式的浮点常量,分别表示实数 10.25、25.3 和－57.6。

浮点常量默认的数据类型为 double 型,可以加字母后缀 f 或 F 将其转换为 float 型,如 10.25f、1000.00F。

3）字符常量和字符串常量

字符常量是出现在程序中的以单引号括住的单个字符,如'a''G' 等。

字符串常量是出现在程序中的以双引号括住的,由一个或多个字符组成的字符序列,如"a""Hello! world"等。

某些程序中需要处理的字符是键盘上没有的,如换行符、退格符等。Java 语言定义了一系列转义字符常量来表示它们。转义字符常量由一个特定字符和一个前缀'\'构成,如表示换行符的转义字符常量为'\n',表示回车的转义字符常量为'\r',而表示制表符的转义字符常量为'\t'。表 2.2 列出了部分常用的转义字符常量。

表 2.2 常用的转义字符常量

转义字符常量	说 明
\n	换行符
\r	回车符
\b	退格符
\t	制表符
\s	空格
\f	换页符
\0	空字符
\"	双引号

续表

转义字符常量	说　　明
\'	单引号
\\	反斜杠
\ddd	八进制转义字符,可表示 ASCII 字符集中的任一字符,d 是一位八进制数
\uxxxx	十六进制转义字符,可表示 Unicode 字符集中的字符,x 是一位十六进制数

【例 2.1】　设计一段程序,写一条语句输出"Hello!"和"Welcome to Java."两行字符串。

程序代码如下：

```
public class Exp2_1 {
    public static void main(String[ ] args){
        System.out.println("Hello!\nWelcome to Java.");
    }
}
```

在例 2.1 的程序中,System 是 JDK 预定义的类,JDK 中的类都被定义在不同的包中,程序中如果要使用 JDK 的某个类,则应在程序开头的位置用 import 语句引入它。例如,如果要在程序中使用 java.util 包中的 Date 类,则应在程序开始的位置加上如下语句：

```
import java.util.Date;
```

System 类包含在 java.lang 包中,java.lang 包是所有 Java 程序默认引入的包,程序不需要用 import 语句引入该包中的类,就可以直接使用。

out 是 System 类中预定义的一个公有的、静态数据成员,它是 OutStream 类的对象,代表标准输出设备——显示器。

println 是 OutStream 类的成员方法,作用是向输出流中输出一行字符串。

```
Hello!
Welcome to Java.
```

图 2.2　例 2.1 程序的运行结果

例 2.1 程序输出字符串是方法 println()的参数"Hello!\nWelcome to Java.",当输出到转义字符常量'\n'时,程序换行输出。例 2.1 程序的运行结果如图 2.2 所示。

4）布尔常量

布尔常量就是程序中出现的 false 和 true。

2. 符号常量

符号常量是把常量的值保存在一个内存单元中,并给该内存单元起一个名字作为常量的名字。程序可以使用常量名去访问常量的值。Java 使用关键字 final 定义符号常量。例如：

```
final double PI = 3.14159;
```

如上语句定义了一个名为 PI 的符号常量,它的数据类型为 double,它的值为 3.14159。这样做既可以使该常量的含义清晰,也有利于编程者更新该常量代表的值。例如,编程者如果想将圆周率的值修改为 3.1415926,则只需修改符号常量 PI 的定义,而如果不用符号常量,就需要逐个修改出现在程序中的每个圆周率的值。

2.2.2　变量

变量是一个保存值的内存单元。内存单元中保存的是变量的值,程序可以使用变量名去访问和修改变量的值。定义一个变量时可以给它起一个名字,这个名字就是变量名。每种变量都有数据类型,变量的数据类型指变量的值应该具有的数据类型。Java 定义变量的语句格式如下:

数据类型 变量名列表;

变量名列表由多个变量名组成,变量名之间用逗号分隔。例如:

```
int i,j,k;
float f1,f2;
```

如上两条语句定义了名为 i、j、k 的三个整型变量和名为 f1 和 f2 的两个单精度浮点型变量。

可以在定义变量的同时给它们赋初值,这种做法被称为变量初始化。例如:

```
int i = 20,j = 100;
```

2.3 控制台输入和输出

数据的输入和输出是程序首先需要解决的问题。为了程序的平台独立性,Java 语言没有直接提供输入和输出语句,但是使用 JDK 预定义的类和对象,可以有很多方法实现数据的输入和输出。本节介绍实现控制台输入和输出最常用的方法。

2.3.1 控制台输入

控制台输入就是用户使用键盘,通过控制台向程序中输入数据。Java 是一种面向对象的程序设计语言,程序的输入数据都以字节流的形式保存在输入流对象中。程序需要把数据从输入流中读取出来。

可以使用 java.util 包中的 Scanner 类和 System 类中预定义的对象 in 来实现控制台输入的功能。

对象 in 是 System 类中的一个预定义的、标准输入流对象,代表标准输入设备——键盘。Scanner 类的对象称为扫描器,可以使用 Scanner 类的构造方法为某个输入流创建一个扫描器对象,例如:

```
Scanner input = new Scanner(System.in);
```

如上语句为标准输入流对象 in 创建了一个扫描器对象 input。下一步就可以使用 Scanner 类的成员方法从输入流 in 中提取数据了。Scanner 类的成员方法 nextInt()、nextByte(),以及 nextShort()、nextLong()、nextFloat()、nextDouble()方法可以从输入流中读取一个整数、单字节整数、短整数、长整数、单精度浮点数和双精度浮点数。例如:

```
int i = input.nextInt();
```

如上语句实现了从控制台读入一个整数。

当连续输入多个数据时,数据之间默认用空格分开。

Scanner 类还提供了 hasNextInt()、hasNextByte()、hasNextShort()、hasNextLong()、hasNextFloat()、hasNextDouble()等方法判断输入流中是否还有特定类型的输入数据。

Scanner 类的成员方法 next()和 nextLine()都可以从输入流中读入字符串。它们的区别是,next()方法以空格作为分隔符,所以读入的字符串中不能包含空格;而 nextLine()方法以换行符作为分隔符，这个方法可以读入包含空格的一整行字符串。

Scanner 类没有提供读取单个字符的方法。当需要读取单个字符时，可以读取字符串，再从中提取单个字符。

2.3.2 控制台输出

前面章节中已经多次用到了控制台输出功能。Java 语言使用 System 类的静态成员 out 实现控制台输出。out 是输出流类的对象，println()方法是输出流类的成员方法，功能是把一行字符串写到输出流。例如：

```
System.out.println("Hello! Java");
```

如上语句实现了在控制台中输出字符串"Hello! Java"。

【例 2.2】 从控制台连续输入多个整数。

程序代码如下：

```
import java.util.Scanner;
public class Exp2_2 {
    public static void main(String[] args){
        Scanner input = new Scanner(System.in);
        int i;
        System.out.println("请输入整数,整数之间以空格分开,按 Enter 键结束输入");
        while(input.hasNextInt()){
            i = input.nextInt();
            System.out.println("您输入的数是: " + i);
        }
    }
}
```

如上程序使用 while 循环语句向程序中输入了多个整数。

例 2.2 程序的运行结果如图 2.3 所示。

```
请输入整数,整数之间以空格分开, 按Enter键结束输入
10 20 30 40
您输入的数是: 10
您输入的数是: 20
您输入的数是: 30
您输入的数是: 40
```

图 2.3 例 2.2 程序的运行结果

2.4 运算符与表达式

作为一种功能强大的程序设计语言，Java 提供了丰富的运算符，包括算术运算符、关系运算符、逻辑运算符、位运算符和其他运算符几类。程序中由运算符和操作数连接而成的运算式称为表达式。每个表达式都有一个固定的取值，称为表达式的值。

运算符具有优先级和结合性。当多个运算符出现在同一个表达式中时，运算的先后顺序由运算符的优先级决定。当优先级相同的运算符在表达式中连续出现时，若运算顺序是先左后右，则其结合性是自左向右；若运算顺序是先右后左，则其结合性是自右向左。

根据所需操作数的个数，运算符又可以分成一元运算符、二元运算符和三元运算符。只需一个操作数的运算符叫作一元运算符；需要两个操作数的运算符叫作二元操作符；同理,需要三个操作数的运算符称为三元运算符。

2.4.1　赋值运算符和赋值表达式

赋值运算符(=)是一个双目运算符,作用是把赋值号(=)右边的表达式的值赋值给赋值号左边的变量。由赋值运算符和操作数构成的表达式称为赋值表达式。赋值表达式的一般形式如下:

变量 = 表达式

例如:

```
int i,j;
i = 10;     // 赋值表达式语句,把 10 赋值给变量 i
j = i + 20; // 赋值表达式语句,把 i 加 20 的值赋值给变量 j
```

由赋值运算符和操作数构成的表达式称为赋值表达式。赋值表达式的值是赋值号右边的表达式的值。多个赋值运算符可以连续使用,当两个赋值运算符连续出现时,先进行右边的赋值运算,再进行左边的赋值运算。所以赋值运算符的结核性是自右向左结合。例如:

```
int i,j;
i = j = 10;
```

如上程序语句先把 10 赋值给整型变量 j,然后再把赋值表达式 j=10 的值赋值给整型变量 i。

2.4.2　算术运算符和算术表达式

Java 语言的算术运算符包括加(+)、减(−)、乘(*)、除(/)、取余(%)、自加(++)、自减(−−)和算术赋值运算符。由算术运算符连接操作数构成的运算式称为算术表达式。

1. 加(+)、减(−)运算符

加(+)减(−)运算符是双目运算符,具有相同的优先级,结合性是自左向右结合。它们可以操作任何基本数值类型的数据。例如:

```
int i = 10,j = 20,k;
k = i + j;
double di = 10.0,d2 = 15.0,re;
re = d1 − d2;
```

如上几条语句实现整型数据和浮点型数据之间的加减运算。

2. 乘(*)、除(/)和取余(%)运算符

乘(*)、除(/)和取余(%)运算符是双目运算符,具有相同的优先级,结合性是自左向右结合。可以操作任何基本数值类型的数据。例如:

```
float w = 10.5f,h = 22.5f,area;
area = w * h;
double sum = 930.6,av;
av = sum/10;
```

如上几条语句实现浮点数之间,浮点数和整数之间的乘/除运算。

Java 的取余(%)运算符虽然也可以操作浮点数,但取余操作对于浮点数之间的除法是没有意义的,所以通常使用取余(%)运算符对整数除法进行取余操作。例如:

```
int i1 = 88,i2 = 18,re;
re = i1 % i2;
```

以上两条语句实现了整数取余运算。

乘（＊）、除（/）和取余（％）运算符的优先级高于加（＋）、减（－）运算符。

3. 自加（＋＋）和自减（－－）运算符

＋＋和－－称为自加和自减运算符，它们是一元运算符。每一个又分为前置和后置两种。前置指运算符放在操作数前面，后置则相反。无论前置或后置，自加和自减运算符的功能都是将作为操作数的变量的值加 1 或减 1。例如，若整型变量 i 的值为 10，则表达式＋＋i 或 i＋＋都将使 i 的值变成 11。

但是，自加和自减运算符的前置和后置是有区别的，以自加（＋＋）运算符为例，若整型变量 i 的值为 10，则前置自加表达式＋＋i 的值是 11，而后置表达式 i＋＋的值为 10。所以当这两个表达式被用在其他表达式中时，整个表达式的运算结果通常是不一样的。例 2.3 说明了前置自加运算符和后置自加运算符在使用时的区别。

【例 2.3】 前置＋＋运算符和后置＋＋运算符。

程序代码如下：

```java
public class Exp2_3 {
    public static void main(String[] args){
        int i,j,k,s = 10;
        k = 10;
        i = ++k + s;
        k = 10;
        j = k++ + s;
        System.out.println("i = " + i);
        System.out.println("j = " + j);
    }
}
```

例 2.3 程序的运行结果如图 2.4 所示。

```
i=21
j=20
```

图 2.4　例 2.3 程序的运行结果

main()方法执行第 3 条语句"i＝＋＋k＋s；"，由于前置＋＋运算符的优先级高于＋运算符，因此先执行表达式＋＋k，结果是把变量 k 的值 10 加 1，并赋值给 k，k 的值为 11，表达式＋＋k 的值也是 11；再执行 i＝＋＋k＋s，即用表达式＋＋k 的值 11 加变量 s 的值 10，并把和赋值给变量 i，所以变量 i 的值为 21。

第 4 条语句再把变量 k 赋值成 10。接着执行第 5 条语句"j＝k＋＋＋s；"，由于后置＋＋运算符的优先级高于前置＋＋运算符，因此这个表达式等价于 j＝(k＋＋)＋s，而不是 j＝k＋(＋＋s)。先计算表达式 k＋＋，结果 k 的值为 11，而表达式 k＋＋的值仍然是 k 加 1 前的值 10；再执行 j＝k＋＋＋s，即用表达式 k＋＋的值加变量 s 的值，并把和赋值给变量 j，所以变量 j 的值为 20。

＋＋和－－运算符的优先级高于乘、除、取余运算符，Java 中的自加和自减运算符都不能连续使用。

在这些算术运算符中，加法运算符（＋）和减法运算符（－）还可以作为数值的正负号来使用，这时它们是一元运算符，优先级高于自加（＋＋）和自减（－－）运算符。

4. 算术赋值运算符

算术赋值运算符包括＋＝、－＝、＊＝、／＝、％＝。它们都是二元运算符,优先级低于＋、－运算符,不能连续使用。表达式 a＋＝b 等价于表达式 a＝a＋b,即把 a＋b 的值赋值给变量 a,整个表达式的值为赋值后变量 a 的值。其他 4 个算术赋值运算符的使用和＋＝类似。

5. 字符型数据和整型数据的算术运算

如前所述,Java 使用 Unicode 编码来保存字符型数据,而每个 Unicode 编码都有一个整形的编码值。所以字符型值可以和整型值进行加、减、乘、除四则运算。其中字符型值和整型值之间的加、减法运算较常用。字符和整数进行算术运算就是使用字符的 Unicode 码的编码值和整数进行运算。

【例 2.4】　字符和整数的加减法运算。

程序代码如下:

```java
public class Exp2_4 {
    public static void main(String[ ] args){
        char a = 'B',b,c;
        b = (char)(a + 2);      //………………………………………………………(1)
        c = (char)(a - 1);      //………………………………………………………(2)
        System.out.println("字符" + b + "的 Unicode 码值为" + (int)b);
        System.out.println("字符" + c + "的 Unicode 码值为" + (int)c);
    }
}
```

例 2.4 程序的运行结果如图 2.5 所示。

例 2.4 程序演示字符和整型之间的加、减法运算。字符变量 a 的值是'B',其 Unicode 码值为 66。则程序中的表达式语句(1)就是把字符'B'的 Unicode 码值 66 和整型常量 2 相加,得到整型值 68,再把该整数显式转换成字符型值并赋值给字符变量 b,当把一个整型值显式转换成字符型值时,相当于用这个整数作为字符的 Unicode 码值。而 Unicode 码值为 68 的字符是大写字母'D'。关于整数和字符之间的显式类型转换将在 2.5 节介绍。

字符D的Unicode码值为68
字符A的Unicode码值为65

图 2.5　例 2.4 程序的运行结果

2.4.3　关系运算符和关系表达式

关系运算符是二元运算符,用来比较两个值的大小。值的类型可以是除布尔类型之外的任何 Java 的内置数据类型,如 char、int、float 等。Java 关系运算符包括＝＝(等于)、!＝(不等于)、<(小于)、>(大于)、<＝(小于或等于)、>＝(大于或等于)几种。由关系运算符连接操作数构成的表达式叫关系表达式。关系表达式的值为 boolean 类型。例如,关系表达式 i＞＝0 用来判断变量 i 的值是否大于或等于 0,若是则表达式的值为 true,否则表达式的值为 false。Java 的关系运算符<(小于)、>(大于)、<＝(小于或等于)、>＝(大于或等于)不能连续使用。

注意表示等于的关系运算符是 ＝＝,而不是 ＝。

2.4.4　逻辑运算符和逻辑表达式

逻辑运算符用于判断复杂的逻辑关系。Java 的逻辑运算符包括!(逻辑非)、＆＆(逻辑与)、||(逻辑或)。逻辑运算符的操作数为关系表达式,逻辑运算符连接关系表达式构成逻

辑表达式。逻辑表达式的值也是 boolean 类型。

逻辑运算符 ！是一元运算符，表示逻辑非。例如，若变量 i 的值为 1，则逻辑表达式 !(i>0)的值应为 false。

逻辑运算符 && 和||是二元运算符，分别表示逻辑与和逻辑或。例如，若变量 i 的值为 1，变量 j 的值为 -1，则逻辑表达式(i>0)&&(j>0)的值为 false，而逻辑表达式(i>0)||(j>0)的值为 true。

若 A 和 B 是两个关系表达式，则逻辑表达式!A、A&&B、A||B 的取值如表 2.3 所示。

表 2.3　三种逻辑运算的真值表

A	B	!A	A&&B	A||B
true	true	false	true	true
true	false	false	false	true
false	true	true	false	true
false	false	true	false	false

2.4.5　位运算符

任何信息在计算机内部都是以二进制形式存储的。Java 提供的位运算符可以对 byte、short、int、long 几种整型数据和 char 型数据的二进制位进行操作。由位运算符和操作数连接而成的表达式称为位运算表达式。Java 位运算符的功能和用法如表 2.4 所示。

表 2.4　Java 位运算符的功能和用法

位 运 算 符	功　　能	用　　法
~	按位取反	~opr
&	按位与	opr1 & opr2
|	按位或	opr1 | opr2
^	按位异或	opr1 ^ opr2
<<	左移位	opr1<<opr2
>>	右移位	opr1>>opr2

表 2.4 中的 opr、opr1、opr2 代表整型操作数。

1. 按位取反运算符(~)

运算符~是一元运算符，功能是将操作数按位取反。即原来是 0 的位，取反后变为 1；原来是 1 的位，取反后变为 0。例如，单字节整数 38 的二进制数为 00100110，则表达式~38 的二进制值为 11011001。

2. 按位与运算符(&)

运算符 & 是一个二元运算符，功能是将两个操作数对应的每一个二进制位进行逻辑与操作。例如，单字节整数 38 和 26 的二进制数分别为 00100110 和 00011010，则表达式 38&26 的二进制值为 00000010。可以看到，当两个操作数的对应位都为 1 时，按位与结果的对应位为 1，否则，结果的对应位为 0。

3. 按位或运算符(|)

运算符|是一个二元运算符，功能是将两个操作数对应的每一个二进制位进行逻辑或操作。例如，单字节整数 38 和 26 的二进制数分别为 00100110 和 00011010，则表达式 38|26

的二进制值为 00111110。可以看到,只有当两个操作数的对应位都为 0 时,按位或结果的对应位才为 0,否则,结果的对应位都为 1。

4. 按位异或运算符(^)

运算符^是一个二元运算符,功能是将两个操作数对应的每一个二进制位进行逻辑异或操作。例如,单字节整数 38 和 26 的二进制数分别为 00100110 和 00011010,则表达式 38^26 的二进制值为 001111100。可以看到,当两个操作数的对应位不同时(不都是 1 或不都是 0),结果的对应位为 1;当两个操作数的对应位相同时(都是 1 或都是 0),结果的对应位为 0。

5. 左移位运算符(<<)

运算符<<是一个二元运算符,若 opr1 和 opr2 是两个整型数据,则表达式 opr1<<opr2 的功能是把整数 opr1 向左移动 opr2 位。左移后,低位部分补 0,而移出的高位部分被舍弃。例如,表达式 2<<3 使 2 的二进制数 00000010 向左移动 3 位变成 00010000,所以表达式的值为 16。

6. 右移运算符(>>)

运算符>>是一个二元运算符,若 opr1 和 opr2 是两个整型数据,则表达式 opr1>>opr2 的功能是把整数 opr1 向右移动 opr2 位。右移后,右边移出的低位部分被舍弃。如果 opr1 是无符号整数,则左边移入的高位部分补 0;如果 opr1 是带符号整数,则左边移入的高位部分补符号位。例如,表达式 8>>3 使 8 的二进制数 00001000 向右移动 3 位变成 00000001,所以表达式的值为 1。

注意:位运算表达式的取值默认为 int 型。

例 2.5 的程序使用整数移位和按位与的功能,将一个无符号短整数按二进制形式输出。

【例 2.5】 从键盘输入一个无符号短整数,并按二进制形式输出。

程序代码如下:

```java
import java.util.Scanner;
public class Exp2_5 {
    public static void main(String[] args){
        Scanner input = new Scanner(System.in);
        short i;
        System.out.println("请从键盘输入一个小于 65536 的正整数:");
        i = input.nextShort();
        for(int j = 15;j >= 0;j-- ){
            if((i&(1 << j))!= 0)
                System.out.print("1");
            else
                System.out.print("0");
        }
        System.out.println(); //换行
    }
}
```

程序首先定义了一个短整型变量 i,并提示用户从键盘输入一个正整数给 i 赋值。

语句 for(int j=15;j>=0;j--)及其后花括号中的语句构成一个循环执行的结构。程序执行时,花括号中的部分被循环执行,循环执行的次数由整型变量 j 来控制,j 的初始值为 15,循环每次执行后 j 自减 1,循环执行的条件是 j>=0,所以共循环 16 次,循环体内是一个

if-else 判定语句,每次循环都向屏幕输出整数 i 的二进制数的第 j 位。

那么如何判断整数 i 的第 j 个二进制位是 0 还是 1 呢? 首先表达式(1<<j)把整数值 1 的二进制值左移 j 位产生一个整数,其二进制值的第 j 位为 1,其余位都为 0。例如,当 j 为 15 时,表达式(1<<j)的值为 1000000000000000；当 j 为 10 时,表达式(1<<j)的值为 0000010000000000。

表达式 i&(1<<j)用 i 和(1<<j)的值做按位与运算,来判断 i 的二进制数的第 j 位的值。由于(1<<j)的二进制值只有第 j 位为 1,其余位都为 0,所以当 i 的第 j 位为 1 时,表达式 i&(1<<j)的值大于 0；当 i 的第 j 位为 0 时,表达式 i&(1<<j)的值等于 0。

图 2.6 所示为例 2.5 程序的运行结果。

请从键盘输入一个小于65536的正整数:
56
0000000000111000

图 2.6　例 2.5 程序的运行结果

7. 位赋值运算符

位赋值运算符包括 &=、|=、^=、<<=、>>=。它们都是二元运算符,优先级低于移位运算符,不能连续使用。表达式 a&=b 等价于表达式 a=a&b,即把 a&b 的值赋值给变量 a,整个表达式的值为赋值后变量 a 的值。其他 4 个算术赋值运算符的使用和 &= 类似。

2.4.6　条件运算符和条件表达式

条件运算符(?)是一个三元运算符,它可以完成简单的判断功能,条件表达式的形式如下:

表达式 1 ? 表达式 2 : 表达式 3

若表达式 1 的值非零或为 true,则整个条件表达式的值为表达式 2 的值；若表达式 1 的值为零或为 false,则整个条件表达式的值为表达式 3 的值。例如语句:

i = j > 0 ? 10 : 0;

若 j=5,则语句执行后 i 的值为 10。

2.4.7　其他运算符

Java 中还有一些其他的运算符,以下介绍最常用的几个。

1. new 运算符

new 运算符用来创建类的对象,并返回对象的引用。它的优先级高于乘、除运算符。例如:

Scanner input = new Scanner(System.in);

如上语句创建一个 Scanner 类的对象,并把对象内存地址赋值给引用变量 input。执行完这条语句之后,程序就可以使用引用变量 input 来使用该对象。

2. 点(.)运算符

点(.)运算符用来访问对象的共有成员。例如:

int i = input.nextInt();

如上语句使用点(.)运算符调用对象 input 的成员方法 nextInt(),读取一个输入流中的整数。

点(.)运算符除了可以访问对象的成员,也可以用来访问类的共有的、静态的成员。这些内容将在 4.3 节介绍。

3. 小括号()运算符

小括号用来提高表达式的优先级,此运算符和数学算式中的小括号具有相同的含义,不再赘述。

4. instanceof 运算符

instanceof 运算符用来判断一个对象的类型。由于涉及面向对象的编程内容,因此和此运算符相关的内容将在 8.3 节中介绍。

Java 运算符的优先级和结合性如表 2.5 所示。

表 2.5　Java 运算符的优先级和结合性

优 先 级	运 算 符	结 合 性
1	. ()	左→右
2	！　＋(正号)　－(负号)　～　++　－－　new	右→左
3	*　/　%	左→右
4	＋(加号)　－(减号)	左→右
5	<<(左移位)　>>(右移位)	左→右
6	<　>　<=　>=	左→右
7	==　!=	左→右
8	&(按位与)	左→右
9	^(按位异或)	左→右
10	|(按位或)	左→右
11	&&	左→右
12	||	左→右
13	? :(条件运算符)	右→左
14	=　*=　/=　%=　+=　-=　<<=　>>=　&=　|=　^=	右→左

2.5　基本数据类型的类型转换

2.4 节介绍了 Java 的各种运算符,其中算术运算符、关系运算符、逻辑运算符、位运算符、赋值运算符等二元运算符要求两个操作数的数据类型必须相同。当一个表达式中的各操作数的数据类型不同时,就需要进行数据类型转换,把不同类型的数据转换为相同类型,然后再计算表达式的值。数据类型转换分自动类型转换和强制类型转换两种形式。

2.5.1　自动类型转换

自动类型转换又称为隐式类型转换,是不需要程序员指定,而是由 Java 编译器在编译程序时自动进行的。自动类型转换的转换规则如下。

(1)当表达式中有 byte 型数据或 short 型数据时,不管表达式中其他数据是什么类型,编译器总是先把这些 byte 型和 short 型数据转换成 int 型的值,再参与表达式的运算。

(2)当算术表达式中存在 char 类型的数据时,编译器先把它们转换成 int 类型的值,再参与表达式的运算。

(3)把低精度类型的数据转换为高精度类型的数据。这样的转换是安全的,不会造成数据丢失。各种 Java 数值类型的精度高低顺序如表 2.6 所示。

表 2.6　Java 数值类型的精度高低顺序

数 据 类 型	精度高低顺序
double	
float	
long	精度最高
int	
short	
byte	精度最低

例如下面的几条语句：

```
int i = 10;
long j = 20;
double k;
k = i * j;
```

表达式 k＝i∗j 中，变量 i、j、k 的类型都不相同。编译器首先把变量 i 转换成 long 型，再把 i∗j 运算结果转换成 double 类型，两次转换都是自动进行的。

2.5.2　强制类型转换

强制类型转换是程序员利用类型说明符和小括号，在程序中显式地把某个操作数或表达式的值从一种类型转换为另一种类型，又称为显式类型转换，其语法形式如下：

(类型说明符)操作数或表达式

在计算表达式的值时，有些时候希望把高精度的数据转换成低精度的数据，这时必须采用强制类型转换。例如：

```
int s,i = 10;
long j = 20,k = 30;
s = i + (int)(j * k);
```

执行语句"s＝i＋(int)(j∗k)；"时，首先把 j∗k 乘法的结果强制转换成 int 类型，再和 i 相加并把和赋值给变量 s。需要注意 j∗k 必须加小括号，这是因为用于类型转换的小括号运算符的优先级高于乘号。

2.6　字符串简介

字符串是 String 类的对象，String 是一个 JDK 提供的类，它并不属于 Java 基本数据类型，但由于程序中需要经常使用，因此在此先简单介绍它的用法。

字符串包括常量和变量两种形式。字符串常量是程序中用双引号引用的一串字符，在例 2.1 中已经介绍过，在此不再赘述。

Java 使用 String 类对象处理字符串变量。可用以下两种形式的语句创建字符串。

```
String str = new String("Hello! Welcome to Java!");
String str = "Hello! Welcome to Java!";
```

也可以用一个字符数组创建一个字符串。例如：

```
char[] chs = {'H','e','l','l','o','!'};        //创建一个包含 6 个字符的字符数组
```

```
String str = new String(chs);        //用字符数组创建一个字符串
```

如 2.3.1 节所述,可以使用 Scanner 类的成员方法 next()和 nextLine()从键盘输入字符串,这两个方法的区别是,next()方法以空格作为分隔符,所以读入的字符串中不能包含空格;而 nextLine()方法以换行符作为分隔符,这个方法可以读入包含空格的一整行字符串。例如:

```
Scanner input = new Scanner(System.in);
str = input.nextLine();        //从键盘输入一行字符串
```

可以使用运算符"＋"连接两个字符串,运算符"＋"的两个操作数中只要有一个是字符串,它就会把两个操作数相连接形成一个新的字符串。例如:

```
String str = 3 + " * " + 4 + " = " + (3 * 4);
```

如上语句执行之后,字符串 str 的内容是"3＋4＝12"。

2.7　小结

数据是程序处理的对象,Java 提供了丰富的数据类型和运算符供编程者使用。

Java 基本数据类型是编译系统内置的数据类型,包括布尔型(boolean)、字符型(char)、单字节整型(byte)、短整型(short)、普通整型(int)、长整型(long)、单精度浮点型(float)和双精度浮点型(double)。

变量是程序中存储数据的单元,每个变量都有确定的数据类型,变量的值在程序中可以被修改。

常量指程序中不能被修改的数值,包括出现在程序中的数值字面量和符号常量两种类型。Java 使用关键字 final 定义符号常量。

本章还介绍了在 Java 控制台输入和输出的实现方法。

Java 提供了丰富的运算符用于数据处理,主要包括赋值运算符、算术运算符、关系运算符、逻辑运算符和位运算符等几类。运算符具有优先级和结合性。由运算符和操作数连接而成的式子称为表达式。

对于二元和三元运算符而言,要求其操作数的类型一致,如果参与运算的操作数类型不一致,则要先进行数据类型转换。Java 的数据类型转换包括自动类型转换和强制类型转换两种:自动类型转换是在程序编译时由编译器自动完成;强制类型转换是由程序员在程序语句中利用类型转换运算符显式实现。

第3章
程序流程控制

用高级语言编写的程序是由控制语句组成的。普通的语句都是顺序执行的,即按照先后顺序一条一条地执行。除此之外,Java 还提供了两种结构的控制语句——选择结构和循环结构。

3.1 选择结构

选择结构语句用于根据条件控制程序的执行流向,是程序中最常用的语句。Java 的选择结构包含以下几种语句:if-else 语句、嵌套的 if-else 语句、if-else if 语句和 switch 语句。

3.1.1 if-else 语句

if-else 语句的语法结构如下:

```
if (表达式)    语句1;
else    语句2;
```

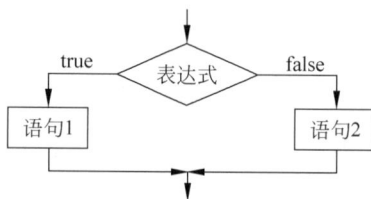

图 3.1 if-else 语句的流程图

执行顺序为:求出表达式的值,如果表达式的值为 true 或为非零值,则执行语句 1;若表达式的值为 false 或 0,则执行语句 2。图 3.1 为 if-else 语句的流程图。

if-else 语句中的语句 1 和语句 2 可以是一条语句,也可以是由花括号括住的多条语句。语句 2 可以为空,当语句 2 为空时,else 可以省略。

【例 3.1】 输入两个数,判断是否相等,并输出判断结果。

程序代码如下:

```java
import java.util.Scanner;
public class Exp3_1 {
    public static void main(String[] args){
        int i,j;
        Scanner input = new Scanner(System.in);
        System.out.println("请输入两个整数:");
        i = input.nextInt();
        j = input.nextInt();
        if(i > j)
            System.out.println(i + ">" + j);
        else
```

```
        System.out.println(i + "< = " + j);
    }
}
```

图 3.2 所示为例 3.1 程序的运行结果。

```
请输入两个整数：
10 20
10<=20
```

图 3.2 例 3.1 程序的运行结果

3.1.2 嵌套的 if-else 语句

如果在 if 或 else 后面的语句中又出现了 if-else 语句，这种结构就是嵌套的 if-else 语句。其语法形式如下：

```
if(表达式 1)
    if(表达式 2)  语句 1
    else  语句 2
else
    if(表达式 3)  语句 3
    else  语句 4
```

其中的语句 1～语句 4 可以是由花括号括住的多条语句。

嵌套的 if-else 语句构成了一个梯级选择结构，可以完成复杂的逻辑判断，使用非常频繁。使用时需注意 else 和 if 的匹配问题，即确定 else 和哪个 if 属于同一个逻辑层次。匹配的原则是：else 和它前面最近一个没有被花括号括住的 if 相匹配。

【例 3.2】 输入两个整数，比较它们的大小并输出比较结果。

程序代码如下：

```
import java.util.Scanner;
public class Exp3_2 {
 public static void main(String[] args){
    int i,j;
    System.out.println("请输入两个整数：");
    Scanner input = new Scanner(System.in);
    i = input.nextInt();
    j = input.nextInt();
    if(i!= j)
        if(i > j)
            System.out.println(i + ">" + j);
        else
            System.out.println(i + "<" + j);
    else
        System.out.println(i + " = " + j);
    }
}
```

例 3.2 程序的运行结果如图 3.3 所示。

```
请输入两个整数：
10 20
10<20
```

图 3.3 例 3.2 程序的运行结果

3.1.3　if-else if 语句

if-else if 语法的形式如下：

```
if (表达式 1)   语句 1;
else if (表达式 2)   语句 2;
else if (表达式 3)   语句 3;
        ⋮
else   语句 n
```

这是一种常用的选择结构，它和如下梯级结构的嵌套 if-else 语句是等价的，只是为了容易理解和书写格式清晰而使用的另一种写法。

```
if (表达式 1)   语句 1;
else
    if (表达式 2)   语句 2;
    else
if (表达式 3)   语句 3;
        ⋮
            else   语句 n
```

【例 3.3】　用 if-else if 语句编程实现例 3.2 的问题。

程序代码如下：

```java
import java.util.Scanner;
public class Exp3_3 {
    public static void main(String[] args){
    int i,j;
    System.out.println("请输入两个整数：");
    Scanner input = new Scanner(System.in);
    i = input.nextInt();
    j = input.nextInt();
    if(i == j)
        System.out.println(i + " = " + j);
    else if(i > j)
        System.out.println(i + ">" + j);
    else
        System.out.println(i + "<" + j);
    }
}
```

3.1.4　switch 语句

对于深层嵌套的选择结构，如果所有的选择都依赖于同一个整型或字符型的变量或表达式的取值，则可以用 switch 语句来代替 if-else 或者 else-if 的梯级结构。switch 语句的语法形式如下：

```
switch(变量名或表达式)
{
    case 常量表达式 1: 语句 1; break;
    case 常量表达式 2: 语句 2; break;
                ⋮
    case 常量表达式 n: 语句 n; break;
    default: 语句 n + 1;
}
```

switch 的执行顺序是：首先求出变量或表达式的值,然后用该值分别和各 case 后的常量表达式的值相比较,若找到一个和该值相等的常量表达式,则执行其后的语句,语句执行完毕后,再由 break 语句直接跳出被花括号括住的 switch 语句体;如果没有找到相等的常量表达式,则执行 default 后的语句,语句执行完毕后退出 switch 语句体。图 3.4 所示为 switch 语句的流程图。

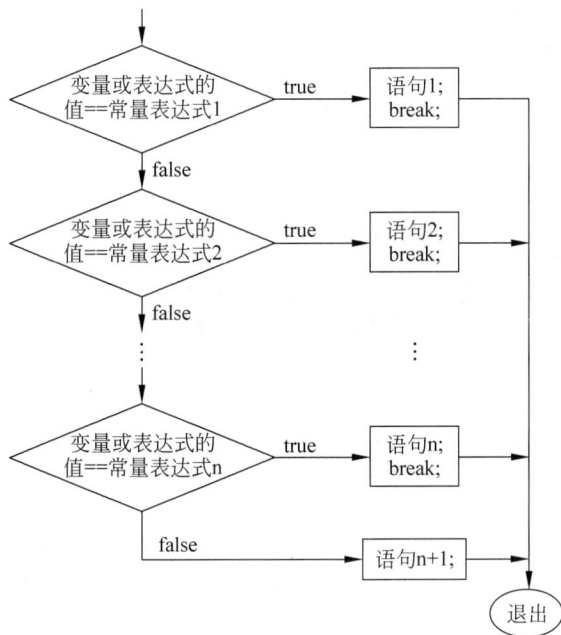

图 3.4　switch 语句的流程图

使用 switch 语句时,需要注意以下几点。

(1) switch 后的变量或表达式的类型必须是整型或字符型。

(2) 各 case 后的语句 1、语句 2、……、语句 n 和 default 后的语句 n+1 可以是一条语句,也可以是多条语句;如果是多条语句,也不使用花括号{}将其括住。

(3) 各个 case 后的常量表达式的值都不能相同。

(4) 每个 case 后面的 break 语句都可以没有。如果条件变量或表达式的值和某个 case 后的常量表达式的值相等,而且该 case 后面没有 break 语句,则以该 case 为入口点开始执行后面的语句,直到遇到第一个 break 语句跳出 switch 语句体,若其后的所有 case 都没有 break 语句,则一直执行到 switch 的结束点。

(5) 当多个 case 分支后的语句完全相同时,则可以把它们组合成一个 case 分支。

【例 3.4】　输入一个 0~6 的整数代表一周中的 7 天,其中整数 1~6 分别代表周一到周六,0 代表周日。程序根据用户输入的整数输出相应的日期。

程序代码如下:

```java
import java.util.Scanner;
public class Exp3_4 {
    public static void main(String[] args){
    int day;
    System.out.println("请输入一个 0~6 的整数: ");
```

```
Scanner input = new Scanner(System.in);
day = input.nextInt();
switch(day){
    case 0:System.out.println("周日");break;
    case 1:System.out.println("周一");break;
    case 2:System.out.println("周二");break;
    case 3:System.out.println("周三");break;
    case 4:System.out.println("周四");break;
    case 5: System.out.println("周五");break;
    case 6:System.out.println("周六");break;
    default:System.out.println("您输入的整数不在 0~6");
    }
  }
}
```

图 3.5 所示是例 3.4 程序的运行结果。

```
请输入一个0~6的整数：
4
周四
```

图 3.5　例 3.4 程序的运行结果

3.2　循环结构

循环结构的语句根据条件重复地执行程序中的某一条或某一段语句,也是程序中最常用的语句。Java 提供了以下几种循环结构的控制语句：while 循环语句、do-while 循环语句和 for 循环语句。

3.2.1　while 循环语句

while 是最常用的循环语句,其语法形式如下：

```
while(表达式)
    循环体语句;
```

其中循环体语句部分可以是一条语句,也可以是由花括号括住的多条语句。

执行顺序如下。

(1) 计算并判断表达式的值,若为 0 或 false,则跳转到第(4)步。

(2) 若表达式的值非零或为 true,则执行循环体中的语句。

(3) 返回第(1)步。

(4) 退出循环体,接着执行循环体后的语句。

图 3.6 为 while 语句的流程图。

【例 3.5】　输入一个正整数 n,求其阶乘 n!。n!＝1×2×3×…×(n－1)×n。

程序代码如下：

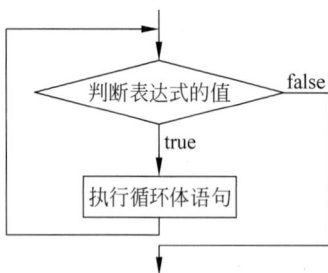

图 3.6　while 语句的流程图

```
import java.util.Scanner;
public class Exp3_5 {
```

```
public static void main(String[] args){
short n, i = 1;
long result = 1;
System.out.print("请输入一个正整数: ");
Scanner input = new Scanner(System.in);
n = input.nextShort();
while(i < = n){
    result * = i;
    i++;
}
System.out.println("正整数" + n + "的阶乘为" + result);
    }
}
```

程序中先提示用户输入一个正整数,因为阶乘值的增大速度非常快,所以使用长整型 (long)变量 result 保存阶乘的结果,其初始值为 1。

循环的条件为 i≤n,变量 i 的初值为 1,每次循环中首先用 i 乘以 result,并把乘积再赋值给 result,然后执行 i++。当最后退出循环时,result 中的值就是 n 的阶乘。图 3.7 所示为例 3.5 程序的运行结果。

```
请输入一个正整数: 5
正整数5的阶乘为120
```

图 3.7 例 3.5 程序的运行结果

注意:使用 while 语句实现循环时,在循环体中应该包含改变循环条件表达式值的语句,如例 3.5 程序中的语句 i++;否则,会造成无限循环。

3.2.2 do-while 循环语句

do-while 语句的语法形式如下:

do
    循环体语句;
while(表达式);

其中,循环体语句可以是一条语句,也可以是由花括号括住的多条语句。while 语句的后面一定要有分号。

语句的执行顺序如下。

(1) 执行循环体中的语句。

(2) 计算并判断表达式的值。

(3) 若表达式的值非零或为 true,则跳转到第(1)步;否则退出循环,接着执行后面的语句。

图 3.8 所示是 do-while 语句的流程图。

【例 3.6】 使用 do-while 语句求一个正整数 n 的累加和。

图 3.8 do-while 语句的流程图

程序代码如下:

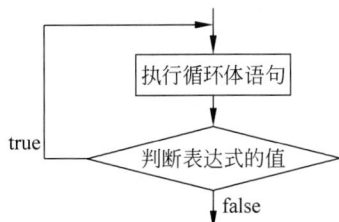

```
import java.util.Scanner;
public class Exp3_6 {
    public static void main(String[] args){
        short n, i = 1;
        long sum = 0;
        System.out.print("请输入一个正整数: ");
```

```
Scanner input = new Scanner(System.in);
n = input.nextShort();
do{
    sum += i;
    i++;
}while(i <= n);
System.out.println("正整数" + n + "的累加和为" + sum);
}
}
```

例 3.6 程序的运行结果如图 3.9 所示。

请输入一个正整数：8
正整数8的累加和为36

图 3.9　例 3.6 程序的运行结果

while 循环语句和 do-while 循环语句的功能在多数情况下是等价的，然而它们也存在区别。while 语句和 do-while 语句的区别是：while 语句是先判断循环条件，后执行循环体语句；而 do-while 语句是先执行循环体语句，后判断循环条件。如果循环条件表达式的初始值就为零或 false，则 while 循环的循环体语句一次也不执行，而 do-while 循环的循环体语句执行了一次。

3.2.3　for 循环语句

for 循环语句的语法形式如下：

```
for(表达式1; 表达式2; 表达式3)
    循环体语句;
```

其中，表达式 1 通常用来初始化循环控制变量的值，所以又叫循环控制变量初始化表达式；表达式 2 用来判断是否满足循环条件，又叫循环条件表达式；表达式 3 通常用来修改循环控制变量的值。循环体语句可以是一条语句，也可以是由花括号括住的多条语句。

for 语句的执行顺序如下。

（1）计算表达式 1 的值。

（2）计算并判断表达式 2 的值，若表达式 2 的值非零或为 true，则接着执行第（3）步；否则跳转到第（4）步。

（3）执行循环体语句，计算表达式 3 的值。返回第（2）步。

（4）退出循环，接着执行后面的语句。

图 3.10 所示是 for 语句的流程图。

【例 3.7】　用 for 循环语句实现例 3.5 中求正整数阶乘的程序。

程序代码如下：

```
import java.util.Scanner;
public class Exp3_7 {
    public static void main(String[] args){
        short n,i;
        long result = 1;
        System.out.print("请输入一个正整数：");
        Scanner input = new Scanner(System.in);
        n = input.nextShort();
        for(i = 1;i <= n;i++)
```

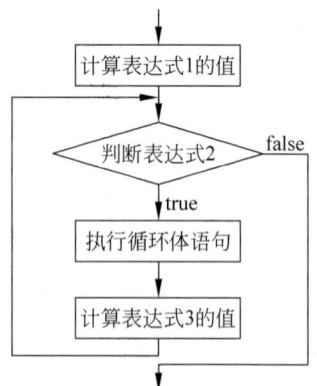

图 3.10　for 语句的流程图

```
            result * = i;
            System.out.println("正整数" + n + "的阶乘为" + result);
        }
}
```

for 语句通常用于已知循环次数的情况。

for 语句的用法非常灵活,for 后面的三个表达式哪个都可以被省略,也可以同时被省略。虽然表达式可以省略,但是不能省略用于分隔它们的分号。最简单的 for 语句如下:

```
for( ; ; )
{…}
```

这样的 for 循环和下面的 while 循环是等价的,它们都是无限循环(死循环)。

```
while(true)
{…}
```

如果省略表达式 1,则在程序中 for 循环语句的前面,应该有对循环控制变量或循环条件的初始化语句;如果省略表达式 3,则应该在循环体中包含修改循环控制变量和循环条件的语句,以防止出现死循环。例如:

【例 3.8】 省略表达式 1 和表达式 3 的 for 循环语句。

程序代码如下:

```
public class Exp3_8 {
    public static void main(String[] args){
        int i = 0;
        for(;i < 3;){
            System.out.println("欢迎学习 Java 语言");
            i++;
        }
    }
}
```

程序的功能是使用 for 循环语句输出三行字符串"欢迎学习 Java 语言"。for 语句中省略了表达式 1 和表达式 3,在 for 语句的前面初始化循环控制变量 i 的值为 1;而循环体内部的语句 i++ 在每次循环执行时,修改循环控制变量 i 的值。这样的 for 循环等价于一个类似的 while 循环。图 3.11 所示为例 3.8 程序的运行结果。

欢迎学习Java语言
欢迎学习Java语言
欢迎学习Java语言

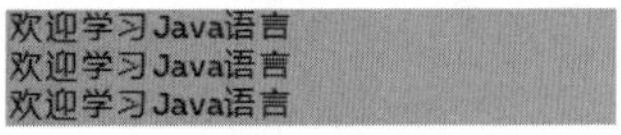

图 3.11 例 3.8 程序的运行结果

3.2.4 嵌套的循环语句

如果在循环体语句中又出现了循环结构语句,就形成了嵌套的循环结构。通常把嵌套的循环语句称为多重循环语句。在嵌套的循环结构中,外部的循环叫外层循环;而被包含在其他循环内部的循环叫内层循环。这里外层和内层都是相对而言的。

【例 3.9】 输出一个由星号(*)组成的三角形图案,如图 3.12 所示。

程序代码如下:

```
            *
          * * *
        * * * * *
      * * * * * * *
    * * * * * * * * *
```

图 3.12 由星号(*)组成的
三角形图案

```
public class Exp3_9 {
    public static void main(String[] args){
```

```
for(int i = 1;i <= 5;i++)
{
    for(int j = 0;j <= 5 - i;j++)
        System.out.print(' ');
    for(int k = 1;k <= (2 * i - 1);k++)
        System.out.print(' * ');
    System.out.println();
}
}
}
```

程序中使用了嵌套的循环结构。外层的 for 循环负责输出星号的行数。内层的第一个 for 循环负责输出每行中星号前面的空格字符；内层的第二个 for 循环负责输出每行中的星号。

JDK 1.5 新增了一种基于范围的 for 循环语句，这种循环语句可以更方便地遍历数组或容器中的元素，在本书第 5 章中将详细介绍这种 for 循环语句。

3.3 其他流控制语句

以上几节介绍了 Java 中实现选择和循环结构的语句。本节介绍两个选择和循环结构中常用的转移语句——break 和 continue。

3.3.1 break 语句

break 语句在介绍 switch 语句时，已经见到过了。除了可以用于 switch 语句，它还可以用在循环语句中，功能是立即从包含它的最内层的循环体中退出，开始顺序执行后面的语句。

【例 3.10】 输出 100 以内的全部素数。

程序代码如下：

```
public class Exp3_10 {
    public static void main(String[] args){
        boolean flag;
        System.out.println("100 之内的全部素数包括：");
        for(int i = 2;i < 100;i++){
            flag = false;
            for(int j = 2;j <= i/2;j++){
                if(i % j == 0){
                    flag = true;
                    break;
                }
            }
            if(!flag)
                System.out.print(i + " ");
        }
    }
}
```

程序中使用了 for 循环嵌套语句，外层循环的循环控制变量 i 遍历 100 以内的所有整数（不包括 1 和 100，因为 1 不是素数），内层循环用来判断 i 是不是素数。内层循环的循环控制变量 j 的取值范围是 2~i/2,所以 j 是 i 的所有可能的除数。每次内层循环都用 j 去除 i,只要有一个 j 可以整除 i,就说明 i 不是素数,此时内层循环就没有必要再执行下去了,可使用 break 语句马上退出内层循环。

例 3.10 程序的运行结果如图 3.13 所示。

```
100之内的全部素数包括
2 3 5 7 11 13 17 19 23 29 31 37 41 43 47 53 59 61 67 71 73 79 83 89 97
```

图 3.13　例 3.10 程序的运行结果

3.3.2　continue 语句

continue 语句只能用在循环语句中,功能是跳过循环体中位于 continue 语句后面的所有语句,立即结束本次循环的执行,转到判断循环条件的语句判断是否进行下一次循环。

【例 3.11】　在循环中使用 continue 语句。

程序代码如下:

```java
public class Exp3_11 {
    public static void main(String[ ] args){
        int i = 0;
        while(i < 5)
        {
            if(i++ == 3) continue;
            System.out.println("欢迎学习 Java");
        }
    }
}
```

例 3.11 中,当 i 的值为 3 时,执行 continue 语句,马上退出本次循环,循环体中后面的语句被跳过。但是,循环并没有终止,从 i=4 开始继续执行下一次循环。结果是输出了 4 行字符串。

3.4　小结

Java 语言的控制语句形式简洁、功能强大,主要包括选择结构和循环结构两种类型。两种结构的控制语句可以相互嵌套,完成复杂的控制逻辑。

选择结构的语句用于根据条件控制程序的执行流向。Java 的选择结构包含以下几种语句:if-else 语句、嵌套的 if-else 语句、if-else if 语句和 switch 语句。

循环结构的语句根据条件重复地执行程序中的某一条或某一段语句。Java 提供以下几种循环结构的控制语句:while 循环语句、do-while 循环语句和 for 循环语句。

除选择结构和循环结构的语句之外,Java 还包括两个特殊的流控制语句,它们是 break 语句和 continue 语句。

第 4 章

类和对象(上)

在线答题

观看视频

从本章开始学习面向对象程序设计的核心概念——类和对象。

4.1 面向对象的编程方法

面向对象程序的概念最早出现在 20 世纪 60 年代末期,1967 年诞生的编程语言 Simula67 被认为是最早的面向对象程序设计语言。20 世纪 70 年代,编程语言 Smalltalk 的问世又给这种方法注入了新鲜血液。20 世纪 80 年代出现的 C++语言保留了 C 语言的优点,同时加入了对面向对象程序设计方法的支持。20 世纪 90 年代,随着国际互联网的出现和飞速发展,当时在 Sun 公司工作的 Jams Gosling 意识到业界急需一种可以开发跨平台网络应用程序的编程语言,于是在 1995 年 5 月,Sun 公司正式发布了 Java 语言。和 C++语言不同,Java 语言是一种纯粹的面向对象的编程语言,具备面向对象编程方法的所有优点;同时它又是一种跨平台的程序设计语言,对开发网络应用程序具有得天独厚的优势。Java 逐步发展成为开发 Web 应用程序的首选语言。而面向对象的程序设计方法也成为当今主流的编程方法。

面向对象程序设计方法的出发点和基本原则是:尽可能模拟人类的思维方式,使软件开发的过程尽可能地与人类认识问题和解决问题的过程相一致,使描述问题的问题域模型和实现解法的解域模型尽可能一致。

传统的、面向过程的结构化程序设计方法是以算法为核心,把数据和操作它们的方法相分离,例如,要编写软件描述现实世界中的实体——汽车,现实世界中的实体通常具有两方面的属性:静态特征(静态属性)和行为特征(动态属性),结构化程序设计的做法是,首先使用一组数据描述汽车的静态特征,如行驶速度、载重、价格等;同时还要设计一组方法(函数)描述汽车的行为特征,如汽车的启动、转弯、刹车等。这种做法忽略了数据和操作之间的内在联系,设计出的软件的解空间模型和问题空间模型不一致,既难以理解又不利于实现代码重用。

面向对象的程序设计方法以对象为核心,对象是对现实世界实体的正确的抽象,它是由描述实体静态特征的数据,以及描述实体行为特征的操作,封装在一起构成的统一体。用面向对象方法实现的软件由对象组成,对象间通过传递消息相互联系。同样是上边的例子,在程序中可以使用对象来描述现实世界中的汽车,其中封装了描述汽车静态特征的数据和描述其行为特征的函数。这样做使解空间模型和问题空间模型相一致,既可以使程序容易理解,也可以最大限度地实现代码重用。

在面向对象程序设计方法中,使用类来描述对象的属性。类是一种抽象数据结构,是对一类具有共同属性的对象的描述,其中封装了描述对象静态特征的数据和描述对象行为特征的函数。类是创建对象的模板,对象是类的具体实例。类是抽象的,对象是具体的,如在创建汽车对象之前,首先应该创建描述汽车对象属性的类——汽车类。

面向对象程序设计方法具有三个基本特征:封装、继承和多态。

在面向对象程序设计中,封装具有两重含义:第一重含义指把数据和操作数据的方法进行封装形成一个实体,即对象;第二重含义指类可以为其成员设定访问权限,以实现数据隐藏,在类的外部不能访问类的私有或保护成员,类提供公有接口和外部通信。

面向对象中的继承指可以从已有的类派生出新的类,这里把已有的类称为基类或父类,把新类称为派生类或子类。通过继承,子类自动获得了父类的全部属性,同时子类又具有自己特有的、新的属性,所以子类是对父类的扩展。使用继承可以最大限度地利用已有的程序代码,以实现代码重用。

面向对象方法中的多态是指向不同的对象发送相同的消息时,这些对象会给出不同的响应,导致不同的行为。这里给对象发送消息指的是调用对象的成员方法,Java中的多态是通过子类覆盖父类的虚成员方法实现的。

4.2 创建类

类是一种抽象数据类型,用来描述对象的属性,其中包含描述对象静态特征的数据成员和描述对象行为特征的方法成员。

4.2.1 声明类

Java声明类的语法形式如下:

```
[修饰符] class 类名{
    声明类的数据成员;
    声明类的成员方法;
};
```

其中,class是Java的关键字,用在这里代表要声明一个类;"类名"是一个标识符,编程者可以根据所要描述的实体为类命名;"类名"后面由花括号括住的部分称为类体,类体中包含类成员的声明;类的成员由数据成员和方法成员两部分组成。关键字class前面的修饰符是可选的。这里的"修饰符"就是Java语言关键字,Java语言中可用于类声明的关键字包括public、abstract、final等。关键字public用来声明公有的类,被声明为public的类可以在任何包中使用;如果声明类时没有使用关键字,则该类只能被同一个包中的类访问。关于包和abstract类的概念将在5.8节和第8章介绍。

4.2.2 声明类的数据成员

类的数据成员又可以被称为成员变量,用来描述类的静态属性。Java声明类的数据成员的语法格式如下:

```
[修饰符] 数据类型 成员变量名 [ = 初始值];
```

其中，"数据类型"用来声明当前数据成员的数据类型，可以是第 2 章中介绍的表示数据类型的关键字，也可以是一个表示类名的标识符；"成员变量名"是一个由编程者自己命名的标识符。用来声明数据成员的修饰符可以是关键字 public、protected、private、static 和 final 等，"修饰符"也可以没有。可以在声明成员变量的同时就给它赋初值，也可以不赋初值。

4.2.3　声明类的方法成员

类的方法成员也可以被称为成员方法，用来描述类的行为属性。Java 声明类的成员方法的语法格式如下：

```
[修饰符] 数据类型 成员方法名(参数列表){
    方法体；
}
```

方法声明中的第一行（不包括最右边的左花括号）在 Java 程序中通常被称为方法签名，方法签名中的"数据类型"指的是方法返回值的数据类型，可以是第 2 章中介绍的表示数据类型的关键字，也可以是一个表示类名的标识符；如果一个方法没有返回值，则这里必须用关键字 void 来声明。"成员方法名"是一个由编程者自己命名的标识符。"成员方法名"后面的小括号里包含的是方法的参数列表，参数用来在调用方法时给方法传递信息。一个方法可以没有参数，此时小括号里的内容为空，但不能省略这个小括号；一个方法的参数列表如果包含多个参数，则必须指定每个参数的数据类型和参数名，多个参数之间用逗号分隔。

参数列表后面被一对花括号括住的部分称为方法体，方法体中包含实现方法功能的 Java 语句。对于有返回值的方法，方法体内必须包含 return 语句，该语句的作用是从方法中返回数据。

方法签名中的"[修饰符]"是可以没有的，也可以是关键字 public、protected、private、static、final。

以下是几个类声明的实例。

【例 4.1】　创建一个代表人的 Person 类。

程序代码如下：

```java
public class Person {
    String name;
    int age;
    char sex;
    void setName(String n){
        name = n;
    }
    void setAge(int a){
        age = a;
    }
    void setSex(char s){
        sex = s;
    }
    String getName(){
        return name;
    }
    int getAge(){
        return age;
```

```
    }
    char getSex(){
        return sex;
    }
}
```

Person 类中声明了 3 个数据成员(name、age 和 sex),分别存放一个人的姓名、年龄和性别,它们的数据类型分别是 String、int 和 char。

Person 类的成员方法 setName( )、setAge( )和 setSex( )用来设置数据成员 name、age 和 sex 的值,这 3 个方法各有一个参数,都没有返回值。

Person 类的成员方法 getName( )、getAge( )和 getSex( )用来获取数据成员 name、age 和 sex 的值,这 3 个方法的方法体中使用 return 语句返回相应的数据成员的值。

【例 4.2】 创建一个表示圆形的 Circle 类。

程序代码如下:

```
public class Circle {
    double radius = 1.0;
    void setRadius(double r){
        radius = r;
    }
    double getRadius(){
        return radius;
    }
    double getArea(){
        return 3.14 * radius * radius;
    }
}
```

Circle 类中声明了一个表示半径的数据成员 radius,同时把它的值初始化为 1.0。成员函数 setRadius( )用来修改数据成员 radius 的值;成员函数 getRadius( )返回数据成员 radius 的值。Circle 类还声明了一个用来求圆面积的成员函数 getArea( ),该函数计算并返回圆形的面积。

4.3 创建和使用对象

类是创建对象的模板,而对象是类的具体实例。类创建完成之后,就可以创建类的实例对象了。Java 语言创建对象的过程可以分为如下两步。

(1) 创建对象的引用变量。

创建引用变量的语法格式如下:

类名 引用变量;

(2) 使用关键字 new 创建类的对象,并用第一步创建的引用变量引用这个对象。

创建对象的语法格式如下:

引用变量 ＝ new 类名( );

或

引用变量 ＝ new 类名(…);

例如：

```
Person person1;          //创建 Person 类的引用变量 person1
Person = new Person();   //创建一个 Person 类的对象,并使用 person1 引用这个对象
Person person2;          //创建 Person 类的引用变量 person2
Person = new Person();   //创建一个 Person 类的对象,并使用 person2 引用这个对象
Circle circle;           //创建 Circle 类的引用变量 circle
circle = new Circle();   //创建一个 Circle 类的对象,并使用 circle 引用这个对象
```

以上两步可以在一条语句中实现,用一条语句创建对象的语法格式如下：

类名 引用变量 = new 类名();

或

类名 引用变量 = new 类名(…);

例如：

```
Person person1 = new Person();
Person person2 = new Person();
Circle circle = new Circle();
```

上面前两条语句创建了两个 Person 类的对象,并用引用变量 person1 和 person2 来引用这两个对象；第 3 条语句创建了一个 Circle 类对象,并用引用变量 circle 来引用这个对象。

创建了对象之后,可以使用对象来实现某些特定的功能。例如：

```
person1.setName("李明");
person1.setAge(20);
person1.setSex('男');
System.out.println(person1.getName() + "的年纪是" + person1.getAge() + "岁");
```

【例 4.3】 创建并使用 Person 类对象。

程序代码如下：

```
public class TestPerson {
    public static void main(String[] args){
        Person person1 = new Person();
        person1.name = "李明";
        person1.age = 20;
        person1.sex = '男';
        Person person2 = new Person();
        person2.setName("刘雯");
        person2.setAge(21);
        person2.setSex('女');
        System.out.println(person1.name + "的年纪是" + person1.age + "岁");
        System.out.println(person2.getName() + "的年纪是" + person2.getAge() + "岁");
    }
}
```

上述程序中创建了 Person 类的两个对象（person1 和 person2）,对象 person1 使用点操作符直接访问了对象的数据成员；而对象 person2 使用点操作符调用 Person 类的成员方法间接地访问了对象的数据成员。例 4.3 程序的运行结果如图 4.1 所示。

```
李明的年纪是20岁
刘雯的年纪是21岁
```

图 4.1 例 4.3 程序的运行结果

【例 4.4】 创建一个 Circle 对象,分别计算并输出半

径为 10 和 20 的圆的面积。

程序代码如下：

```java
public class TestCircle {
    public static void main(String[] args){
        Circle circle = new Circle();
        circle.radius = 10.0;
        System.out.println("半径为" + circle.radius + "的圆的面积为" + circle.getArea());
        circle.setRadius(20.0);
        System.out.println("半径为" + circle.getRadius() + "的圆的面积为" + circle.getArea
());
    }
}
```

如上程序中创建了一个 Circle 类的对象 circle，对象 circle 使用点操作符分别访问了对象的数据成员和成员方法。例 4.4 程序的运行结果如图 4.2 所示。

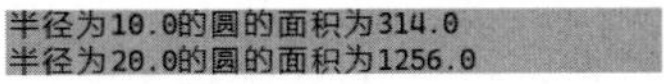

半径为10.0的圆的面积为314.0
半径为20.0的圆的面积为1256.0

图 4.2　例 4.4 程序的运行结果

4.4　类成员的访问权限

类的一个非常重要的功能就是可以为其成员设定访问控制权限，以实现数据保护和数据隐藏。用来设定访问控制权限的 Java 关键字有 3 个：public、private 和 protected。这 3 个关键字称为访问权限修饰符，分别用来设定类的公有成员、私有成员和保护成员。

使用访问权限修饰符声明类成员的语法格式如下：

[访问权限修饰符] 数据类型 成员名 [= 初始值];

或

[访问权限修饰符] 数据类型 成员方法名(参数列表){
**　　…**
}

例如，在 Circle 类的定义中，可以使用如下语句定义数据成员 radius 和成员方法 getArea()：

```java
private double radius = 1.0;        //数据成员 radius 的访问权限为 private
public double getArea(){            //成员方法 getArea()的访问权限为 public
    return 3.14 * radius * radius;
}
```

使用关键字 public 声明的成员称为公有成员，使用关键字 private 声明的成员称为私有成员，使用关键字 protected 声明的成员称为保护成员，如果声明一个成员时没有使用这 3 个关键字中的任何一个，则此成员被称为包私有成员。

在类的内部，不管是公有成员、私有成员、保护成员还是包私有成员，都可以使用成员的名字直接访问它们。这里所说的"类的内部"指在本类的成员方法中，更准确地说是在对象的内部，由于这些成员都属于类的当前对象，因此在对象的内部可以直接访问它们。例如，当在程序中创建了一个 Circle 类的对象 circle 时，对象 circle 包含一个数据成员 radius，此时不管 radius 的访问权限是什么，在这个对象的成员方法里都可以直接访问它。

一个成员的访问权限用于限定从类的外部(更准确地说是从对象的外部)访问它们的

方式。

　　程序可以使用对象名加点操作符直接访问对象的公有成员。例如,如果 radius 被声明为 Circle 类的公有成员,且 circle 是 Circle 类的对象,则可以使用如下语句直接访问对象 circle 的成员 radius。

```
circle.radius = 10.0; //可以直接访问对象的公有成员
```

　　程序中不能用对象名加点操作符访问对象的私有成员。例如,如果 radius 被声明为 Circle 类的私有成员,则上面的语句就是错误的。

　　使用关键字 protected 声明的成员称为保护成员,保护成员的访问权限分为如下两种情况。

　　(1) 如果 A 类和 B 类在同一个包里,则在 A 类中可以直接访问 B 类对象的保护成员,也就是说可以在 A 类的成员函数里使用 B 类对象的对象名加点操作符访问它的保护成员。例如,假设当前类和 Circle 类位于同一个包里,circle 是 Circle 类的对象,而且 radius 是 Circle 类的保护成员,则在当前类中可以使用如下语句访问对象 circle 的保护成员 radius:

```
circle.radius = 10.0;
```

　　(2) 如果 A 类和 B 类不在同一个包里,则在 A 类中不能直接访问 B 类对象的保护成员,也就是说在 A 类的成员函数中不能使用 B 类的对象名加点操作符访问它的保护成员。例如,假设当前类和 Circle 类不在同一个包里,circle 是 Circle 类的对象,而且 radius 被声明为 Circle 类的保护成员,则在当前类中不能使用上面的语句访问对象 circle 的保护成员 radius。

　　在此先简单介绍一下"包"的概念。"包"是 Java 为了避免类名冲突而使用的一种机制,Java 程序中所有的类都位于某一个包中,同一个包中不能有同名的类,不同包中可以存在同名的类,可以使用关键字 package 为类打包。打包语句的语法格式如下:

```
package 包名;
```

其中的"包名"是一个由程序员命名的标识符。例如,如果在 Circle 类的源文件中加上语句:

```
package com.MyClass;
```

则 Circle 类就被打包在 com.MyClass 包中。Java 规定打包语句必须是 Java 源程序文件的第一条语句。

　　声明一个类时如果没有使用打包语句为类打包,则此类位于一个无名的包中。

　　打了包的类的全名是"**包名.类名**"。

　　例如,如果将 Circle 类打包到 com.MyClass 包中,则 Circle 类的全名是 com.MyClass.Circle。

　　在 Java 程序中,除了使用 JDK 中的类,有可能还会使用第三方类库中的类,如果不同类库中存在同名的类,而且程序中需要使用它们,则就会出现类名冲突。解决的方法就是为类打包,打包之后类的全名变成了"包名.类名",不同类库使用相同包名的概率是很小的,即使包名相同,修改包名也很简单,这样就可以有效地避免类名冲突。

　　如果程序要访问另一个包中的类,则必须使用 import 语句将该类引入当前程序中。import 语句的语法格式如下:

```
import 包名.类名;
```

或

```
import 包名.*;
```

import 语句通常位于程序开头,紧随 package 语句之后。例如:

```
import java.util.Date;        //将 java.util 包中的 Date 类引入当前程序中
import java.util.*;           //将 java.util 包中的所有类引入当前程序中
```

如果在声明一个类成员时没有使用 public、private 和 protected 这三个关键字中的任何一个,则这个成员的访问权限为包私有。

对象的包私有成员可以被同一个包中的其他类直接访问,对于不在同一个包中的类,不能直接访问它的对象的包私有成员。

例如,假设当前类和 Circle 类位于同一个包中,且 radius 是 Circle 类的包私有成员,则在当前类中,可以使用 Circle 类的对象 circle 直接访问它的包私有成员 radius。

```
circle.radius = 10.0; //直接访问同一个包中的类的包私有成员
```

private 型成员和 protected 型成员的一个重要区别是在使用继承技术的时候。在通过继承形成的父类和子类的关系中,父类的 private 型成员被子类继承后,在子类中是不能直接访问的;父类的 protected 型成员被子类继承后,在子类中可以直接访问这些成员。相关内容会在 6.3 节中详细介绍。

为了实现数据的封装,一般情况下,类的数据成员的访问权限会被声明为私有或保护,在类外不能直接访问这些成员。这时,为了能够有条件地访问这些成员,类会提供一些公有的接口。例如,如果 Circle 类的数据成员 radius 的访问权限被声明为 private,则类应该提供公有的成员方法返回或修改它的值。这些方法的命名是有规范的,通常返回一个数据成员的值的方法应命名为 getXXX,其中 XXX 是这个数据成员的名字,且名字的第一个字母应该大写;而修改数据成员的方法应命名为 setXXX,其中的 XXX 是这个数据成员的名字,且名字的首字母应该大写。例如,Circle 类中应提供如下两个公有方法,用来返回和修改数据成员 radius 的值。

```
public double getRadius(){        //私有数据成员 radius 的访问器
    return radius
}
public void setRadius(double r){        //私有数据成员 radius 的修改器
    if(r > 0)
        radius = r;
    else
        System.out.println("圆的半径不能是负数");
}
```

【例 4.5】 为 Person 类的成员设置访问权限。

程序代码如下:

```
public class Person {
    private String name;
    private int age;
    private char sex;
    public void setName(String n){
        name = n;
    }
```

```
        public void setAge(int a){
            age = a;
        }
        public void setSex(char s){
            sex = s;
        }
        public String getName(){
            return name;
        }
        public int getAge(){
            return age;
        }
        public char getSex(){
            return sex;
        }
}
public class TestPerson {
    public static void main(String[] args){
        Person person = new Person();
        person.setName("张三");
        person.setAge(20);
        person.setSex('男');
        System.out.println(person.getName() + "的性别是" + person.getSex()
            + ",年龄是" + person.getAge() + "岁");
    }
}
```

在如上程序中,把 Person 类的所有的数据成员都声明为私有成员,并且为它们设计了公有的访问器方法和修改器方法。程序主方法里创建了一个 Person 对象,并使用公有的访问器方法和修改器方法访问了对象的数据成员。例 4.5 程序的运行结果如图 4.3 所示。

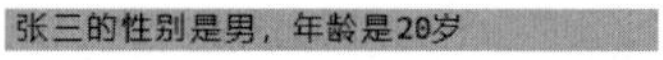

张三的性别是男，年龄是20岁

图 4.3　例 4.5 程序的运行结果

【例 4.6】　为 Circle 类的成员声明访问权限,创建一个 Circle 类对象,利用它计算半径为 20 的圆的面积。

程序代码如下:

```
public class Circle {
    private double radius = 1.0;
    public void setRadius(double r){
        radius = r;
    }
    public double getRadius(){
        return radius;
    }
    public double getArea(){
        return 3.14 * radius * radius;
    }
}
public class TestCircle {
    public static void main(String[] args){
        Circle circle = new Circle();
        circle.setRadius(20.0);
        System.out.println("半径为" + circle.getRadius() + "的圆的面积为" + circle.getArea());
    }
}
```

在如上程序中,把 Circle 类的数据成员 radius 的访问权限声明为私有,并为它设计了共有的访问器和修改器。主方法中创建了一个 Circle 类的对象,并使用修改器方法把该对象的数据成员 radius 的值设置为20,然后调用公有方法求出该对象的面积并输出。例4.6程序的运行结果如图4.4所示。

半径为20.0的圆的面积为1256.0

图4.4　例4.6程序的运行结果

4.5　类的数据成员和类作用域

类的数据成员可以被该类的所有方法访问,例如在例4.5中,Person 类的数据成员 name、age、sex 可以被该类所有的方法访问。例4.6中的 Circle 类的所有成员方法都可以访问数据成员 radius。

类的数据成员的有效范围是整个类,它们具有类作用域。

4.6　类的成员方法

类的成员方法用来实现某种特定的功能。成员方法的声明格式在前面已经介绍过,在此不再赘述。

4.6.1　成员方法的调用方式

根据方法的返回值,可以把成员方法分成两类:有返回值的成员方法和没有返回值的成员方法。

1) 有返回值的成员方法

调用这类方法时,通常是把方法调用的返回值赋值给一个变量,或者是把方法调用的返回值作为表达式中的一个操作数。例如:

```
double area = circle.getArea();          //把方法调用的返回值赋值给一个局部变量 area
System.out.println("圆的面积为" + circle.getArea());      //把方法的返回值直接输出到控制台
```

2) 没有返回值的成员方法

没有返回值的方法又叫 void 型方法,这类方法通常使用一条单独的语句来调用。例如:

```
System.out.println("欢迎学习 Java 语言");
```

如上语句调用 out 对象的成员方法 println()实现控制台输出。

4.6.2　方法参数和传值传递

有些方法在调用时需要为它们传递数据信息,这些信息是通过方法的参数传递给方法的。例如,当需要修改 Circle 类对象的私有数据成员 radius 时,应该调用成员方法 setRadius(double r),把要修改的值通过方法的参数传递给该方法。

```
circle.setRadius(10.0);
```

在方法声明中,参数列表中的参数称为形式参数,简称形参;调用方法时实际传递的参数称为实际参数,简称实参。

在 Java 程序中,方法参数的传递方式只有一种——**传值传递**。方法被调用时把实参的值传递给形参。

4.6.3　方法的局部变量和局部作用域

方法内部定义的变量称为方法的局部变量,这些变量的有效范围就是定义它的方法。在该方法没有开始运行时,方法的局部变量不存在;当方法开始运行时,方法的局部变量被创建,并保存在方法调用栈中;当方法运行结束之后,方法局部变量被销毁。

也可以在某个语句块中定义局部变量,这里的语句块指用花括号括住的一系列语句。如果在一个语句块内部定义了一个局部变量,则该局部变量的有效范围就是这个语句块。

局部变量的作用域是定义它的方法或语句块,它们具有局部作用域。

例如,可以修改 Circle 类的成员方法 getArea():

```java
public double getArea(){
    double area;              //定义局部变量
    area = 3.14 * radius * radius;
    return area;
}
```

可以看到在修改后的 getArea()方法中创建了一个局部变量 area,用来存放圆对象的面积。

4.6.4　方法调用的实现过程

系统使用一块称为栈的存储空间来处理方法调用。栈是一种后进先出的顺序存储结构,数据的存取只能从栈顶进行,先存入的数据被逐步压向栈底,最后存入的数据位于栈顶,取数据时也只能读取栈顶数据,栈顶数据被弹出栈后才能顺序读取下边的数据。栈的结构如图 4.5 所示。

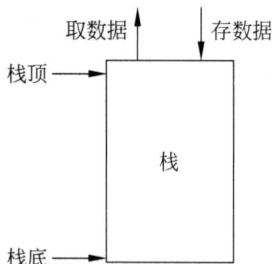

图 4.5　栈的结构

一个方法被调用时,系统首先在栈顶为其开辟一块空间,用来存放方法的形式参数和函数中定义的局部变量,由于方法执行结束后,要返回主调方法中并从方法调用处的下一条指令开始继续执行,因此在这块栈空间中还要保存方法调用时的现场信息(系统寄存器的值)和返回地址;然后控制转到被调方法并开始执行;方法运行结束时,系统先根据栈中保存的现场信息和返回地址恢复主调方法的执行现场,然后返回到主调方法中继续执行,此时分配给被调方法的栈空间被自动释放。在程序的执行过程中,栈空间的分配和释放是动态进行的。这个处理方法调用的栈通常被称为“方法调用栈”。

如果一个程序运行时,在 main()方法中调用了方法 fun1(),而在方法 fun1()中又调用了方法 fun2(),则该程序运行时,“方法调用栈”的动态分配过程如图 4.6 所示。

		方法fun2()的 形参、局部变 量、现场信 息和返回地址		
	方法fun1()的 形参、局部变 量、现场信 息和返回地址	方法fun1()的 形参、局部变 量、现场信 息和返回地址	方法fun1()的 形参、局部变 量、现场信 息和返回地址	
main()方法的 局部变量	main()方法的 局部变量	main()方法的 局部变量	main()方法的 局部变量	main()方法的 局部变量

(a) 运行main()方法 (b) 调用fun1()方法 (c) 调用fun2()方法 (d) fun2()方法 (e) fun1()方法 (f) 程序运行结束
　　　　　　　　　　　　　　　　　　　　　　　　　　　运行结束　　　运行结束

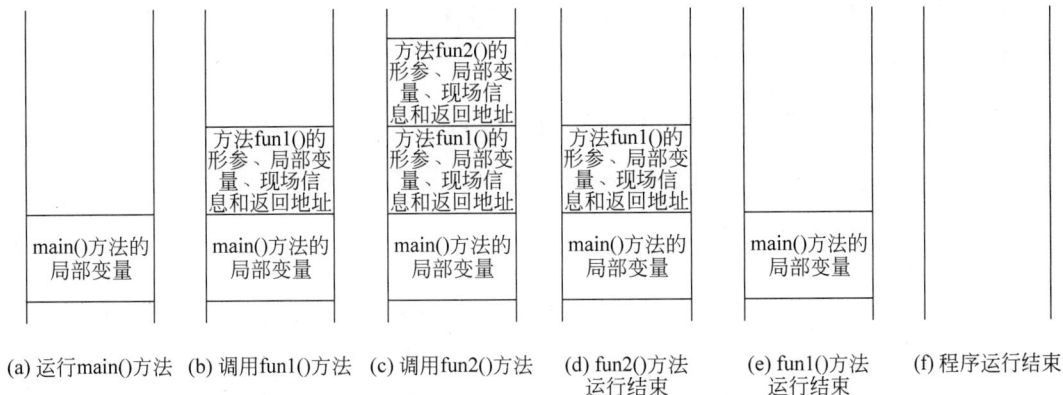

图 4.6　方法调用时"方法调用栈"的动态分配过程

4.7　对象的结构

4.7.1　Java 对象的内存结构

由 4.3 节可知创建一个对象的步骤分为如下两步。

(1) 创建一个该类对象的引用变量,该引用变量是一个"栈变量"。例如:

Person person;

如上语句必定位于某个成员方法中,所以这条语句创建的引用变量 person 是一个局部变量。局部变量被存储在"方法调用栈"中,所以这样的变量又被称为"栈变量"。

(2) 使用关键字 new 创建一个对象,并用第(1)步创建的引用变量引用这个对象。例如:

person = new Person();

如上语句使用关键字 new 创建了一个 Person 类的对象,并使用引用变量 person 引用这个对象。这个对象位于一块被称为"堆"的存储空间里。那么"堆"是什么东西呢?

每个程序运行时,操作系统都会为其分配一块可用的内存空间,用来存放用关键字 new 动态创建的对象,这块存储空间称为程序的**自由存储区**或**堆**。

Java 对象的内存结构如图 4.7 所示。

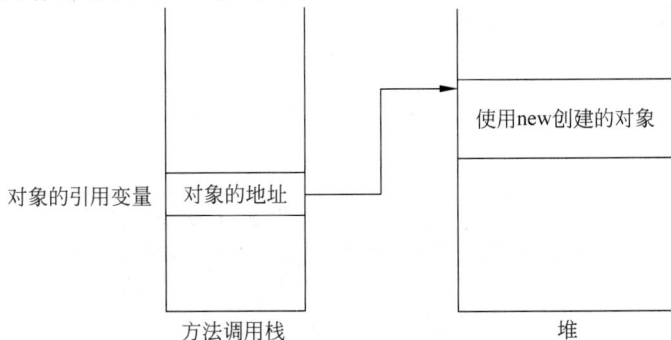

图 4.7　Java 对象的内存结构

由图 4.7 可知，对象的引用变量存储在方法调用栈中，而对象实体则存储在堆里。引用变量中存放的是对象实体的内存地址。

4.7.2　基本类型变量和对象的区别

在一个方法中可以定义基本类型的变量，例如：

```
int i = 10;
Double f = 123.45;
```

由于这些基本类型变量都是在方法中定义的，因此它们都是位于方法调用栈里的栈变量。它们的值被保存在栈中分配给它们的存储空间里。基本类型变量的内存结构如图 4.8 所示。

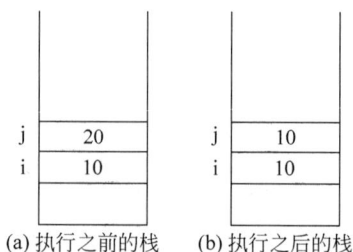

对照图 4.7 和图 4.8，可以知道 Java 基本类型的变量和类的对象在存储结构上是有区别的。这种结构上的差异使得它们在使用方面也存在区别，例如：

```
int i = 10, j = 20;
j = i;
```

如上两条语句执行之前和执行之后，i 和 j 在内存中的状态如图 4.9 所示。

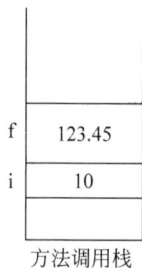

图 4.8　基本类型变量的内存结构　　　图 4.9　基本类型变量的赋值

由图 4.9 可知，当把一个基本类型的变量赋值给另一个变量后，两个变量虽然值相等，但是各自占据独立的存储空间，仍然是两个独立的变量。但是如果把一个对象赋值给另一个对象，则会出现不同的结果。例如：

```
Circle c1 = new Circle();
Circle c2 = new Circle();
c2 = c1;
```

假设 c1 引用的对象在堆中的地址是 1000，c2 引用的对象在堆中的地址是 1020。以上 3 条语句的运行结果如图 4.10 和图 4.11 所示。

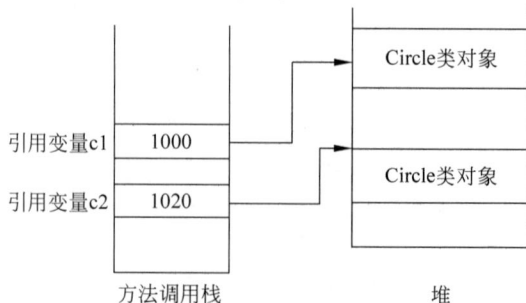

图 4.10　赋值前 3 条语句的运行结果

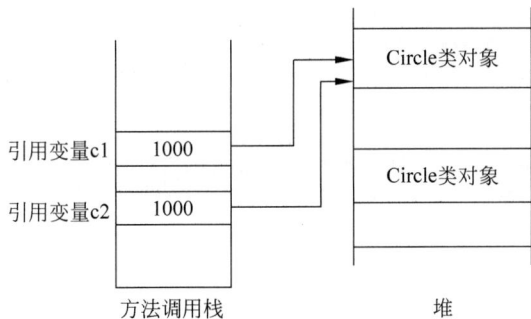

图 4.11 赋值后 3 条语句的运行结果

由图 4.10 和图 4.11 可知,在执行 c2＝c1 之前,c1 和 c2 引用了两个不同的对象实体,执行赋值操作时,把引用变量 c1 的值赋值给了 c2,c1 和 c2 中保存的是对象的地址,这个赋值操作是把 c1 中存放的地址复制到 c2 中。赋值之后 c1 和 c2 里存放的都是原来 c1 所引用的对象实体的地址,这种赋值并不是把一个对象的内容复制给另一个,而是使两个引用变量引用了同一个对象。

4.7.3　对象作方法的参数

由 4.6.2 节可知,方法参数的传递方式只有一种——**传值传递**,即当方法被调用时,实参的值被传递给形参。

方法的参数如果是基本数据类型,那么传递的就是实参的值。

如果一个方法的参数是类的对象,那么在方法被调用时,传递的是对象引用变量的值,也就是对象的引用(地址),而不是对象本身。实参对象和形参对象实际上是同一个对象。方法内部对形参对象的修改,就相当于修改实参对象。例 4.7 演示了基本类型作方法参数和对象作方法参数的区别。

【例 4.7】　基本类型作方法参数和对象作方法参数的区别。

程序完整代码如下:

```java
//Circle.java
public class Circle {
    private double radius = 1.0;
    public void setRadius(double r){
        radius = r;
    }
    public double getRadius(){
        return radius;
    }
    public double getArea(){
        double area;
        area = 3.14 * radius * radius;
        return area;
    }
}
//TestArgs.java
public class TestArgs {
    public static void main(String[] args){
        int im = 10;
```

```
Circle cm = new Circle();
cm.setRadius(10.0);
        System.out.println("方法 fun()调用之前 im = " + im);
System.out.println("对象 cm 的半径 = " + cm.getRadius());
fun(im,cm);
System.out.println("方法 fun()执行之后 im = " + im);
System.out.println("对象 cm 的半径 = " + cm.getRadius());
    }
    public static void fun(int i,Circle c){
        i = i + 10;
        c.setRadius(c.getRadius() + 10);
    }
}
```

例 4.7 程序的运行结果如图 4.12 所示。

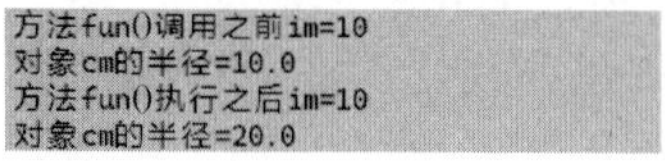

```
方法 fun()调用之前im=10
对象cm的半径=10.0
方法 fun()执行之后im=10
对象cm的半径=20.0
```

图 4.12　例 4.7 程序的运行结果

观察程序的运行结果，当简单类型变量 i 作方法参数时，由于参数是传值传递，参数传递时，只是把实参变量 im 的值复制给了方法内部的形参变量 i，传参结束后，im 和 i 之间联系的纽带就被剪断了，在方法内部修改形参变量 i 的值不会影响实参变量 im。

当方法参数是 Circle 类的对象 cm 时，虽然也是传值传递，但传递的值是存放在 cm 中的对象的地址，导致形参 c 和实参 cm 引用了同一个对象。修改对象 c 就是修改对象 cm。

4.8　方法重载

Java 允许在同一个类中定义多个同名的方法，但是要求这些方法的参数形式必须不同。参数形式不同是指：要么参数的类型不同，要么参数的个数不同。这样的编程技术称为方法重载，这组同名的方法称为重载的方法。

发生方法调用时，编译器会根据传递给方法的实参的数据类型和实参的个数决定调用哪一个重载的方法。

【例 4.8】　方法重载的实现。

程序代码如下：

```
public class TestMethodOverload {
    public int max(int i1,int i2){
        if(i1 > i2)
            return i1;
        else
            return i2;
    }
    public int max(int i1,int i2,int i3){
        if(i1 > i2)
            if(i1 > i3)
                return i1;
            else
                return i3;
        else
            if(i2 > i3)
```

```
                return i2;
            else
                return i3;
    }
    public double max(double f1,double f2){
        if(f1 > f2)
            return f1;
        else
            return f2;
    }
    public static void main(String[] args){
        TestMethodOverload t = new TestMethodOverload();
        int maxInt;
        maxInt = t.max(3,1,2);
        System.out.println("最大的整数是" + maxInt);
        System.out.println("最大的实数是" + t.max(123.5, 110.7));
    }
}
```

TestMethodOverload 类中设计了 3 个重载的 max()方法,分别返回 2 个整数、3 个整数和 2 个实数中的最大值。在 main()方法中使用了 3 个整数和 2 个实数作为实参调用重载方法,编译器在编译方法调用语句时,会根据实参的类型和个数选择正确的重载方法进行调用。例 4.8 程序的运行结果如图 4.13 所示。

```
最大的整数是3
最大的实数是123.5
```

图 4.13　例 4.8 程序的运行结果

4.9　类的构造方法

构造方法是类中的一种具有特殊用途的方法,当使用关键字 new 创建类的对象时,类的一个构造方法会被 JVM 自动调用,它的作用是初始化对象的数据成员。构造方法的名字必须和类名相同,构造方法没有返回值,而且方法名前不能使用关键字 void。

构造方法可以被重载,也就是说,一个类可以拥有多个构造方法,这些构造方法的参数形式各不相同。

如果声明类时没有为类编写构造方法,那么 Java 编译器在编译类时会自动为类添加一个不带参数的构造方法,所以通常把不带参数的构造方法称为默认的构造方法。由编译器自动添加的默认构造方法的方法体为空。

程序员只要为类编写了一个构造方法,编译器在编译类时就不会再添加这个默认的构造方法了。

如果一个类具有多个重载的构造方法,当程序中使用关键字 new 创建类的对象时,编译器会根据给构造方法传递参数的个数和类型选择一个匹配的构造方法并调用它。

为了能被编译器自动调用,构造方法的访问权限通常应该是公有的(public 型)。但在某些特殊的应用场合,构造方法的访问权限也可能被设置成私有(private 型)。例如,单例类或多例类的构造方法就必须是私有的。

【例 4.9】　为例 4.5 中创建的 Person 类添加构造方法,并使用它们创建对象。

程序代码如下：

```java
//Person.java
public class Person {
    private String name;
    private int age;
    private char sex;
    public Person(){
        System.out.println("默认构造方法被调用");
    }
    public Person(String n, int a, char s){
        name = n;
        age = a;
        sex = s;
        System.out.println("带参数的构造方法被调用");
    }
    public void setName(String n){
        name = n;
    }
    public void setAge(int a){
        age = a;
    }
    public void setSex(char s){
        sex = s;
    }
    public String getName(){
        return name;
    }
    public int getAge(){
        return age;
    }
    public char getSex(){
        return sex;
    }
}
//TestPerson.java
public class TestPerson {
    public static void main(String[] args){
        Person p1 = new Person();                //调用默认的构造方法
        p1.setName("李明");
        p1.setAge(20);
        p1.setSex('男');
        System.out.println(p1.getName() + "的年龄是" + p1.getAge() + "岁");
        Person p2 = new Person("刘雯", 21, '女');    //调用带参数的构造方法
        System.out.println(p2.getName() + "是" + p2.getSex() + "的");
    }
}
```

在如上程序中，为 Person 类添加了两个构造方法：一个默认的构造方法，另一个带参数的构造方法。为了演示构造方法被调用的时机，在每个构造方法中添加了一条控制台输出语句。

程序的 main() 方法中分别创建了 Person 类的两个对象，创建对象时没有传递参数，则调用默认的构造方法；创建对象时传递了参数，则调用带参数的构造方法。

例 4.9 程序的运行结果如图 4.14 所示。

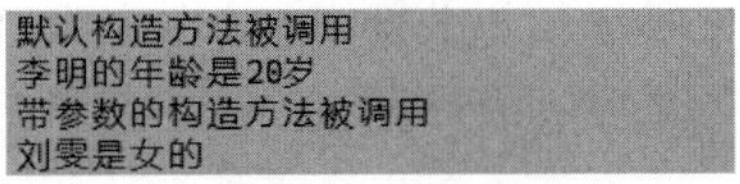

【例 4.10】 为例 4.6 中创建的 Circle 类添加构造方法,并使用它们创建对象。

程序代码如下:

默认构造方法被调用
李明的年龄是20岁
带参数的构造方法被调用
刘雯是女的

图 4.14 例 4.9 程序的运行结果

```java
//Circle.java
public class Circle {
    private double radius;
    public Circle(){              //默认的构造方法
        radius = 1.0;
    }
    public Circle(double r){      //带参数的构造方法
        radius = r;
    }
    public void setRadius(double r){
        radius = r;
    }
    public double getRadius(){
        return radius;
    }
    public double getArea(){
        double area;
        area = 3.14 * radius * radius;
        return area;
    }
}
//TestCircle.java
public class TestCircle {
    public static void main(String[] args){
        Circle c1 = new Circle();
        c1.setRadius(10.0);
        System.out.println("半径为" + c1.getRadius() + "的圆的面积为" + c1.getArea());
        Circle c2 = new Circle(100.0);
        System.out.println("半径为" + c2.getRadius() + "的圆的面积为" + c2.getArea());
    }
}
```

如上程序中为 Circle 类创建了默认构造方法和一个带参数的构造方法,并使用它们创建了 Circle 类的对象。例 4.10 程序的运行结果如图 4.15 所示。

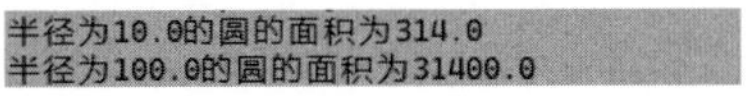

半径为10.0的圆的面积为314.0
半径为100.0的圆的面积为31400.0

图 4.15 例 4.10 程序的运行结果

4.10 小结

类是一种抽象数据类型,是创建对象的模板;对象是类的实例。

类声明中包含成员变量和成员方法两部分。

创建类的对象需要两个步骤:①创建对象的引用变量;②使用关键字 new 创建类的对象,并使用第①步中创建的引用变量引用这个对象。

可以使用关键字 public、private 和 protected 来声明类成员的访问权限。类成员的访问权限限定在类外（对象外部）访问成员的方式。

公有成员可以在类外直接访问，私有成员不能在类外访问，保护成员可以被同一个包中的类访问，包私有成员也可以被同一个包中的类访问。

类成员具有类作用域，方法中定义的局部变量具有局部作用域。

Java 中给方法传递参数的形式只有一种——传值传递。在发生方法调用时，把实参的值按字节复制给形参。

方法调用是使用方法调用栈实现的。

对象的引用变量位于方法调用栈中，对象本身被存储在称为"堆"的内存空间里。

可以在一个类中创建多个同名的方法，但这些方法的参数形式必须不同。这些方法称为重载的方法，这种编程技术称为方法重载。

一个类中肯定会有一个构造方法，构造方法在创建对象时被自动调用，用来初始化对象的数据成员。构造方法可以被重载。

第 5 章

类和对象(下)

在线答题

观看视频

5.1 类的静态成员

在声明类的成员时,如果使用了关键字 static,那么这个成员就是类的静态成员。没有用关键字 static 声明的成员是类的实例成员。

实例成员属于类的某一个具体实例(对象),而静态成员属于类。

类的静态成员包括静态数据成员和静态成员方法两部分。

5.1.1 静态数据成员

在类的声明中,如果定义数据成员时使用了关键字 static,则该数据成员就成为静态的数据成员。而没有使用 static 修饰的数据成员,称为类的实例数据成员。例如:

```
class A {
    …
    static int i;
    int j;
}
```

i 是类 A 的静态数据成员,而 j 是类 A 的实例数据成员。

顾名思义,类的实例数据成员属于该类的某个具体实例(对象)。它随着实例(对象)的产生而产生,随着实例(对象)的消亡而消亡。当程序中没有为类创建任何实例(对象)时,相应的实例数据成员也不存在。而属于同一个类的不同实例(对象)的同名的实例数据成员是相互独立的变量,占据不同的存储空间,互不影响。例如:

```
A a1 = new A();
A a2 = new A();
a1.j = 5;
a2.j = 10;
```

a1 和 a2 是类 A 的两个实例,a1.j 是对象 a1 的实例数据成员,a2.j 是对象 a2 的实例数据成员,它们属于各自的对象,占据不同的存储空间。修改 a1.j 的值,不会影响 a2.j。

和实例数据成员相反,类的静态数据成员属于类,而不属于类的某个具体实例(对象),在程序的运行过程中,类的静态数据成员只存在一份复本,占据一块特定的内存空间,并被该类的所有实例共享。例如,由于 i 是类 A 的静态数据成员,因此它被 A 的对象 a1 和 a2 共享。

在程序运行过程中,只要类被加载到内存中,即使还没有创建类的实例(对象),类的静态数据成员就已经存在了,它已经被分配了内存空间并被初始化。

通常在声明类的静态数据成员时就对其进行初始化，例如：

```
public static double PI = 3.14; //初始化静态数据成员
```

可以直接使用类名加点操作符访问公有的静态数据成员，当定义了类的实例（对象）后，也可以使用对象名加点操作符访问它。

不应在类的构造方法中初始化类的静态数据成员，因为静态数据成员不属于某个具体的实例，而类的构造函数是在创建类的实例（对象）时被调用，用于初始化对象的实例数据成员的。

例5.1演示了静态数据成员和实例数据成员的区别和访问公有的静态数据成员的方法。

【例5.1】 类的静态数据成员。

程序代码如下：

```
class A{
    public static int i;
    public int j;
    public A(){
        j = 0;
    }
    public A(int jj){
        j = jj;
    }
}
public class TestStaticDataMember {
    public static void main(String[] args) {
        A.i = 10;
        System.out.println("类 A 的静态数据成员 i 等于" + A.i);
        A a1 = new A();
        A a2 = new A(1);
        a1.i = 100;
        a1.j = 2;
        System.out.println("类 A 的静态数据成员 i 等于" + a2.i);
        System.out.println("对象 a1 的实例数据成员 j 等于" + a1.j);
        System.out.println("对象 a2 的实例数据成员 j 等于" + a2.j);
    }
}
```

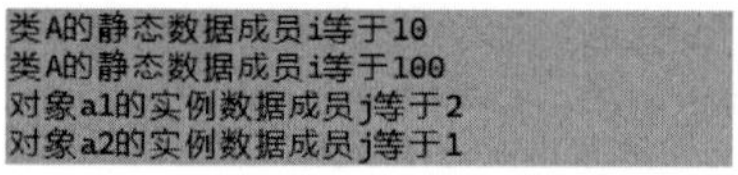

```
类A的静态数据成员i等于10
类A的静态数据成员i等于100
对象a1的实例数据成员j等于2
对象a2的实例数据成员j等于1
```

图 5.1 例 5.1 程序的运行结果

例 5.1 程序的运行结果如图 5.1 所示。

5.1.2 静态成员方法

在声明类的成员方法时，如果使用了关键字static，则该成员方法为静态成员方法。如果声明成员方法时没有使用关键字 static，则称该成员方法为实例成员方法。和静态数据成员相同，类的静态成员方法也是属于类，而不属于类的具体实例（对象）。所以，既可以使用类名加点操作符调用静态成员方法，也可以使用对象名像调用实例成员方法一样调用静态成员方法。

在类的静态成员方法中只能访问类的静态数据成员，而不能访问类的实例数据成员。因为在调用静态成员方法时，可能还没有创建类的具体实例。而在类的实例成员方法中，既可以访问类的静态数据成员，也可以访问实例数据成员。

注意每个程序的主方法 main()就是一个静态方法,所以运行程序时不用先创建主类的实例(对象)。

【例 5.2】 类的静态成员方法。

程序代码如下:

```
class A{
    private static int i;
    private int j;
    public A(){
        j = 0;
    }
    public A(int jj){
        j = jj;
    }
    public static void setI(int ii){
        i = ii;
    }
    public static int getI(){
        return i;
    }
    public void setJ(int jj){
        j = i + jj;        //实例方法可以访问静态数据成员
    }
    public int getJ(){
        return j;
    }
}
public class TestStaticDataMember {
    public static void main(String[] args) {
        A.setI(10);
        System.out.println("类 A 的静态数据成员 i 等于" + A.getI());
        A a1 = new A();
        a1.setI(100);
        System.out.println("类 A 的静态数据成员 i 等于" + a1.getI());
        a1.setJ(10);
        System.out.println("对象 a1 的实例数据成员 j 等于" + a1.getJ());
    }
}
```

例 5.2 程序的运行结果如图 5.2 所示。

【例 5.3】 使用静态数据成员统计程序运行过程中创建 Circle 类的实例(对象)的个数。

```
类A的静态数据成员i等于10
类A的静态数据成员i等于100
对象a1的实例数据成员j等于110
```

图 5.2 例 5.2 程序的运行结果

问题分析:由于类的静态数据成员被所有对象共享,因此可以用来统计程序中创建对象的数目。可以为 Circle 类添加一个静态整型数据成员 numOfCircle,用来统计 Circle 对象的数目,程序中创建一个 Circle 对象,就把 numOfCircle 的值加 1。那么静态成员 numOfCircle 加 1 的操作应放在哪里呢?我们知道,只要创建类的对象,系统就会自动调用类的构造方法来初始化对象中的实例数据成员,所以可以把为 numOfCircle 加 1 的操作放在类的构造方法中。在 Circle 类中再添加一个公有的成员方法 getnumOfCircle,用来读取私有静态数据成员 numOfCircle 的值。

在 main()函数中，先后创建 3 个 Circle 对象，并输出对象的数目。

程序代码如下：

```java
//Circle.java
public class Circle {
    private static int numOfCircle = 0;  //定义静态数据成员,并初始化为 0
    private double radius;
    public Circle(){
        radius = 1.0;
        numOfCircle++;
    }
    public Circle(double r){
        radius = r;
        numOfCircle++;
    }
    public static int getNumOfCircle(){
        return numOfCircle;
    }
    public void setRadius(double r){
        radius = r;
    }
    public double getRadius(){
        return radius;
    }
    public double getArea(){
        double area;
        area = 3.14 * radius * radius;
        return area;
    }
}
//Test.java
public class Test {
    public static void main(String[] args){
        Circle c1 = new Circle();
        Circle c2 = new Circle(10.0);
        System.out.println("目前创建了 Circle 类的" + c1.getNumOfCircle() + "个对象");
        Circle c3 = new Circle(5.0);
        System.out.println("目前创建了 Circle 类的" + Circle.getNumOfCircle() + "个对象");
    }
}
```

例 5.3 程序运行的结果如图 5.3 所示。

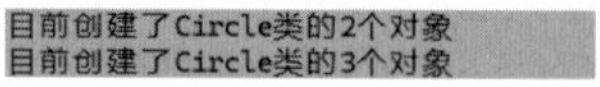

目前创建了 Circle类的2个对象
目前创建了 Circle类的3个对象

图 5.3　例 5.3 程序的运行结果

5.2　类的 final 成员

在类声明中可以用关键字 final 把类成员声明为 final 型成员。final 型数据成员称为常量成员，在程序运行过程中，它的值是不能被修改的。可以在声明时就给它赋初值，或是在构造方法中对它进行初始化。

有些常量对于一个类的不同对象而言,它的值都是一样的。例如,圆周率对于 Circle 类的所有对象而言,它的值都是 3.141 592 6。在声明这种常量时,除了关键字 final,通常还会使用另外一个关键字 static。这样它就会成为一个静态常量,被 Circle 类的所有对象共享。否则,它将被存储在每一个对象中,这显然是不必要的,而且浪费了内存空间。

【例 5.4】 为 Circle 类添加一个表示圆周率的常量。

程序代码如下:

```
public class Circle {
    private static final double PI = 3.14;           //声明并初始化常量 PI
    private double radius;
    public Circle(){
        radius = 1.0;
    }
    public Circle(double r){
        radius = r;
    }
    public void setRadius(double r){
        radius = r;
    }
    public double getRadius(){
        return radius;
    }
    public static double getPI(){
        return PI;
    }
    public double getArea(){
        double area;
        area = PI * radius * radius;                  //使用常量 PI
        return area;
    }
}
public class Test {
    public static void main(String[] args){
        System.out.println("圆周率的值为" + Circle.getPI());
    }
}
```

例 5.4 程序的运行结果如图 5.4 所示。

关键字 final 修饰的方法的作用是使该方法不能被子类重写。

圆周率的值为3.14

图 5.4 例 5.4 程序的运行结果

5.3 关键字 this

在介绍关键字 this 之前,有必要了解对象内存空间的结构。

5.3.1 对象的内存空间

当程序中使用关键字 new 创建一个类的对象时,编译器会在"堆"中为对象分配内存空间。这块属于对象的内存空间中只保存这个对象的所有的实例数据成员,而不包含类的静态成员和实例成员方法。实例成员方法虽然也属于对象,但对于这个类的不同对象而言,实例方法内容都完全相同,所以没必要把它们保存在每个对象中。类的实例方法单独存放,并被这个类的所有对象共享。

由于实例方法被这个类的所有对象共享,当方法被调用时,在方法内部需要知道是哪个对象调用了它,实例方法中有可能会访问对象的实例数据成员,而不同对象的实例数据成员的值是不同的。例如:

```
Circle c1 = new Circle();
Circle c2 = new Circle();
c1.setRadius(10.0);
c2.setRadius(20.0);
double area = c1.getArea();
```

如上程序片段先创建了两个 Circle 类对象:c1 和 c2。再把 c1 对象的实例变量 radius 的值设置为 10.0,把 c2 对象的实例变量 radius 的值设置为 20.0。然后由对象 c1 调用 Circle 类的实例方法 getArea()求圆的面积。实例方法 getArea()是被对象 c1 和 c2 共享的,如何让方法 getArea()知道调用它的当前对象是 c1 而不是 c2 呢?

Java 解决此问题的方法是使用关键字 this。

5.3.2 关键字 this 引用调用实例方法的当前对象

关键字 this 本质上是类的引用变量,它被保存在每个对象的内存空间中,this 变量中保存本对象的地址。

当实例方法被某个对象调用时,编译器会把引用这个对象的 this 传递给被调用的实例方法,这样实例方法内部就可以使用 this 访问调用它的当前对象了。

例如,当编译器编译"double area = c1.getArea();"这条语句时,会把 c1 对象的 this 传递给实例方法 getArea(),getArea()内部可以使用 this 引用调用方法的当前对象 c1,访问 c1 的实例成员 radius 求出对象 c1 的面积。

在编写类的实例成员方法时,可以显式地使用关键字 this 访问当前对象的实例成员。例如,Circle 类的实例成员方法 getArea()可以写成如下形式:

```
public double getArea(){
    double area;
    area = PI * this.radius * this.radius;
    return area;
}
```

这样的写法指明了 radius 是由 this 引用的调用方法的当前对象的实例数据成员,使程序的逻辑更加清晰,容易理解。

除此之外,关键字 this 还有其他的作用。

5.3.3 在构造方法中使用 this 调用其他构造方法

如果一个类声明了多个构造方法,那么可以在一个构造方法中使用关键字 this 调用其他的构造方法。

【例 5.5】 在类的构造方法中使用关键字 this 调用其他构造方法。

程序代码如下:

```
public class Circle {
    private static final double PI = 3.14;
    private double radius;
    public Circle(){
        this(1.0);
    }
    public Circle(double r){
        radius = r;
    }
    ...
}
```

Circle 类声明了两个构造方法。默认构造方法中的语句"this(1.0);"调用带参数的构造方法,并把 1.0 传递给它。

5.3.4　使用 this 访问被局部变量屏蔽的数据成员

有些成员方法里有可能定义了和对象的数据成员同名的局部变量,或定义了和数据成员同名的形式参数,此时,局部变量或形式参数屏蔽了同名的数据成员,即在方法内部使用该变量名访问的是方法内定义的局部变量,而不是类的数据成员。这时可以借助关键字 this 访问被屏蔽的数据成员。例如:

```
public Circle(double radius){          //形式参数和数据成员同名
    this.radius = radius;              //使用 this 可以访问数据成员
}
```

以上是 Circle 类的构造方法,由于其形参被命名为 radius,则在方法内部必须使用关键字 this 访问对象的实例数据成员 radius。在语句"this.radius＝radius;"中,赋值号左侧的 this.radius 代表对象的数据成员——圆的半径;赋值号右侧的 radius 是方法的形式参数。

5.3.5　从实例方法返回调用方法的当前对象

使用关键字 this 可以从实例方法返回调用该方法的当前对象。

【例 5.6】　为 Circle 类添加一个实例方法,用来比较两个 Circle 类对象的大小,并返回其中较大的一个对象。

程序代码如下:

```
//Circle.java
public class Circle {
    private static final double PI = 3.14;
    private double radius;
    public Circle(){
        this(1.0);
    }
    public Circle(double radius){
        this.radius = radius;
    }
    public void setRadius(double radius){
        this.radius = radius;
    }
    public double getRadius(){
        return radius;
```

```
        }
        public static double getPI(){
            return PI;
        }
        public double getArea(){
            double area;
            area = PI * radius * radius;
            return area;
        }
        public Circle compare(Circle c){        //此方法比较当前对象和参数对象的大小,返回较大的
            if(this.radius > c.radius)
                return this;                      //使用关键字 this 返回当前对象
            else
                return c;
        }
    }
//Test.java
public class Test {

    public static void main(String[] args) {
        Circle c1 = new Circle(10.0);
        Circle c2 = new Circle(20.0);
        Circle c3 = c1.compare(c2);
        System.out.println("面积较大的圆的半径为" + c3.getRadius());

    }
}
```

如上程序中的黑体字部分是为 Circle 添加的实例方法 compare(),该方法比较调用方法的当前对象和方法参数对象的大小,并返回较大的对象。如果当前对象的半径比参数对象的半径大,则使用关键字 this 返回当前对象。

面积较大的圆的半径为20.0

图 5.5　例 5.6 程序的运行结果　　　例 5.6 程序的运行结果如图 5.5 所示。

5.4　类组合

类的数据成员既可以是 Java 数据基本类型的变量,也可以是类的对象。如果数据成员是一个对象,则这种结构称为类组合。类组合通常用于描述对象之间"has-a"的关系。例如,如果类 A 对象的数据成员是类 B 的对象,则可以说"类 A 对象中包含(有)一个类 B 对象"。

【例 5.7】　创建一个 Point 类表示平面上的一个点,包含两个整型数据成员(x 和 y),存储点的坐标。创建一个包含圆心坐标的 Circle 类,其圆心坐标保存在一个 Point 类的对象里。

程序代码如下:

```
//Point.java
public class Point {
    private int x;
    private int y;
    public Point(){
    }
    public Point(int x, int y){
```

```
            this.x = x;
            this.y = y;
        }
        public int getX() {
            return x;
        }
        public void setX(int x) {
            this.x = x;
        }
        public int getY() {
            return y;
        }
        public void setY(int y) {
            this.y = y;
        }
    }
//Circle.java
public class Circle {
    private double radius;
    private Point centerOfCircle; //圆心坐标
    public static final double PI = 3.14;
    public Circle(){
        radius = 1.0;
        centerOfCircle = new Point();
    }
    public Circle(double radius,Point centerOfCircle){
        this.radius = radius;
        this.centerOfCircle = centerOfCircle;
    }
    public double getRadius() {
        return radius;
    }
    public void setRadius(double radius) {
        this.radius = radius;
    }
    public Point getCenterOfCircle() {
        return centerOfCircle;
    }
    public void setCenterOfCircle(Point centerOfCircle) {
        this.centerOfCircle = centerOfCircle;
    }
    public double getArea(){
        return radius * radius * PI;
    }
}
//Test.java
public class Test {
    public static void main(String[] args) {
        Point center = new Point(10,10);
        Circle c1 = new Circle();
        Circle c2 = new Circle(10.0,center);
        System.out.println("第一个圆的圆心坐标是(" + c1.getCenterOfCircle().getX() + "," +
        c1.getCenterOfCircle().getY() + "),半径是" + c1.getRadius());
        System.out.println("第二个圆的圆心坐标是(" + c2.getCenterOfCircle().getX() + "," +
```

```
            c2.getCenterOfCircle().getY() + "),半径是" + c2.getRadius());
    }
}
```

程序中的 Circle 类的数据成员 centerOfCircle 是 Point 类的对象，这种结构就是类组合。例 5.7 程序的运行结果如图 5.6 所示。

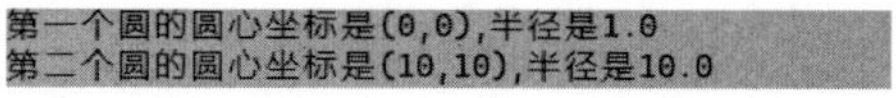

第一个圆的圆心坐标是(0,0),半径是1.0
第二个圆的圆心坐标是(10,10),半径是10.0

图 5.6　例 5.7 程序的运行结果

类组合的本质是：一个对象中含有一个指向另一个对象的引用变量，它是一个联系不同对象的纽带，使程序中的一个对象可以感知到其他对象的存在，并互发消息，协同工作。换句话说，两个对象之间即使没有逻辑上的 has-a 关系，也可以通过类组合在它们之间建立联系。在 Java 程序的实践应用中，类组合技术常用于实现各种对象型设计模式。

5.5　数组

数组是一系列相同类型对象的集合，组成数组的对象叫数组的元素。数组在存储器中是连续存放的。数组可以是一维的，也可以是多维的；一维数组的元素只有一个下标，n 维数组元素有 n 个下标。数组可以由任何类型的元素构成（包括基本数据类型和类的对象）。在 Java 语言中，数组是一个对象。

5.5.1　一维数组

创建一维数组的语法格式如下：

数据类型[ ] 引用变量 = new 数据类型[元素个数];

或

数据类型 引用变量[ ] = new 数据类型[元素个数];

其中的数据类型是数组元素的数据类型，引用变量用来引用这个数组对象。例如：

```
int array[] = new int[10];
```

如上语句定义了一个包含 10 个元素的一维整型数组。

创建了数组对象之后，数组里的每个元素都被赋予默认的值。整型、浮点型等数值型数组元素的默认值为 0；字符数组元素的默认值为 Unicode 码值为 0 的空字符；布尔型数组元素的默认值为 false。

可以在创建数组对象的同时对数组进行初始化，即给数组中的每个元素赋初值。此时不能声明数组元素的个数。例如：

```
int array[] = new int[]{6,5,4,3,2,1};
```

还可以省略关键字 new，使用更简单的写法创建并初始化数组。例如：

```
int array[] = {6,5,4,3,2,1};
```

如上语句创建了一个包含 6 个元素的整型数组，并为其中的每个元素赋了初值。

可以使用下标直接访问数组中的某个元素。例如：

array[2] = 100; //把下标为 2 的数组元素赋值为 100

注意：Java 数组的下标是从 0 开始的，上面定义的包含 10 个元素的数组的第一个元素的下标为 0，即数组的第一个元素是 array[0]，最后一个元素是 array[9]。

可以通过数组对象的数据成员 length 来获取数组的容量（数组中元素的个数）。

【例 5.8】 编写一个方法 sort()对整型数组按升序进行排序。方法的参数是待排序的数组。

程序代码如下：

```java
public class TestOneDemArray {
    public static void sort(int array[]){
        int min,minIndex,i,j;
        for(i = 0;i < array.length - 1;i++){
            min = array[i];
            minIndex = i;
            for(j = i + 1;j < array.length;j++){
                if(array[j]< min){
                    min = array[j];
                    minIndex = j;
                }
            }
            if(i!= minIndex){
                array[minIndex] = array[i];
                array[i] = min;
            }
        }
    }
    public static void main(String[] args){
        int[] a = {12,3,34,64,9,56,21,76,5,1};
        System.out.print("排序前：");
        for(int i = 0;i < a.length;i++){
            System.out.print(a[i] + " ");
        }
        sort(a);
        System.out.println(); //换行
        System.out.print("排序后：");
        for(int i = 0;i < a.length;i++){
            System.out.print(a[i] + " ");
        }
    }
}
```

sort()方法使用选择排序法对参数数组进行排序。选择排序法的算法是：在包含 n 个元素的无序序列中，选择一个最小的元素，放到无序序列的最前面。这个过程称为 1 次选择。然后再在后面包含 n−1 个元素的无序序列中重复上面的选择过程。经 n−1 次选择后，整个序列就被以升序排序了。

sort()方法使用两重循环实现选择排序，外层循环控制选择的次数，内层循环实现 1 次选择。

在 main()方法中创建了一个无序的整型数组，并把它作为参数传递给 sort()方法。由于数组是一个对象，根据 4.7.3 节的学习可知，当方法参数是对象时，实际传递的是引用对象的地址，而不是对象本身。也就是说，sort()方法中的形参数组 array 和 main()方法中的实参数组 a 实际上是 1 个数组。所以在 sort()方法里对形参数组 array 进行排序，就是对main()方法里的数组 a 进行排序。

排序前: 12 3 34 64 9 56 21 76 5 1
排序后: 1 3 5 9 12 21 34 56 64 76

图 5.7 例 5.8 程序的运行结果

例 5.8 程序的运行结果如图 5.7 所示。

5.5.2 二维数组

创建二维数组的语法格式如下：

数据类型[][] 引用变量 = new 数据类型[元素个数][元素个数];

或

数据类型 引用变量[][] = new 数据类型[元素个数][元素个数];

例如：

```
int[][] a1 = new int[3][3];
double a2 = new double[3][2];
```

上面第 1 条语句创建了一个 3 行、3 列的二维整型数组，第 2 条语句创建了一个 3 行、2 列的二维双精度浮点型数组。

可以在创建二维数组的同时对其进行初始化，例如：

```
int[][] a1 = new int[][]{{1,2,3},{4,5,6,},{7,8,9}};
```

也可以省略关键字 new，使用更简洁的写法创建并初始化二维数组。例如，如上语句可以写成：

```
int[][] a1 = {{1,2,3},{4,5,6},{7,8,9}};
```

通过对一维数组的学习可知，数组对象的数据成员 length 中保存数组元素的个数。那么对于如上语句中定义的二维数组 a1 对象来说，其数据成员 length 中保存的值是多少呢？是 9 吗？在此不妨验证一下，可用如下语句输出其值：

```
System.out.print(a1.length); //输出二维数组对象 a1 中的元素个数
```

如上语句的输出结果是 3，不是 9。

这是因为 Java 编译器认为，二维数组本质上是一个由一维数组构成的一维数组。也就是说，二维数组的每个元素是一个一维数组。所以，二维数组对象的数据成员 length 中保存的是二维数组中一维数组的个数，也就是二维数组的行数。

【例 5.9】 从键盘输入一个 3 行×3 列的矩阵，输出该矩阵，将该矩阵转置之后再次输出。

程序代码如下：

```
import java.util.Scanner;
public class Test {
    public static void main(String[] args){
        int[][] a = new int[3][3];
        int temp;
        System.out.println("请输入 9 个 100 之内的整数");
        Scanner in = new Scanner(System.in);
        for(int i = 0;i < a.length;i++){
            for(int j = 0;j < a[i].length ;j++){
```

```
            a[i][j] = in.nextInt();
        }
    }
    System.out.println(" ------ ");
    for(int i = 0;i < a.length;i++){
        for(int j = 0;j < a[i].length ;j++){
            System.out.printf(" %3d",a[i][j]);;
        }
        System.out.println();
    }
    for(int i = 0;i < a.length;i++)
        for(int j = 0;j < a[i].length ;j++)
            if(i < j) {
                temp = a[i][j];
                a[i][j] = a[j][i];
                a[j][i] = temp;
            }
    System.out.println(" ------ ");
    for(int i = 0;i < a.length;i++){
        for(int j = 0;j < a[i].length ;j++){
            System.out.printf(" %3d",a[i][j]);;
        }
        System.out.println();
    }
    }
}
```

如上程序中创建了一个 3×3 的二维数组用来存放 3 行×3
列的矩阵。矩阵转置指把矩阵上三角阵中的元素和下三角阵中
的对应元素交换位置。对于二维数组元素 a[i][j],如果 i<j,则
它位于上三角阵中,和它相对应的下三角阵元素是 a[j][i]。

例 5.9 程序的运行结果如图 5.8 所示。

```
请输入9个100之内的整数
12 43 25 67 17 8 54 87 71

 12 43 25
 67 17  8
 54 87 71

 12 67 54
 43 17 87
 25  8 71
```

图 5.8 例 5.9 程序的运行结果

5.5.3 foreach 循环语句

foreach 语句是 JDK 1.5 引入的一种专门用于操作数组、集合的循环控制语句。使用
foreach 循环语句可以更加方便地遍历数组和集合中的元素。

foreach 循环语句的语法结构如下:

for(数据类型 标识符:数组或集合对象){
　　//循环体语句;
}

其中的“数据类型”指数组或集合元素的数据类型,标识符代表每次循环遍历的数组或集合
中的元素,冒号后面是被遍历的数组对象或集合对象。

【例 5.10】 使用 foreach 循环语句遍历并输出一个 3×3 的二维数组。

程序代码如下:

```
public class TestForeach {
    public static void main(String[] args){
        int array[][] = {{1,2,3},{4,5,6},{7,8,9}};
        for(int[] v1:array){
```

```
        for( int v2:v1)
            System.out.printf(" % 2d", v2);
        System.out.println();
    }
}
}
```

```
1 2 3
4 5 6
7 8 9
```

图 5.9　例 5.10 程序的
运行结果

如上程序使用两重 foreach 循环结构变量二维数组 array，外层 foreach 循环遍历数组 array 中的每个一维数组对象，内层循环遍历一维数组中的每个整型元素。

例 5.10 程序的运行结果如图 5.9 所示。

5.5.4　对象数组

如果数组中的每个元素是某个类的对象，那么这个数组就是一个对象数组。创建一维对象数组的语法格式如下：

类名[ ] 数组名 = new 类名[元素个数];

或

类名 数组名[ ] = new 类名[元素个数];

例如：

```
String[ ] strs = new String[5];
Circle circles[ ] = new Circle[3];
```

使用类似上面的语句创建了对象数组之后，数组中的每个元素是引用对象的引用变量，因为还没有为它们创建引用的对象实体，所以数组元素的默认值为 null。也就是说，此时的对象数组还不完整，还要进一步为每个数组元素创建它们引用的对象实体。例如，针对上面创建的字符串数组 strs 和 Circle 类的对象数组 circles，可以使用如下两条循环语句为数组中的每个元素创建它引用的对象实体。

```
for(int i = 0; i < strs.length; i++) {
    strs[i] = new String("Hello Java!");
}
for(int i = 0; i < circles.length; i++){
    circles[i] = new Circle();
}
```

可以在创建对象数组的同时对其进行初始化。例如：

```
String[ ] st = new String[]{"hello","Welocome to", new String("Java")};
Circle c[ ] = new Circle[]{new Circle(),new Circle(10.0),new Circle(5.0)};
```

这种做法将创建对象数组和创建数组中的每个对象合并为一步完成。上面的语句还可以进一步简化如下：

```
String[ ] st = {"hello","Welocome to", new String("Java")};
Circle c[ ] = {new Circle(),new Circle(10.0),new Circle(5.0)};
```

【例 5.11】　创建一个包含 3 个元素的 Circle 类对象数组，并输出每个圆对象的面积。程序代码如下：

```
//Circle.java
```

```java
public class Circle {
    private static final double PI = 3.14;
    private double radius;
    public Circle(){
        this(1.0);
    }
    public Circle(double radius){
        this.radius = radius;
    }
    ...
    public double getArea(){
        double area;
        area = PI * radius * radius;
        return area;
    }
}
//TestObjectArray.java
public class TestObjectArray {
    public static void main(String[] args){
        Circle[] arrayOfCircle = {new Circle(),new Circle(10.0),new Circle(5.0)};
        for(Circle circle:arrayOfCircle){
            System.out.println("半径为" + circle.getRadius() + "的圆的面积为"
            + circle.getArea());
        }
    }
}
```

例5.11 程序的运行结果如图5.10所示。

```
半径为1.0的圆的面积为3.14
半径为10.0的圆的面积为314.0
半径为5.0的圆的面积为78.5
```

图5.10 例5.11程序的运行结果

5.6 递归方法

递归是一种解决问题的方法。例如,可以用递归方法求正整数n的阶乘n!。n!的递归定义如下:

$$n! = n \times (n-1)! \text{(当 n>0 时)} \qquad ①$$
$$n! = 1 \qquad \text{(当 n=0 时)} \qquad ②$$

以上两式给出了n!的递归定义。当n>0时,n!=n×(n-1)!;同理(n-1)!=(n-1)×(n-2)!;以此类推。这是一个**回溯**的过程,目的是把规模较大的问题逐步化简为**相同类型的规模较小**的问题。当n=0时,n!=0,这时就回到了源头,这是**回溯终止的条件**,也就是说,当问题足够小时,可以容易地得到问题的解,从而终止回溯的过程。根据公式①可以从0!递推出1!=1×0!=1,再从1!推出2!,……,最后求出n!。这是一个**递推**的过程,从小问题的解逐步推出规模较大的问题的解,最后得到原始问题的解。可以看到,用递归的方法解决问题主要包含回溯和递推两个过程。

Java使用递归方法解决递归问题。**如果一个方法直接或间接地调用了自己,则这个方法就是递归方法**。例如,可以定义一个求n!的静态递归方法fac()。

```
public static long fac(int n){
    if(n==0) return 1;
    else return n * fac(n-1);        //对当前方法进行递归调用
}
```

图 5.11 中以 n＝4 为例,模拟 fac()方法的调用过程,揭示了递归方法的执行原理。

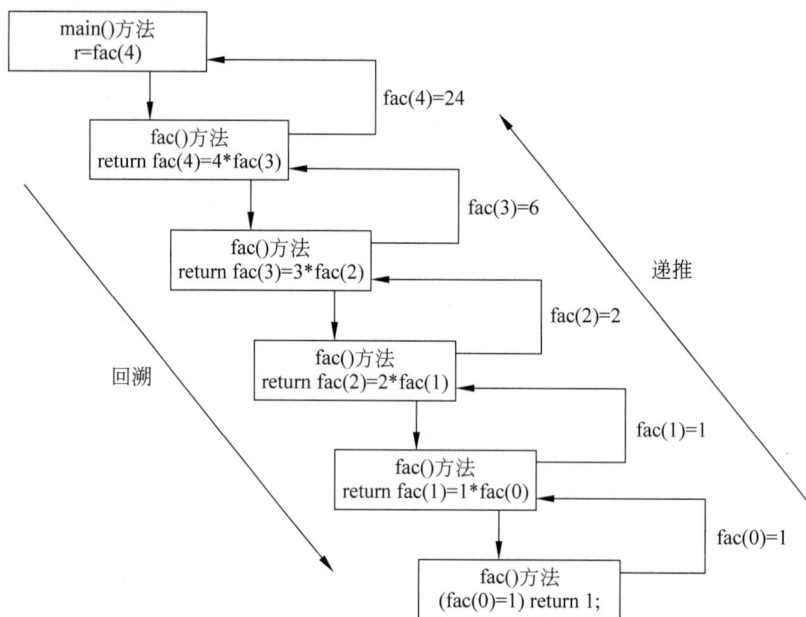

图 5.11   递归方法 fac()的调用过程

图 5.11 中的矩形表示一次方法调用,矩形间向下的箭头从主调方法指向被调方法,矩形右侧水平方向的箭头表示一次方法调用结束后返回到主调方法。从图 5.11 中可以看出,每一次递归方法调用执行结束后,总是返回到主调方法中调用它的地方继续向后执行。

递归方法的逐级调用就是从繁到简的回溯过程;而到达回溯终止条件后,方法开始逐级返回,这是由简到繁的递推过程。

【**例 5.12**】   编写一个递归方法,在一个数组中使用二分查找法查找一个数值在数组中的下标。

算法思想:二分查找法是一种高效的查找算法,这种算法的前提是待查数组必须是有序的。所以算法的第一步是将数组排序。

假设数组元素是按升序排列的,在数组中二分查找的步骤如下。

(1) 如果查找范围中(第 1 次查找的查找范围是整个数组)已经没有元素,则输出“查无此数”,查找过程结束。否则,用待查数值和位于查找范围中间位置的元素值相比较,如果相等,则输出找到元素的下标值,查找过程结束。

(2) 如果待查数据的值小于查找范围中间位置的元素,由于数组中的元素是按升序排列的,因此可以修改查找范围,把新的查找范围缩减到原查找范围的前一半。转第(1)步。

(3) 如果待查数据的值大于查找范围中间位置的元素,则修改查找范围,把新的查找范围缩减到原查找范围的后一半。转第(1)步。

程序完整代码如下:

```java
import java.util.Arrays;
import java.util.Scanner;
public class BinarySe {
    /* binarySe()方法实现二分查找算法,参数 key 是待查数据,array 是待查数组,整型参数 low
是待查范围的下限,初始值为 0;整型参数 high 是待查范围的上限,初始值为 array.length-1;如果
在数组 array 中找到待查值,则返回它在数组中的下标;否则返回-1 */
    public static int binarySe(int key,int[] array,int low,int high){
        if(low > high)                        //待查范围的下限大于上限,说明范围中已经没有元素
            return -1;                        //没找到,返回-1
        else{
            int mid = (low + high)/2;         //获取位于待查范围中间位置的数组元素下标
            if(key == array[mid]){            //如果待查值和待查范围中间位置的数组元素相等
                return mid;                   //则返回找到元素的下标
            }
            else if(key < array[mid]){        //如果待查值小于待查范围中间位置的数组元素
                return binarySe(key,array,low,mid-1);
                //则上面的语句递归调用 binarySe()方法,在范围[low,mid-1]中二分查找
            }
            else{                             //如果待查值大于待查范围中间位置的数组元素
                return binarySe(key,array,mid+1,high);
                //则上面的语句递归调用 binarySe()方法,在范围[mid+1,high]中二分查找
            }
        }
    }
//sort()方法把待查数组按升序排序
    public static void sort(int[] array){
        int min = -1;
        int indexMin = -1;
        for(int i = 0;i < array.length-1;i++){
            min = array[i];
            indexMin = i;
            for(int j = i+1;j < array.length;j++){
                if(array[j]< min){
                    min = array[j];
                    indexMin = j;
                }
            }
            if(indexMin!= i){
                array[indexMin] = array[i];
                array[i] = min;
            }
        }
    }
    public static void main(String[] args){
        Scanner input = new Scanner(System.in);
        int num;
        System.out.println("请输入整数的个数: ");
        num = input.nextInt();
        int[] array = new int[num];           //创建包含 num 个元素的整型数组 array
        for(int i = 0;i < array.length;i++){
            array[i] = (int)(Math.random() * 100) + 1;    //使用 1~100 的随机数初始化数组
        }
        System.out.println("排序之前: ");
        for(int var:array){
```

```
        System.out.print(var + " ");     //输出数组
    }
    System.out.println();
    sort(array);                        //将数组 array 按升序排序
    System.out.println("排序之后：");
    for(int var:array){
        System.out.print(var + " ");     //输出排序后的数组
    }
    System.out.println();
    System.out.println("请输入要查找的整数：");
    num = input.nextInt();              //输入待查值
    int index = binarySe(num,array,0,array.length - 1);
    //上面的语句调用递归方法 binarySe()在[0,array.length - 1]范围中进行二分查找
    if(index == - 1)
        System.out.println("查无此数");
    else
        System.out.println(num + "在数组中的索引为：" + index);
    }
}
```

```
请输入整数的个数：
10
排序之前：
72 26 27 3 96 58 67 98 50 82
排序之后：
3 26 27 50 58 67 72 82 96 98
请输入要查找的整数：
27
27在数组中的索引为：2
```

图 5.12 例 5.12 程序的运行结果

例 5.12 程序的运行结果如图 5.12 所示。

【例 5.13】 汉诺塔问题。有 A、B、C 三根柱子，在 A 柱上套着 n 个盘子，盘子的大小互不相同，且大盘在下、小盘在上，如图 5.13(a)所示。现在要借助 B 柱把这 n 个盘子从 A 柱移动到 C 柱，如图 5.13(b)所示。移动的规则是：①每次只能移动一个盘子；②移动中的任何时刻，在三根柱上的盘子必须大盘在下、小盘在上。请找出最佳的移动步骤。

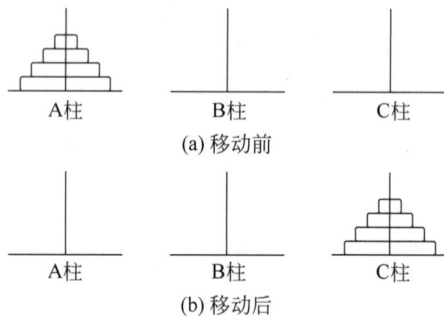

(a) 移动前

(b) 移动后

图 5.13 汉诺塔问题

分析：把 n 个盘子从 A 柱借助 B 柱移动到 C 柱可以分为以下三个步骤进行。

(1) 把 A 柱上面的(n−1)个盘子从 A 柱借助 C 柱移动到 B 柱。

(2) 把 A 柱上剩下的一个盘子移动到 C 柱。

(3) 把 B 柱上的(n−1)个盘子借助 A 柱移动到 C 柱。

以上三步采用递归的方法对问题进行了分解。而递归终止条件应该是 n=1，即 1 个盘子可以从 A 柱直接移动到 C 柱。

通过上面的分析，可以容易地写出移动盘子的 Java 方法。

程序代码如下：

```
public static void hanoi(int n,char a,char b,char c){
    If(n==1)
        System.out.println(a+" to "+ c);
    else
    {
        hanoi(n-1,a,c,b);
        System.out.println(a+" to "+ c);
        hanoi(n-1,b,a,c);
    }
}
```

hanoi()方法的参数 n 存储盘子数,三个字符型的参数 a、b、c 用来存储代表三根柱子的大写字母'A'、'B'、'C';方法中首先判断是否满足递归调用的终止条件(n==1),如果满足条件,则把 a 柱上的一个盘子直接移动到 c 柱上,方法运行结束,返回到上次调用处继续执行;如果不满足递归终止条件,则按上面的分析分三步进行,其中包含两次递归调用。以 n=3 为例,方法递归调用的步骤如图 5.14 所示。

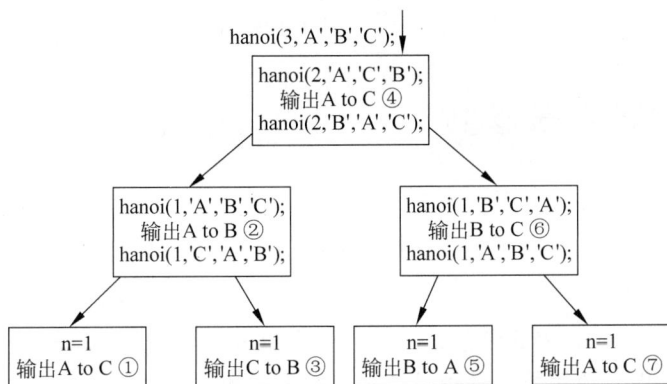

图 5.14　n=3 时函数 hanoi()的递归调用过程

图 5.14 中的矩形代表一次方法调用,箭头代表方法调用的方向,箭头末端是方法调用语句,箭头指向调用的方法。图 5.14 中的标号①~⑦代表程序输出的顺序,即移动盘子的顺序。

完整的程序代码如下:

```
import java.util.Scanner;
public class Hanoi {
    public static void hanoi(int n,char a,char b,char c){
        if(n==1)
            System.out.println(a+" to "+c);
        else{
            hanoi(n-1,a,c,b);
            System.out.println(a+" to "+c);
            hanoi(n-1,b,a,c);
        }
    }
    public static void main(String[] args){
        int num;
        System.out.print("请输入盘子的个数:");
        Scanner in = new Scanner(System.in);
        num = in.nextInt();
```

```
        System.out.println("开始移动盘子");
        hanoi(num,'A','B','C');
    }
}
```

例 5.13 程序的运行结果如图 5.15 所示。

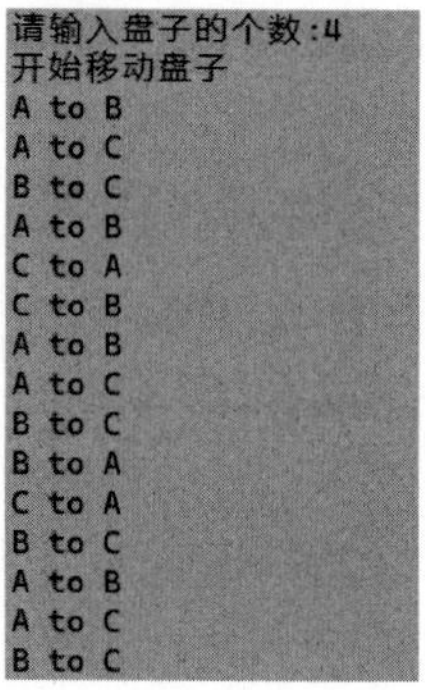

```
请输入盘子的个数:4
开始移动盘子
A to B
A to C
B to C
A to B
C to A
C to B
A to B
A to C
B to C
B to A
C to A
B to C
A to B
A to C
B to C
```

图 5.15　例 5.13 程序的运行结果

5.7　方法的可变长参数

JDK 1.5 为方法引入了可变长参数，可变长参数使方法可以接收任意数目的参数，强化了方法处理数据信息的能力。声明可变长参数的语法格式如下：

数据类型 ...参数名

其中，参数名前的符号...代表此参数是一个可变长参数。可变长参数代表一系列数目不确定的参数。在方法内部使用数组处理可变长参数。例如：

```
int sum(int ...a){
    ...;
}
```

如上方法具有可变长参数 a，在方法内部，a 是一个整型数组。

注意：如果一个方法有多个参数，而且其中包含可变长参数，则可变长参数必须是参数列表中最右边的一个。

【例 5.14】　编写一个 Java 方法，计算并返回多个整数的和。

程序代码如下：

```
public class VLPTest {
public static int add(int ...a){
    int sum = 0;
    for(int var: a){
        sum = sum + var;
    }
        return sum;
}
public static void main(String[] args){
    int sum;
    sum = add(1,2,3,4);
    System.out.println("整数 1 到 4 的累加和为" + sum);
```

```
        sum = add(1,2,3,4,5,6,7,8,9,10);
        System.out.println("整数 1 到 10 的累加和为" + sum);
    }
}
```

例 5.14 程序的运行结果如图 5.16 所示。

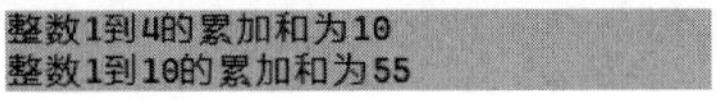

整数1到4的累加和为10
整数1到10的累加和为55

图 5.16　例 5.14 程序的运行结果

5.8　包

包是 Java 中避免类名冲突的机制。在 Java 程序中,所有的类都位于包中,例如,前面程序中经常使用的 System 类位于 java.lang 包中,Scanner 类位于 java.util 包中。可以使用关键字 package 为自己设计的类打包。打包语句的语法格式如下:

package 包名;

这条打包语句必须是程序文件的第一条语句。例如:

package com.MyClass;

如上语句把当前类打包到 com.MyClass 包中。如果类文件中没有打包语句,则当前类位于一个无名包里。

如果一个类被打包,那么它必须存放在包里。假设包名是 com.MyClass,则计算机内必须包含 com/MyClass 这两级子目录,打包类的字节码文件必须保存在这两级子目录中。

程序中除了可以使用 JDK 中的类,还可以使用来自第三方包中的类,包括自己开发并打包的类。如果想使用某个包中的类,则必须使用 import 语句导入这个类。import 语句的语法格式如下:

import 包名.类名;

或

import 包名.*

其中的星号(*)表示导入这个包里所有的类,例如:

```
import java.util.Scanner;      //导入 java.util 包中的 Scanner 类
import java.util.*;            //导入 java.util 包中所有的类
import com.MyClass.*;          //导入自己打包的所有类
```

下面以一个实例介绍为类打包并使用打包类的过程。

【例 5.15】　使用 Windows 系统自带的文本编辑器"记事本"开发 Java 程序时,对类打包和使用自己打包的类的过程进行演示。

(1) 在计算机硬盘的某个子目录中创建 com/myClass 两级子目录。例如,在 D 盘的 class 子目录。

(2) 把在第 4 章中开发的 Person 类和 Circle 类的源文件复制到这个目录里,并在两个类中添加打包语句"package com.MyClass;"。注意,打包语句必须是源文件的第 1 条语句。

（3）打开"命令提示符"，进入路径 D:\class\ 表示的子目录。使用 JDK 命令编译两个类，如图 5.17 所示。

```
D:\class>javac com\MyClass\Circle.java

D:\class>javac com\MyClass\Person.java

D:\class>
```

图 5.17　在命令行编译 Circle 类和 Person 类

可以发现，经编译后，在目录 D:\class\com\MyClass 中出现了两个类的字节码文件 Person.class 和 Circle.class。到目前为止，Person 类和 Class 类已经被成功打包。

（4）使用打包的类。为了使打包的类可以被其他程序使用，需要设置环境变量 classpath。打开计算机"系统属性"对话框，如图 5.18 所示。单击"环境变量"按钮打开"环境变量"对话框，如图 5.19 所示。

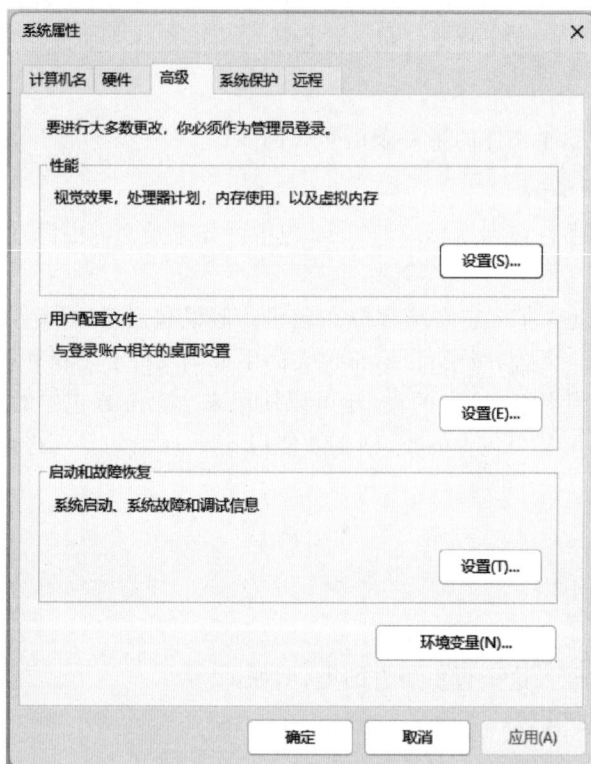

图 5.18　"系统属性"对话框

如果环境变量中没有 classpath，则添加一个 classpath 环境变量，并把它的值设置为字符串".;D:\class"。环境变量 classpath 的作用是设置加载类的路径。环境变量 classpath 的值被分号分成两部分，第一部分是一个"."，这个点代表程序所在的当前目录；第二部分是 D:\class，这是 com.MyClass 这个包所在的目录。程序在加载一个类时，会根据 classpath 的值先在当前路径查找要加载的类的字节码文件。如果没有找到，会到 D:\class 路径中查找；如果还没有找到，会去 JDK 默认路径中查找。

如果环境变量 classpath 已经存在，则编辑该环境变量，在它原有内容的末尾添加字符

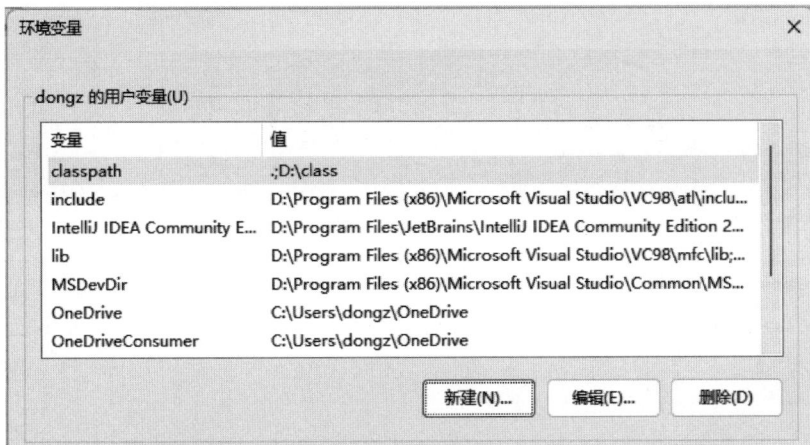

图 5.19 在"环境变量"对话框中添加或编辑环境变量 classpath

串";D:\class"即可。

(5) 编写程序使用前面打包的类。在计算机其他目录中编写如下测试类。

```
import com.MyClass. * ;
public class Test{
    public static void main(String[ ] args){
        Person person = new Person("李明",20,'男');
        System. out. println(person.getName() + "的年龄是" + person.getAge() + "岁");
        Circle circle = new Circle(20.0);
        System. out. println("半径为" + circle. getRadius() + "的圆的面积是" + circle. getArea
());
    }
}
```

如上程序中的第 1 条语句使用关键字 import 导入 com. MyClass 包中所有的类,这样在程序中就可以使用第(3)步中打包的 Person 类和 Circle 类了。

编译并运行 Test 类,例 5.15 程序的运行结果如图 5.20 所示。

如果使用 Eclipse 开发 Java 程序,则打包过程比较简单,只要在新建类时指定包名,Eclipse 会自动为该类添加打包语句,并根据包名创建包的目录结构。例如,如

图 5.20 例 5.15 程序的运行结果

果指定的包名是 com. MyClass,则 Eclipse 会在程序所在目录的 src 子目录下自动创建 com\MyClass 两级子目录,并且把当前类放到该目录里;而编译之后生成的字节码文件位于程序所在目录的 bin\com\MyClass 子目录中。

那么如何在使用 Eclipse 开发 Java 程序时,使用已经打包好的类呢?下面以实例说明。

【例 5.16】 在 Eclipse 中使用本节前面打包的 Person 类和 Circle 类。

新建 Eclipse 工程 Exp5_16,在"Package Explorer(包资源管理器视图)"中右击该工程,在弹出的菜单中执行 Build Path(构建路径)→Configure Build Path(配置构建路径)菜单命令打开工程属性对话框,如图 5.21 所示。

在工程属性对话框中,选择 Java Build Path(Java 构建路径)→ Libraries(库)→ Classpath→Add External Class Folder(添加外部类文件夹)命令,打开 External Class Folder Selection(选择外部类文件夹)对话框,在其中选择 D 盘的 class 子目录(包 com.

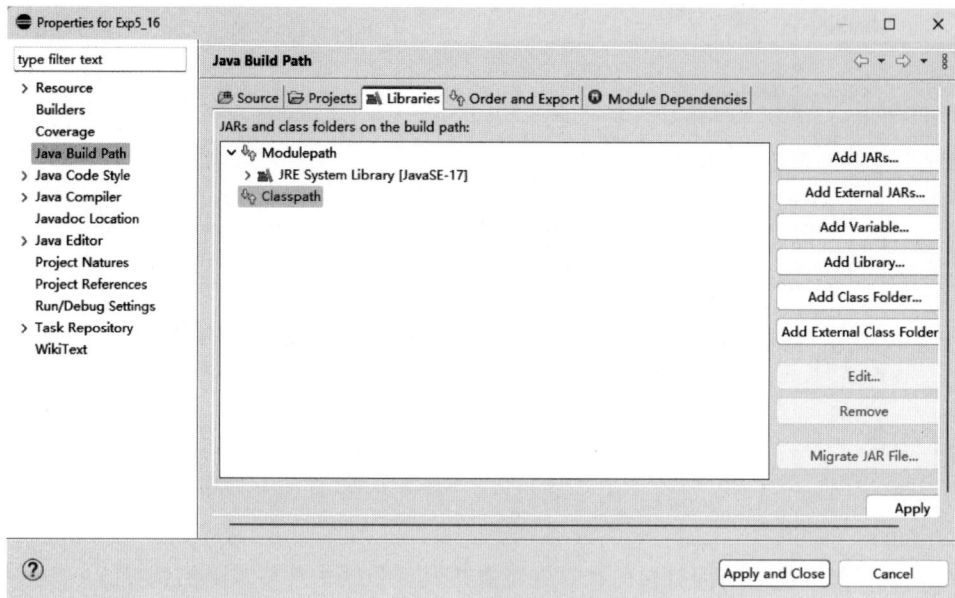

图 5.21 工程属性对话框

MyClass 所在的文件夹），如图 5.22 所示。

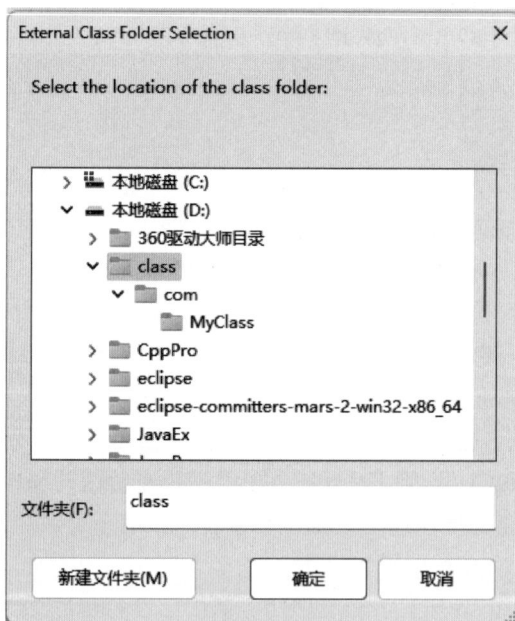

图 5.22 选择包所在的文件夹

单击“确定”按钮退出 External Class Folder Selection 对话框，在工程属性对话框中单击 Apply and Close 按钮完成配置。现在，程序中已经可以使用包 com. MyClass 中的类了。在工程中新建一个 Test 类进行测试，代码如下：

```java
import com.MyClass. * ;
public class Test{
    public static void main(String[ ] args){
```

```
        Person person = new Person("李明",20,'男');
        System.out.println(person.getName() + "的年龄是" + person.getAge() + "岁");
        Circle circle = new Circle(20.0);
        System.out.println("半径为" + circle.getRadius() + "的圆的面积是" + circle.getArea());
    }
}
```

运行如上程序,运行结果如图 5.20 所示。

5.9 编程实训

【例 5.17】 栈是一种"后进先出"的线性数据结构,要求创建并使用一个用于存放整数的栈类 Stack,当栈满时,可以自动为其追加容量。

在程序的 main()方法中,创建一个 Stack 对象,然后把整数 1~20 存入栈中,再逐一弹出所有栈中的元素。

Stack 类的代码如下:

```java
//Stack.java
package com.MyClass;

public class Stack {
    private int[] elements;              //保存栈中元素的数组
    private int numbers;                 //保存栈中元素的个数
    public Stack(){                      //默认构造方法,创建初始容量为 10 的栈
        elements = new int[10];
        numbers = 0;
    }
    public Stack(int size){              //创建容量为 size 的栈
        elements = new int[size];
        numbers = 0;
    }
    private void append(){               //此方法用来追加栈的容量
        int size = elements.length + 10;
        int[] temp = new int[size];
        for(int i = 0;i < elements.length;i++){
            temp[i] = elements[i];
        }
        elements = temp;
    }
    public void push(int e){             //元素入栈的方法
        if(numbers < elements.length)
            elements[numbers++] = e;
        else{
            append();
            elements[numbers++] = e;
        }
    }
    public int peek(){                   //返回栈顶元素的方法
        return elements[numbers - 1];
    }
    public int pop(){                    //弹出并返回栈顶元素
        return elements[ -- numbers];
```

```
    }
    public boolean isEmpty(){                //判断栈是否为空
        return numbers == 0;
    }
    public int getNumbers(){                 //返回栈中元素的个数
        return numbers;
    }
}
```

Stack 类中的 push()方法用来实现元素入栈，pop()方法弹出并返回栈顶元素，peek()方法返回栈顶元素，append()方法可以在栈满时扩充栈的容量，isEmpty()方法用于判断栈是否为空，getNumbers()方法用于返回栈中元素的个数。以下是使用栈的程序主类——Test 类。

```
//Test.java
import com.MyClass.Stack;
public class Test {
    public static void main(String[ ] args) {
        Stack s1 = new Stack();          //创建一个初始容量为 10 的栈 s1
        for(int i = 0;i < 20;i++){
            s1.push(i + 1);              //把整数 i + 1 存入栈中
        }
        System.out.println("栈中共有" + s1.getNumbers() + "个元素");
        while(!s1.isEmpty()){
            System.out.println("栈顶元素" + s1.pop() + "出栈");
        }
    }
}
```

例 5.17 程序的运行结果如图 5.23 所示。

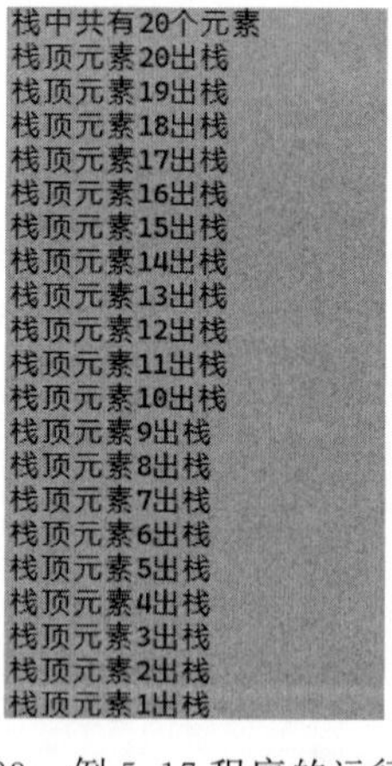
栈中共有20个元素
栈顶元素20出栈
栈顶元素19出栈
栈顶元素18出栈
栈顶元素17出栈
栈顶元素16出栈
栈顶元素15出栈
栈顶元素14出栈
栈顶元素13出栈
栈顶元素12出栈
栈顶元素11出栈
栈顶元素10出栈
栈顶元素9出栈
栈顶元素8出栈
栈顶元素7出栈
栈顶元素6出栈
栈顶元素5出栈
栈顶元素4出栈
栈顶元素3出栈
栈顶元素2出栈
栈顶元素1出栈

图 5.23　例 5.17 程序的运行结果

5.10　小结

类的静态成员是属于类的成员，被类的所有实例（对象）共享，类的实例成员是属于某个具体实例（对象）的。

　　类的静态方法中只能访问类的静态成员,不能访问类的实例成员;类的实例方法中,既能访问类的静态成员,也能访问类的实例成员。

　　类的实例方法只能用对象调用;类的静态方法既可以用对象调用,也可以用类名调用。

　　关键字 final 用来声明常量。

　　关键字 this 只能出现在类的实例方法中,引用调用此方法的当前对象。

　　数组是相同类型的元素的集合,Java 的数组是一个对象。

　　Java 的递归方法可以用来解决递归问题。

　　Java 的方法可以处理可变长参数,可变长参数在方法内部用数组来处理。

　　包是一种避免类名冲突的机制,Java 中所有的类都位于某个包中。可以使用关键字 package 为类打包,关键字 import 用于导入包中的类。

第6章

类的继承

在线答题

观看视频

本章介绍面向对象程序设计技术的继承特性。继承是一种代码重用技术,和传统的结构化程序设计技术相比,继承可以实现更大粒度的代码重用。

6.1 父类和子类

类的继承就是从现有类的基础上派生出一个新的类,新派生的类自动具有了现有类的全部的属性和特征,同时新类还加入了原来的类所没有的新的属性和特征,所以可以说新类是对原有类的扩展。在继承关系中,通常把被继承的类称为父类或基类,而把通过继承产生的新类称为子类或派生类。

在继承的关系中,父类和子类之间是一般和具体、普遍和特殊的关系。例如,如果"汽车"类是父类,则通过继承可以派生出一个子类——"轿车"类;轿车是一种特殊的汽车,具有汽车的全部属性特征,同时又具有自己特有的属性。又如,可以从"水果"类派生出"苹果"类和"香蕉"类,苹果和香蕉都是水果,具有水果类植物的全部属性和特征,同时,苹果和香蕉又都具有自己特有的属性特征。

严格地说,继承关系中的子类和父类之间是 is-a 的关系,也就是说,一个子类对象也是一个父类对象,但是一个父类的对象不一定是一个子类的对象。例如,可以说一辆轿车是一辆汽车;一个苹果是一个水果。但是反过来,一辆汽车不一定是一辆轿车;一个水果也不一定就是一个苹果。

父类和子类的关系是相对而言的,一个子类也可以是另一个类的父类。在实际的程序设计中,通常需要通过继承和派生构建具有层次结构的类家族。

图 6.1 和图 6.2 是通过继承衍生出的两个类家族,图中的每个矩形表示一个类,箭头从子类指向父类。

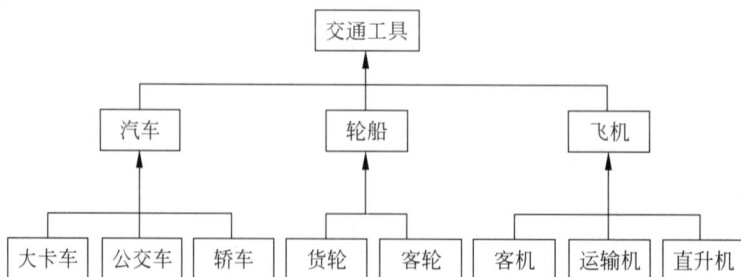

图 6.1　交通工具类层次图

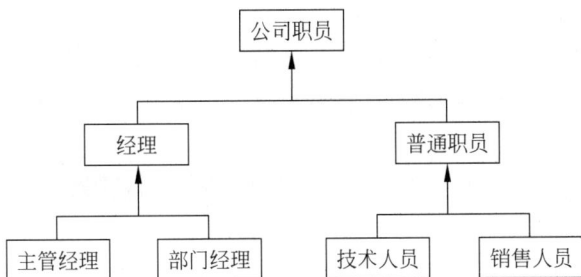

图 6.2　公司职员类层次图

6.2　继承的实现

Java 实现继承的语法格式如下：

class 子类名 extends 父类名
{
　　子类类体
};

通过继承，子类自动拥有了父类的所有成员（除了父类的构造方法），在子类的类体中，只需声明属于子类的成员。例如：

```
class A{
    public void fun1( ){
    ...
    }
    protected int i1;
    private float f1;
}
class B extends A{
    public void fun2( ){
    ...
    }
    protected int i2;
    private float f2;
}
```

在上面的类声明中，B 类继承 A 类，A 类是 B 类的父类（基类），B 类是 A 类的子类（派生类）。B 类继承了 A 类的所有成员，A 类的成员方法 fun1()也成为 B 类的成员方法，A 类的数据成员 i1 和 f1 也成为了 B 类的数据成员；而成员方法 fun2()和数据成员 i2 和 f2 是子类 B 自己的成员。

Java 语言规定，一个类最多只能有一个父类。**Java** 语言不允许多继承。

6.3　父类成员在子类中的访问权限

子类继承了父类的所有成员（除了基类的构造方法），那么这些被继承的父类成员在子类中具有怎样的访问权限呢？搞清了这一点，就可以知道通过子类对象使用这些成员的方法。以下分两种情况来讨论。

1. 子类和父类在同一个包中

（1）父类的 public 型成员被子类继承后，在子类中的访问权限保持不变，还是 public。

（2）父类的 protected 型成员被子类继承后，在子类中的访问权限保持不变，还是 protected。

（3）父类的包私有成员被子类继承后，在子类中的访问权限保持不变，还是包私有。

（4）父类中的 private 型成员被子类继承后，在子类中不能直接访问。

2. 子类和父类不在同一个包中

（1）父类的 public 型成员被子类继承后，在子类中的访问权限保持不变，还是 public。

（2）父类的 protected 型成员被子类继承后，在子类中的访问权限保持不变，还是 protected。

（3）父类的包私有成员被子类继承后，在子类中不能直接访问。

（4）父类中的 private 型成员被子类继承后，在子类中不能直接访问。

从以上两点论述可以看出 protected 型成员和 private 型成员的区别，它们的区别主要体现在发生继承时。不管父类和子类在不在同一个包里，父类的 protected 型成员被子类继承后，在子类中的访问权限保持不变；而父类的 private 型成员被继承后，在子类里不能直接访问它们。但如果父类提供了访问它们的公有接口（public 型成员方法），那么在子类中可以通过这些方法来访问它们。

【例 6.1】　父类和子类在同一个包中时，父类成员在子类中的访问权限。

程序代码如下：

```java
//Father.java
package com.MyClass;
public class Father {
    public int i1;
    private int i2;
    protected int i3;
    int i4;
    public int getI2() {
        return i2;
    }
    public void setI2(int i2) {
        this.i2 = i2;
    }
    public int getI3() {
        return i3;
    }
    public void setI3(int i3) {
        this.i3 = i3;
    }
    public int getI4() {
        return i4;
    }
    public void setI4(int i4) {
        this.i4 = i4;
    }
}
//Son.java
```

```
package com.MyClass;
public class Son extends Father {
    void fun(){
        i1 = 1;         //可以直接访问父类的公有成员 i1
        i2 = 2;         //i2 是父类的私有成员,在子类中不能直接访问,所以这条语句是错误的
        setI2(2);       //可以通过父类的公有方法访问 i2
        i3 = 3;         //i3 是父类的保护成员,可以直接访问
        i4 = 4;         //i4 是父类的保护成员,由于父类和子类在一个包中,因此可以直接访问它
    }
}
```

在如上程序中,Son 是 Father 的子类,i1、i2、i3、i4 分别是 Father 类的公有成员、私有成员、保护成员和包私有成员。可以看到,由于 Father 和 Son 在同一个包中,因此在子类 Son 的成员方法 fun()中,可以直接使用成员变量的名字访问父类 Father 的公有成员 i1、保护成员 i3、包私有成员 i4;不能使用变量名直接访问父类 Father 的私有成员 i2,但可以通过 Father 类提供的公有方法 setI2()去访问父类的私有成员 i2。

【例 6.2】 父类和子类不在同一个包中时,父类成员在子类中的访问权限。

程序代码如下:

```
//Father.java
package com.MyClass1;
public class Father {
    public int i1;
    private int i2;
    protected int i3;
    int i4;
    //Father 类后面的代码和例 6.1 中的 Father 类相同
    ...
}
//Son.java
package com.MyClass2;
import com.MyClass1.Father;
public class Son extends Father {
    void fun(){
        i1 = 1;         //可以直接访问父类的公有成员 i1
        i2 = 2;         //i2 是父类的私有成员,在子类中不能直接访问,所以这条语句是错误的
        setI2(2);       //可以通过父类的公有方法访问 i2
        i3 = 3;         //i3 是父类的保护成员,可以直接访问
        i4 = 4;
/* i4 是父类的保护成员,由于父类和子类不在一个包中,因此不能直接访问它,所以上面这条语句
是错误的 */
        setI4(4);       //可以通过父类的公有方法访问 i4
    }
}
```

在如上程序中,Son 是 Father 的子类,i1、i2、i3、i4 分别是 Father 类的公有成员、私有成员、保护成员和包私有成员。可以看到,由于 Father 和 Son 不在同一个包中,因此在子类 Son 的成员方法 fun()中,可以直接使用成员变量的名字访问父类 Father 的公有成员 i1,保护成员 i3;不能使用变量名直接访问父类 Father 的私有成员 i2 和包私有成员 i4,但可以通过 Father 类提供的公有方法 setI2()和 setI4()去访问它们。

6.4　构造子类对象

6.4.1　构造方法调用链

子类继承了父类所有的成员，同时还可以声明新的成员，所以子类对象由两部分组成：一部分是继承自父类的成员，这部分成员实际上构成了一个父类对象，不妨将其称为子类对象中的父类子对象；另一部分是子类中新声明的成员。子类对象的内存结构如图6.3所示。

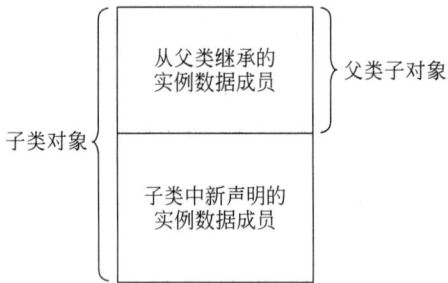

图6.3　子类对象的内存结构

我们知道，在使用关键字new创建一个对象时，要调用这个类的构造方法构建这个对象（初始化对象的所有的实例数据成员）。在创建一个子类对象时，要先调用父类构造方法构造子类对象中的父类子对象，然后再调用子类的构造方法构造子类对象。如果父类还有父类，则在调用父类的构造方法之前，还要调用它的父类的构造方法构造父类对象中的父类子对象。所以在创建子类对象时存在一个构造方法的调用链。从继承链顶端的最基类开始，一直到创建对象的当前类，逐级调用每个类的构造方法。

【例6.3】 演示构造方法调用链。

程序代码如下：

```java
//A.java
public class A {
    public A(){
        System.out.println("A类的构造方法");
    }
}
//B.java
public class B extends A{
    public B(){
        System.out.println("B类的构造方法");
    }
}
//C.java
public class C extends B {
    public C(){
        System.out.println("C类的构造方法");
    }
}
//Test.java
public class Test {
    public static void main(String[] args) {
        C c = new C();
    }
}
```

在如上程序中创建了一个如图6.4所示的类家族。其中，A类是最基类，B类是A类的子类，C类是B类的子类。为每个类添加了默认构造方法，并在其中输出一行字符串，它一旦被调用,就会输出这行字符串。通过观察程序的执行结果,就可以知道这些构造方法是否被调用了。程序主类的 main()方法非常简单,只是创建了一个 C 类对象。例 6.3 程序的运行结果如图 6.5 所示。

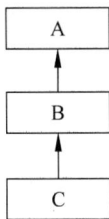

```
A类的构造方法
B类的构造方法
C类的构造方法
```

图 6.4 例 6.3 中的类家族 　　图 6.5 例 6.3 程序的运行结果

从程序运行结果可以看出,当创建一个 C 类对象时,依次调用了 A 类的构造方法、B 类的构造方法和 C 类的构造方法。

6.4.2 使用关键字 super 给父类的构造方法传递参数

由 6.4.1 节可知,构造子类对象时需要先调用父类的构造方法,从例 6.3 可知,默认情况下,是调用父类的不带参数的构造方法(默认构造方法)。那么该如何调用父类的带参数的构造方法呢? 换句话说,当需要从子类构造方法给父类构造方法传递参数时,该怎么做呢?

可以使用关键字 super 从子类的构造方法调用父类的构造方法。例如:

```
super();                 //显式地调用父类的默认构造方法
super(参数 1,参数 2,…);  //调用父类带参数的构造方法
```

类似于关键字 this,关键字 super 只能用在类的构造方法和实例方法中,用来引用子类对象中的父类子对象。关键字 super 的一个作用就是使用它可以从子类的构造方法调用父类的构造方法,并向父类构造方法传递参数,而且这条语句必须是子类构造方法的第 1 条语句。如果一个子类的构造方法里没有使用 super 调用父类构造方法,则编译器编译类时会在其中加入以下语句:

```
super();
```

该语句显式地调用父类的默认构造方法。

【例 6.4】 使用关键字 super 从子类构造方法调用父类构造方法。

程序代码如下:

```
public class A {
    public A(){
        System.out.println("A类的构造方法");
    }
    public A(int i){
        System.out.println("A类的带参数的构造方法");
    }
}
public class B extends A{
    public B(){
        super();                //调用父类默认的构造方法
```

```
        System.out.println("B类的构造方法");
    }
    public B(int i1, int i2 ){
        super(i1);              //调用父类带参数的构造方法
        System.out.println("B类的带参数的构造方法");
    }
}
public class C extends B {
    public C(){
        super();                //调用父类默认的构造方法
        System.out.println("C类的构造方法");
    }
    public C(int i1, int i2, int i3){
        super(i1, i2);          //调用父类带参数的构造方法
        System.out.println("C类的带参数的构造方法");
    }
}
public class Test {

    public static void main(String[] args) {
        C c1 = new C();
        C c2 = new C(1, 2, 3);
    }
}
```

同样是图 6.4 所示的类家族，现在为每个类添加了带参数的构造方法，而且在 B 类和 C
类的构造方法中都使用关键字 super 去调用父类的构造方
法。在程序的 main()方法中，分别调用 C 类的默认构造方法
和带参数的构造方法，创建了 C 类的两个对象，分别为 c1 和
c2。例 6.4 程序的运行结果如图 6.6 所示。

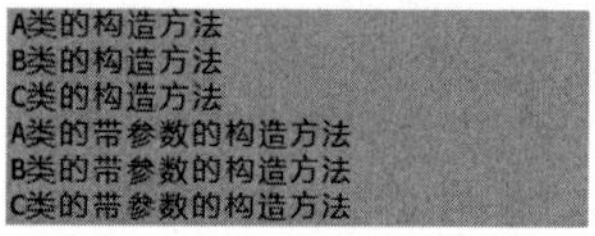

图 6.6　例 6.4 程序的运行结果

6.5　成员覆盖

　　子类继承了父类的成员，也可以声明新的成员。如果子类新声明的成员的名字和父类
成员名字相同，那么就发生了成员覆盖，在子类中使用这个名字时，访问的是子类新声明的
成员。

　　【例 6.5】　成员覆盖。

　　程序代码如下：

```
//Father.java
public class Father {
    protected int i;
    Father(){
        i = 0;
    }
    Father(int i){
        this.i = i;
    }
    public int getI() {
        return i;
```

```
        }
        public void setI(int i) {
            this.i = i;
        }
    }
//Son.java
public class Son extends Father {
        protected int i;
        Son(){
            i = 10;
        }
        Son(int i1, int i2){
            super(i1);
            i = i2;
        }
        public int getI() {
            return i;
        }
        public void setI(int i) {
            this.i = i;
        }
    }
//Test.java
public class Test {

        public static void main(String[] args) {
            Son son = new Son();
            System.out.println(son.getI());
        }

    }
```

在以上程序中,父类 Father 中声明了整型变量 i,子类 Son 中也声明了一个整型变量 i。在子类的成员方法中,子类中声明的 i 就把父类中同名的成员 i `i=10` 覆盖了,使用标识符 i 时访问的是子类中声明的 i。例 6.5 程序 图 6.7 例 6.5 程序的运行结果的运行结果如图 6.7 所示。

6.5.1 使用 super 关键字访问被覆盖的父类成员

如果子类的数据成员覆盖了父类的数据成员,那么在子类中可以使用关键字 super 访问被覆盖的父类成员。由于 super 在子类中代表父类对象,因此使用它可以访问父类中声明的所有成员。使用关键字 super 访问父类成员的语法格式如下:

super.成员名

【例 6.6】 使用关键字 super 访问被子类成员覆盖的父类成员。

程序代码如下:

```
//Father.java
public class Father {
    protected int i;
...
```

Father 类的代码和例 6.5 相同

```
    }
//Son.java
public class Son extends Father {
    protected int i;
    Son(){
        i = 10;
    }
    Son(int i1, int i2){
        super(i1);
        i = i2;
    }
    public int getI() {
        return i;
    }
    public int getIofFather(){
        return super.i;            //用关键字 super 访问被覆盖的 i
    }
    public void setI(int i) {
        this.i = i;
    }
}
//Test.java
public class Test {

    public static void main(String[] args) {
        Son son = new Son();
        System.out.println("子类的 i = " + son.getI());          //输出子类中的 i
        System.out.println("父类的 i = " + son.getIofFather());   //输出父类中的 i
    }
}
```

本例的程序代码和例 6.5 基本相同，子类 Son 覆盖了父类 Father 中的数据成员 i。不同点是，在 Son 类中声明了一个新的方法 public int getIofFather()，在此方法中使用关键字 super 访问了被覆盖的继承自父类的数据成员 i。例 6.6 程序的运行结果如图 6.8 所示。

```
子类的i=10
父类的i=0
```

图 6.8　例 6.6 程序的运行结果

6.5.2　方法重写

子类继承了父类除构造方法之外的全部成员，包括父类的成员方法。在子类中可以改写父类的成员方法，相当于覆盖父类的成员方法，这种覆盖称为方法重写（Override）。方法重写可以使该方法在子类中具有和父类不同的功能。

Java 要求被重写的方法的方法签名（方法头）中，只有访问权限可以和父类的方法不同，而且重写方法的访问权限不得低于父类方法的访问权限。方法签名（方法头）中其他部分的内容必须完全一致，包括参数的形式和返回值类型都必须完全一致。

【例 6.7】　重写父类的方法，使其在子类中实现新的功能。

题目要求：设计一个表示图形的 Shape 类，在其中声明一个求图形面积的方法 getArea()，由于 Shape 类对象并不代表某种具体的图形，也无从知道怎样求出它的面积，因此应使该方法的返回值为 0。设计 Shape 类的子类 Circle 类和 Rectangle 类，分别表示圆形和矩形，在 Circle 类和 Rectangle 类中重写 getArea() 方法，分别计算圆形的面积和矩形的面积。图形类家族的结构如图 6.9 所示。

程序代码如下：

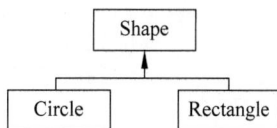

图 6.9 图形类家族的结构

```java
//Shape.java
public class Shape {
    protected String color;
    public Shape(){
        color = "黑色";
    }
    public Shape(String color){
        this.color = color;
    }
    public String getColor() {
        return color;
    }
    public void setColor(String color) {
        this.color = color;
    }
    public double getArea(){              //Shape 类的 getArea()方法
        return 0.0;
    }
}
//Circle.java
public class Circle extends Shape {
    protected double radius;
    public static final double PI = 3.14;
    public Circle(){
        radius = 1.0;
    }
    public Circle(double radius){
        this.radius = radius;
    }
    public Circle(String color,double radius){
        super(color);
        this.radius = radius;
    }
    public double getRadius() {
        return radius;
    }
    public void setRadius(double radius) {
        this.radius = radius;
    }
    public double getArea(){              //Circle 类重写 getArea()方法
        return radius * radius * PI;
    }
}
//Rectangle.java
public class Rectangle extends Shape{
    protected double width;
    protected double height;
    public Rectangle(){
        width = 1.0;
        height = 1.0;
    }
}
```

```
        public Rectangle(double width,double height){
            this.width = width;
            this.height = height;
        }
        public Rectangle(String color,double width,double height){
            super(color);
            this.width = width;
            this.height = height;
        }
        public double getWidth() {
            return width;
        }
        public void setWidth(double width) {
            this.width = width;
        }
        public double getHeight() {
            return height;
        }
        public void setHeight(double height) {
            this.height = height;
        }
        public double getArea(){              //Rectangle 类重写 getArea()方法
            return width * height;
        }
    }
    //TestShape.java
    public class TestShape {
        public static void main(String[] args) {
            Circle c = new Circle(10.0);
            Rectangle rect = new Rectangle(10.0,15.0);
            System.out.println("圆对象的面积为" + c.getArea());   //调用重写的方法
            System.out.println("矩形对象的面积为" + rect.getArea());   //调用重写的方法
        }
    }
```

在如上程序中，Circle 类 he Rectangle 类分别重写了父类 Shape 中的 getArea()方法。在主方法 main()中创建 Circle 类对象 c 和 Rectangle 类对象 rect，在使用对象 c 调用 getArea()方法时，实际调用的是 Circle 中重写的 getArea()方法；在使用对象 rect 调用 getArea()方法时，实际调用的是 Rectangle 中重写的 getArea()方法。例 6.7 程序的运行结果如图 6.10 所示。

圆对象的面积为314.0
矩形对象的面积为150.0

图 6.10　例 6.7 程序的运行结果

6.5.3　方法重载

方法重载（Overload）和方法重写（Override）是两个不同的概念。

（1）方法重载指在一个类中存在多个同名的方法，而方法重写指子类重写父类的方法。

（2）方法重载要求重载方法的参数形式必须不同，而方法重写要求子类重写的方法和父类原来的方法的参数形式以及返回值类型必须完全一致。

6.5.4　@Override 注解

@Override 注解用于注解一个方法，是 JDK 1.5 引入的一个新的功能。当程序被编译时,它提醒编译器,被@Override 注解的方法必定是对父类方法的重写。

在重写父类方法时,由于疏忽可能会把方法名、参数个数或参数类型写错。如果不用 @Override 注解这个方法,编译器会认为此方法并不是对父类方法的重写,而是子类新创建 的一个方法。例如,在例 6.7 的程序中,如果把 Circle 中的方法 getArea()写成了 getarea(),那 么编译器不会报错,它认为 getarea()方法是 Circle 类声明的一个新的方法。而在 main()方 法中使用 Circle 对象调用 getArea()方法时,运行结果就会出现逻辑错误。

如果使用@Override 注解了这个方法,例如:

```
@Override
public double getarea(){
...
}
```

这时编译器将会报错。

6.6　Object 类

Object 类是 Java 中所有类的祖先类。Java 中只有 Object 类是没有父类的。在声明一 个类时,如果没有声明它的父类,那么它的父类就是 Object 类;如果声明了父类,那么 Object 类就是它的祖先类。

Object 类中声明了几个常用的方法提供给它的子孙类来使用。

6.6.1　equals()方法

equals()方法的方法签名如下:

```
public boolean equals(Object obj);
```

此方法用来判断两个对象的内容是否相等。如相等则返回 true,否则返回 false。

假设 c1 和 c2 是两个 Circle 类的对象,则由关系运算符==构成的表达式 c1==c2 并 不能判断对象 c1 和 c2 的内容是否相等。因为 c1 和 c2 是对象的引用变量,其中存放的是对 象的地址,而不是对象本身。所以表达式 c1==c2 比较的是 c1 和 c2 中保存的地址是否相 等,如相等,则表示 c1 和 c2 引用了同一个对象;如果不相等,则表示 c1 和 c2 引用了不同的 对象,此时并不能确定对象的内容是否相等。

所以,应使用 equals()方法来比较两个对象的内容是否相等。例如:

```
if(c1.equals(c2)) ...
else ...
```

但是 Object 类实现的 equals()方法和上述表达式 c1==c2 在功能上是等价的。所以 为了能使用 equals()方法来判断一个类对象的内容是否相等,必须在这个类中重写这个 方法。

【例 6.8】　在 Circle 类中重写 equals()方法,判断两个 Circle 类对象是否相等。

程序代码如下:

```
//Circle.java
public class Circle {
    protected double radius;
```

```java
    public static final double PI = 3.14;
    public Circle(){
        radius = 1.0;
    }
    public Circle(double radius){
        this.radius = radius;
    }
    public double getRadius() {
        return radius;
    }
    public void setRadius(double radius) {
        this.radius = radius;
    }
    public double getArea(){
        return radius * radius * PI;
    }
    @Override
    public boolean equals(Object obj){   //Circle 类重写了 equals()方法
        if(this.radius == ((Circle)obj).radius)
            return true;
        else
            return false;
    }
}
//Test.java
public class Test {

    public static void main(String[] args) {
        Circle c1 = new Circle(10.0);
        Circle c2 = new Circle(20.0);
        Circle c3 = new Circle(10.0);
        if(c1.equals(c2))
            System.out.println("对象 c1 和 c2 的面积相等");
        else
            System.out.println("对象 c1 和 c2 的面积不相等");
        if(c1.equals(c3))
            System.out.println("对象 c1 和 c3 的面积相等");
        else
            System.out.println("对象 c1 和 c3 的面积不相等");
    }
}
```

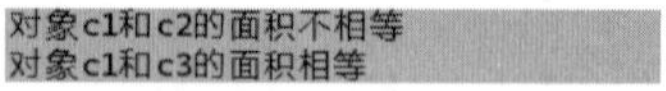

对象c1和c2的面积不相等
对象c1和c3的面积相等

图 6.11　例 6.8 程序的运行结果

例 6.8 程序的运行结果如图 6.11 所示。

JDK 中的很多类都重写了 equals()方法,如常用的 String(字符串)类,所以可以使用该方法判断两个字符串的内容是否相等。

6.6.2　toString()方法

toString()方法的方法签名如下:

```java
public String toString();
```

toString()也是很常用的方法,它是一个对象的字符串表示。

若 person 是 Person 类的对象,那么如下语句会输出什么呢?

```
System.out.println( person );   //在控制台输出对象 c1
```

当输出一个对象时,实际输出的是这个对象的 toString()方法的返回值,即上面的语句和下面的语句是等价的:

```
System.out.println( person.toString() );
```

那么 Person 类的 toString()方法会输出什么内容呢?

Person 类中的 toString()方法是从 Object 类继承的方法,而且 Person 类没有重写这个方法,那么此时执行的就是 Object 类中的 toString()方法。执行上面的语句,执行结果是形如 Person@15db9742 的一个字符串。该字符串中@符号后面是一串十六进制数表示的内存地址,字符串表示的含义是:此对象是一个位于 15db9742 地址上的一个 Person 类对象。这就是 Object 类中 toString()方法实现的功能,这种功能对于用户自己设计的类作用不大,这是因为在输出一个某类对象时,用户通常希望输出和对象相关的内容。例如当执行上面的语句输出 Person 类对象时,希望输出此人的姓名、性别和年龄。那么就必须在 Person 类中重写 toString()方法。

【例 6.9】 重写 Person 类的 toString()方法,输出对象代表的人的相关情况。

程序代码如下:

```
//Person.java
public class Person {
    private String name;
    private int age;
    private char sex;
    public Person(){
    }
    public Person(String n, int a, char s){
        name = n;
        age = a;
        sex = s;
    }
    public void setName(String n){
        name = n;
    }
    public void setAge(int a){
        age = a;
    }
    public void setSex(char s){
        sex = s;
    }
    public String getName(){
        return name;
    }
    public int getAge(){
        return age;
    }
    public char getSex(){
        return sex;
    }
    @Override
```

```
    public String toString(){                    //重写 toString()方法
        return "我的名字是" + name + "性别是" + sex + "年龄是" + age + "岁";
    }
}
//Test.java
public class Test {

    public static void main(String[] args) {
        Person person = new Person("李明",20,'男');
        System.out.println(person);          //输出 Person 类对象
    }
}
```

我的名字是李明，性别是男，年龄是20岁

图 6.12　例 6.9 程序的运行结果

例 6.9 程序的运行结果如图 6.12 所示。

JDK 中的很多类（如 String 类）都重写了 toString()方法。

6.6.3　getClass()方法

getClass()方法的方法签名如下：

public final Class <类名> getClass();

getClass()方法用来获取当前对象的元类（Class）对象。在程序执行过程期间加载一个类时，JVM 就会同时创建一个这个类的元类的对象。元类的类名是 Class <类名>，元类对象中保存关于这个类的信息。获取了元类对象，就可以在程序运行时获取这个类的类型信息，如类名、构造方法、类中的数据成员和成员方法的相关信息。可以使用这些信息在程序运行时动态地创建和管理这个类的对象，这种编程技术称为反射。关于反射的内容将在第 16 章介绍。

【例 6.10】　通过获取类的元类对象获取类型信息。

程序代码如下：

```
public class Test {
    public static void main(String[] args) {
        Circle c1 = new Circle(10.0);
        Class c = c1.getClass();
        System.out.println(c.getName() + "类一共有" + c.getConstructors().length + "个构造方法");
    }
}
```

例 6.10 程序的运行结果如图 6.13 所示。

Circle类一共有2个构造方法

图 6.13　例 6.10 程序的运行结果

6.6.4　clone()方法

clone()方法的方法签名如下：

protected Object clone();

由 4.7.2 节的内容可知，由于类的对象是引用类型的，因此不能使用赋值运算符复制对象的内容。例如：

```
Circle c1,c2;
C1 = new Circle(10.0);
c2 = c1;
```

执行如上语句片段后，并不能将对象 c1 的内容复制给 c2，而是使引用变量 c1 和 c2 引用同一个对象。那么怎样能够实现对象内容的复制呢？

Object 类提供了 clone()方法来复制对象的内容。但是并不是所有的类都能使用此方法，一个类若想使用 clone()方法复制对象内容，必须实现以下两步。

第一步：实现 Cloneable 接口。有关接口的内容将在第 8 章中详细阐述，在此只进行简单介绍。接口是 Java 语言中的一种抽象数据类型，接口中只能声明常量数据成员和抽象方法。一个类可以使用关键字 implements 实现一个或多个接口，借助接口可以向类中集成新的功能。Cloneable 接口是 JDK 提供的一个标志接口，其中没有声明任何成员。它只是用于标志一个类是否可以使用 clone()方法。

第二步：重写 Object 类的 clone()方法。由于 Object 类将 clone()方法声明为保护型（Protected），因此子类必须重写该方法，并将它的访问权限改为公有型（Public）。下面给出了重写 clone()方法的标准代码。

```
@Override
public Object clone() {
    Object obj = null;
    try {
        obj = super.clone();
    } catch (CloneNotSupportedException e) {
        c.printStackTrace();
    }
    return obj;
}
```

可以看到：

(1) 先重写的 clone()方法将访问权限声明为共有。

(2) 在重写的 clone()方法中使用关键字 super 调用 Object 的 clone()方法完成对象内容的复制。

例 6.11 演示了使用 clone()方法复制对象内容的过程。

【例 6.11】 使用 clone()方法复制 Circle 类对象。

程序代码如下：

```
//实现 Cloneable 接口的 Circle 类
public class Circle implements Cloneable{
    private double radius;
    Circle(){
        radius = 1.0;
    }
    Circle(double radius){
        this.radius = radius;
    }
    public double getRadius() {
        return radius;
```

```
    }
    public void setRadius(double radius) {
        this.radius = radius;
    }
    public double getArea() {
        return 3.14 * radius * radius;
    }
    @Override
    public Object clone() {
        Object obj = null;
        try {
            obj = super.clone();
        } catch (CloneNotSupportedException e) {
            e.printStackTrace();
        }
        return obj;
    }
    @Override
    public String toString() {
        return "半径为" + radius + "的圆";
    }
}
//程序主类 Test
public class Test {
    public static void main(String[] args) {
        Circle c1 = new Circle(10.0);
        Circle c2 = (Circle)c1.clone();
        System.out.println("c2 是一个" + c2);
        System.out.println("c1 和 c2 引用了同一个对象吗?" + (c1 == c2));
    }
}
```

程序中的 Circle 类实现了 Cloneable 接口，并重写了 Object 类的 clone()方法。main()方法中先创建了一个半径为 10.0 的圆对象 c1，然后调用 clone()方法创建了 c1 对象的一个克隆对象 c2，再通过比较两个引用变量 c1 和 c2 来判断它们是否引用了同一个对象。例 6.11 程序的运行结果如图 6.14 所示。

```
c2是一个半径为10.0的圆
c1和c2引用了同一个对象吗? false
```

图 6.14　例 6.11 程序的运行结果

6.6.5　对象浅拷贝

如果一个类中包含引用类型的数据成员，则使用 6.6.4 节中重写的 clone()方法获取的是一个浅拷贝对象。下面以一个实例介绍对象的浅拷贝。

【例 6.12】　对象浅拷贝。

创建 Point 类表示平面上的一个点的坐标，并为例 6.11 中的 Circle 类添加一个 Point 类的数据成员表示圆心。然后使用 clone()方法拷贝 Circle 类的对象。

程序代码如下：

```
//Point 类
public class Point {
    private int x;
    private int y;
```

```java
    public Point() {
        x = 0;
        y = 0;
    }
    public Point(int x, int y) {
        this.x = x;
        this.y = y;
    }
    public double getX() {
        return x;
    }
    public void setX(int x) {
        this.x = x;
    }
    public double getY() {
        return y;
    }
    public void setY(int y) {
        this.y = y;
    }
    @Override
    public String toString() {
        return "(" + x + "," + y + ")";
    }
}
//Circle 类
public class Circle implements Cloneable{
    private double radius;
    public Point center;
    Circle(){
        center = new Point();
        radius = 1.0;
    }
    Circle(double radius, Point center){
        this.radius = radius;
        this.center = center;
    }
    public double getRadius() {
        return radius;
    }
    public void setRadius(double radius) {
        this.radius = radius;
    }
    public double getArea() {
        return 3.14 * radius * radius;
    }
    @Override
    public Object clone() {
        Object obj = null;
        try {
            obj = super.clone();
        } catch (CloneNotSupportedException e) {
            e.printStackTrace();
        }
        return obj;
    }
    @Override
```

```
        public String toString() {
            return "半径为" + radius + "的圆";
        }
    }
//程序主类 Test
public class Test {
    public static void main(String[] args) {
        Point center = new Point(50,50);
        Circle c1 = new Circle(10.0,center);
        Circle c2 = (Circle)c1.clone();
        System.out.println("c1 的圆心和 c2 的圆心是同一个对象吗?
                " + (c1.center == c2.center));
    }
}
```

程序中的 Point 类表示平面上的点的坐标，Circle 类的数据成员 center 表示圆心坐标，它是 Point 类的对象。

程序的 main()方法中创建了一个圆心位于(50,50)，半径为 10.0 的 Circle 对象 c1，然后调用 clone()方法创建了 c1 对象的克隆对象 c2，再比较 c1 和 c2 中的圆心坐标是否是同一个对象。例 6.12 程序的运行结果如图 6.15 所示。

c1的圆心和c2的圆心是同一个对象吗? true

图 6.15　例 6.12 程序的运行结果

从图 6.15 所示的程序运行结果可以看到，c1 和 c2 是两个独立的对象，但它们中的数据成员 center 却引用了同一个 Point 类的对象。也就是说，两个独立的对象中存在共享的实例数据成员，一个对象修改该成员会影响另一个对象，这就是对象的浅拷贝。对象的浅拷贝导致不同对象的高度耦合，有可能引发程序运行时发生异常现象。

是什么原因造成了对象浅拷贝呢? 从程序代码可以看出，Circle 类重写的 clone()方法没有进行任何具体的对象复制操作，具体复制操作是交给 Object 类的 clone()方法完成的。

Object 类的 clone()方法先创建了一个新的 Circle 对象，然后将当前对象的内容按字节复制给新对象，当前对象中包含的引用变量 center 也被按字节复制给新对象中的引用变量。这就导致当前对象中的 center 和新对象中的 center 中保存了相同的内存地址，从而引用了相同的 Point 对象实体。复制操作完成后的对象内存结构如图 6.16 所示。

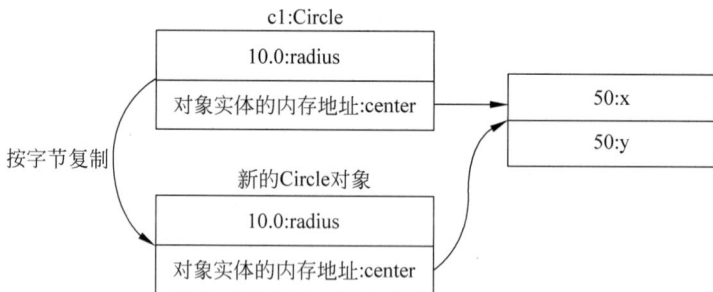

图 6.16　复制操作完成后的对象内存结构

6.6.6　对象深拷贝

浅拷贝使对象间高度耦合，有可能导致程序运行错误。理想的复制操作是形成对象的深拷贝。

对象深拷贝指经复制得到的目标对象和源对象之间不存在任何耦合关系。复制完成后,源对象和目标对象中不论哪个对象发生了变化,都不会影响另一个对象。那么怎样实现对象的深拷贝呢?

通过对例 6.12 的分析可知,造成浅拷贝的原因是 Object 类的 clone()方法将源对象中的引用型成员直接复制给了目标对象的引用型成员,导致它们引用了相同的对象。可以在此基础上,令源对象中所有的组合对象再执行一次 clone()方法,获取每个组合对象的克隆对象,再用目标对象中的引用变量引用这些新创建的克隆对象。由于要调用源对象中的每个组合对象的 clone()方法,因此要求这些组合对象所属的类也实现 Cloneable 接口并重写 clone()方法。下面以程序实例演示形成对象深拷贝的过程。

【例 6.13】 对象深拷贝。

本例修改例 6.12 中的程序,改写 Circle 类的 clone()方法,在形成的浅拷贝的基础上,令源对象 c1 中的组合对象 center 执行 clone()方法创建一个该对象的克隆对象,再令目标对象中的引用变量 center 引用这个克隆对象。这样就实现了 Circle 对象的深拷贝。

第一步,令 Point 类实现 Cloneable 接口并重写 clone()方法。Point 类的代码如下:

```java
public class Point implements Cloneable {        //实现 Cloneable 接口
    private int x;
    private int y;
    public Point() {
        x = 0;
        y = 0;
    }
    public Point(int x, int y) {
        this.x = x;
        this.y = y;
    }
    public double getX() {
        return x;
    }
    public void setX(int x) {
        this.x = x;
    }
    public double getY() {
        return y;
    }
    public void setY(int y) {
        this.y = y;
    }
    @Override
    public String toString() {
        return "(" + x + "," + y + ")";
    }
    @Override
    public Object clone() {                        //重写 clone()方法
        Object obj = null;
        try {
            obj = super.clone();
        } catch (CloneNotSupportedException e) {
            e.printStackTrace();
```

```
        }
        return obj;
    }
}
```

第二步，改写 Circle 类的 clone( )方法，使它在对象浅拷贝的基础上形成对象深拷贝。
Circle 类的程序代码如下：

```
public class Circle implements Cloneable{
    private double radius;
    public Point center;
    Circle(){
        center = new Point();
        radius = 1.0;
    }
    Circle(double radius, Point center){
        this.radius = radius;
        this.center = center;
    }
    public double getRadius() {
        return radius;
    }
    public void setRadius(double radius) {
        this.radius = radius;
    }
    public double getArea() {
        return 3.14 * radius * radius;
    }
    @Override
    public Object clone() {
        Object obj = null;
        try {
            obj = (Circle)super.clone();                     //形成浅拷贝
        } catch (CloneNotSupportedException e) {
            e.printStackTrace();
        }
        ((Circle)obj).center = (Point)this.center.clone();   //形成深拷贝
        return obj;
    }
    @Override
    public String toString() {
        return "半径为" + radius + "的圆";
    }
}
```

程序主类 Test 的代码如下：

```
public class Test {
    public static void main(String[] args) {
        Point center = new Point(50,50);
        Circle c1 = new Circle(10.0,center);
        Circle c2 = (Circle)c1.clone();
        System.out.println("c1 的圆心和 c2 的圆心是同一个对象吗?"
                        + (c1.center == c2.center));
    }
}
```

例 6.13 程序的运行结果如图 6.17 所示。

c1的圆心和c2的圆心是同一个对象吗？false

图 6.17 例 6.13 程序的运行结果

程序中实现的深拷贝的对象内存结果如图 6.18 所示。

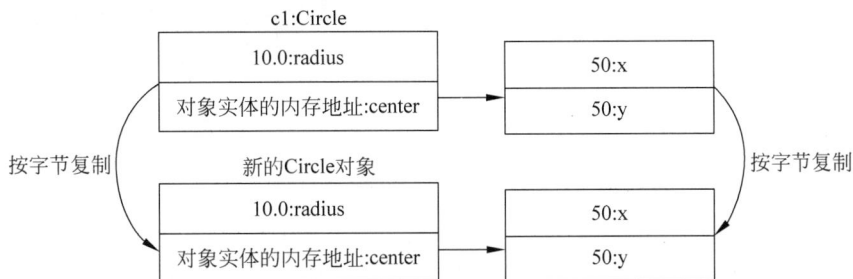

图 6.18 深拷贝的对象内存结果

6.7 小结

利用继承技术可以从已有的类派生出新的类。已有的类称为父类，新类称为子类。子类继承了父类除构造方法外所有的成员。子类可声明新的成员，子类是对父类的功能扩展。

创建子类对象时存在一个构造方法调用链。可以在子类的构造方法里，使用关键字 super 调用父类的构造方法，并向父类的构造方法传递参数。

子类中可以重写父类的方法，使该方法在子类中具有新的功能。

Object 类是 Java 中所有类的父类，它提供了 equals()、toString()、getClass() 和 clone() 等常用的方法。本章介绍了这些方法的作用，并对由 clone() 方法引发的对象浅拷贝现象进行了分析，并给出了实现对象深拷贝的方法。

第7章

JDK常用类

JDK 提供了很多实用类,本章介绍几种常用的类。

7.1 String 类

String 是处理字符串的类,它的定义位于 java.lang 包中。在第 2 章中已经简要介绍过,本章进行详细介绍。

7.1.1 构造字符串

String 类有很多构造方法,常用的有以下几个。

(1) public String()。

构建一个空的字符串,由于字符串本身的内容是不可变的,因此通常不需要使用这个构造方法。

(2) public String(byte[] bytes)。

使用平台的默认字符集对指定的字节数组进行解码,构建一个新的字符串。

(3) public String(byte[] bytes,String charsetName)throws UnsupportedEncodingException。

使用参数 charsetName 指定的字符集对指定的字节数组 bytes 进行解码,构造一个新的字符串。

(4) public String(char[] value)。

使用字符数组 value 构建一个新的字符串,使其包含字符数组 value 中的字符序列。

(5) public String(char[] value,int offset,int count)。

使用字符数组 value 中从下标 offset 开始的 count 个字符构建一个新的字符串。

(6) public String(String original)。

使用一个字符串 original 构建一个新的字符串。

7.1.2 处理字符串

String 类提供了很多方法用来处理字符串。本节介绍一些常用的方法。

(1) public int length()。

public int length()方法返回字符串的长度。字符串的长度等于字符串中字符的数量。

（2）public char charAt(int index)。

public char charAt(int index)方法返回由参数 index 指定索引处的字符值。索引的范围为 0～length()－1。字符序列的第一个字符的索引为 0。

（3）public int compareTo(String anotherString)。

public int compareTo(String anotherString)方法按字典顺序比较两个字符串，即从左向右依次比较当前字符串和参数字符串的每个相同索引位置上的字符的 Unicode 码值。在此过程中，如果碰到一个索引位置上的字符不相同，则返回该索引位置上的字符的 Unicode 码的差值；如果两个字符串的字符个数和每个相同索引位置的字符都相同，则此方法返回 0。例如：

```
System.out.println("abcd".compareTo("abdc"));
```

如上语句的输出应为－1，因为字符串"abcd"和"abdc"从左向右第一个不同的字符的索引位置为 2，分别是字符'c'和字符'd'，它们的 Unicode 码的差值为－1。

（4）public String concat(String str)。

public String concat(String str)方法将指定的字符串连接到此字符串的末尾形成一个新的字符串。例如：

```
"cares".concat("s") ;
```

以上对 concat()方法调用的返回值是字符串 "caress"。

（5）public boolean contains(String subString)。

public boolean contains(String subString)方法判断 subString 是否是此字符串的子串，仅当此字符串包含字符串 subString 时返回 true。例如：

```
System.out.println("abcdefg".contains("cde"));
```

以上语句输出为 true，因为"cde"是"abcdefg"的子串。

```
System.out.println("abcdefg".contains("ce"));
```

以上语句输出为 false，因为字符串"abcdefg"中不包含字符序列"ce"。

事实上，contains()方法的参数类型并不是 String，而是 CharSequence，CharSequence 是一个代表字符序列的接口，而 String 是它的实现类。

（6）public boolean equals(Object anObject)。

public boolean equals(Object anObject)方法是 String 类继承自 Object 类的方法，String 类重写了此方法，用来判断此字符串和参数字符串的内容是否相同，如果相同，则返回 true，否则返回 false。

因为字符串是个对象，所以不能用运算符"＝＝"比较两个字符串的内容是否相等。

【例 7.1】 使用运算符"＝＝"比较两个字符串的内容是否相等。

程序代码如下：

```
public class Test {
    public static void main(String[] args) {
        String str1 = new String("abc");
        String str2 = "abc";
        System.out.println(str1 == str2);

    }
}
```

false

图 7.1　例 7.1 程序的运行结果

例 7.1 程序的运行结果如图 7.1 所示。

在如上程序中，字符串 str1 和 str2 的内容都是"abc"，但表达式 str1＝＝str2 的值却是 false。这是因为引用变量 str1 和 str2 中存放的并不是字符串本身的内容，而是字符串对象的地址。表达式 str1＝＝str2 比较的是两个地址值是否相等，而不是这两个地址中保存的字符串是否相等。换句话说，表达式 str1＝＝str2 比较的是 str1 和 str2 是否引用了同一个字符串对象。

如果要比较两个字符串的内容是否相等，应使用 equals()方法或 compareTo()方法。

【例 7.2】　使用 equals()方法比较两个字符串是否相等。

程序代码如下：

```
public class Test {
    public static void main(String[] args) {
        String str1 = new String("abc");
        String str2 = "abc";
        String str3 = new String("acc");
        System.out.println(str1.equals(str2));//使用 equals()方法比较两个字符串
        System.out.println(str1.equals(str3));
    }
}
```

例 7.2 程序的运行结果如图 7.2 所示。

（7）public byte[] getBytes()。

public byte[] getBytes()方法使用平台的默认字符集将此字符串编码为一个字节序列，并将结果存储到一个新的字节数组中。

true
false

图 7.2　例 7.2 程序的运行结果

（8）public byte[] getBytes(String charsetName) throws UnsupportedEncodingException。

public byte[] getBytes(String charsetName) throws UnsupportedEncodingException 方法使用由参数 charsetName 指定的字符集将此字符串编码为一个字节序列，并将结果存储到一个新的字节数组中。此方法常用于 Web 程序，解决数据传输过程中出现的文乱码问题。

（9）public int indexOf(int ch)。

public int indexOf(int ch)方法返回参数 ch 指定的字符在此字符串中第一次出现（从左向右）的索引值（下标值）。如果字符串中不包含参数字符。则方法返回－1。

（10）public int indexOf(int ch,int fromIndex)。

public int indexOf(int ch,int fromIndex)方法从字符串中由索引值为 fromIndex 的字符开始从左向右搜索字符 ch，并返回它在字符串中的索引值。如果没有搜索到指定字符，方法返回－1。

（11）public int indexOf(String str)。

public int indexOf(String str)方法在当前字符串中按从左向右的顺序搜索指定的子串 str，并返回子串 str 第一次出现的索引值。如果没有搜索到子串 str，则返回－1。

（12）public int indexOf(String str,int fromIndex)。

public int indexOf(String str,int fromIndex)方法在当前字符串中，从索引值（下标）为 fromIndex 的位置开始从左向右搜索子串 str，返回 str 第一次出现的索引值。如果没有搜索到子串 str,则方法返回-1。

(13) 4 个重载的 lastIndexOf()方法。

和以上 4 个重载的 indexOf()方法相对应,String 类还提供了 4 个重载的 lastIndexOf()方法,这 4 个方法的参数形式和相应的 indexOf 方法完全一致,功能也类似,唯一不同是搜索的顺序是从左向右的。

(14) public String replace(char oldChar,char newChar)。

public String replace(char oldChar,char newChar)方法用形参 newChar 中保存的字符取代字符串中所有的 oldChar 字符创建一个新的字符串,并返回这个新创建的字符串。如果调用此方法的字符串中没有字符 oldChar,则方法返回原字符串的引用。例如:

```
"mesquite in your cellar". replace('e', 'o');
```

如上语句用字符'o',取代字符串"mesquite in your cellar"中的字符'e',这条方法调用语句返回的字符串为"mosquito in your collar"。

(15) public String replace(String target,String replacement)。

public String replace(String target,String replacement)方法将字符串中所有的子串 target 用 replacement 替代创建一个新的字符串,并返回新创建的字符串。例如:

```
System. out. println("aaa". replace("aa", "b"));
```

如上语句输出为字符串"ba"。

事实上,此方法的两个参数的类型为 CharSequence,CharSequence 是一个表示字符序列的接口,String 类是此接口的实现类。

(16) public String[] split(String regex)。

public String[] split(String regex)方法用给定的字符串 regex 作为分隔符,把调用此方法的当前字符串分割成若干片段保存到一个字符串数组,并把这个字符数组作为方法的返回值。

【例 7.3】 使用 String 类的 split()方法获取一个字符串中的每个英文单词,字符串中的单词用空格分割。

程序代码如下:

```
public class Test {
    public static void main(String[] args){
        String str = "Welcome to Java";
        String re = " ";
        String[] strs = str.split(re);
        for(String var:strs){
            System. out. println(var);
        }
    }
}
```

例 7.3 程序的运行结果如图 7.3 所示。

如上程序用空格作为分隔符,把字符串"Welcome to Java"中的每个单词提取出来保存到字符串数组 strs 里。

通常使用一个正则表达式作为 split()方法的参数,正则

```
Welcome
to
Java
```

图 7.3 例 7.3 程序的运行结果

表达式是一种特殊的字符串,可用于模式匹配。

(17) public String substring(int beginIndex,int endIndex)。

public String substring(int beginIndex,int endIndex)方法返回当前字符串从索引值(下标)为 beginIndex 处的字符开始到索引值(下标)为 endIndex-1 处的字符结束的一个子串。

(18) public char[] toCharArray()。

public char[] toCharArray()方法将调用方法的当前字符串转换成一个字符数组,并返回这个字符数组。数组中包含字符串中的每个字符。

(19) public String toLowerCase()。

public String toLowerCase()方法将字符串中的所有字母转换成小写。

(20) public String toUpperCase()。

public String toUpperCase()方法将字符串中的所有字母转换成大写。

(21) public String trim()。

public String trim()方法返回一个新的字符串,新字符串是删除了调用方法的当前字符串前面和后面的所有空格后形成的字符串。

String 类还提供了一系列重载的静态方法 valueOf(),它们可以把不同类型的数据转换成字符串。以下介绍两个常用的 valueOf()方法。

(22) public static String valueOf(double d)。

public static String valueOf(double d)方法是 String 类的静态方法,返回双精度浮点型参数 d 的字符串形式。例如:

```
String.valueOf(123.45);
```

如上方法调用的返回值是字符串"123.45"。

(23) public static String valueOf(int i)。

public static String valueOf(int i)方法返回整型参数 i 的字符串形式。

7.1.3　字符串的内容是不可变的

String 类的对象的内容是不能被改变的。在程序中可以用以下语句形式创建一个 String 对象:

```
String str = new String("Hello");
```

该语句被执行之后,创建了一个包含 5 个有效字符的 String 对象,这个对象本身的内容是不能被改变的。这条语句执行之后,对象 str 的内存结构如图 7.4 所示。

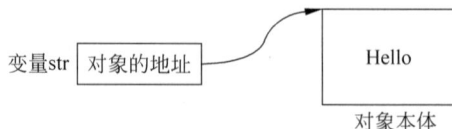

图 7.4　对象 str 的内存结构

以下语句都是合法的:

```
str = "Welcome to Java";
```

或

str = str + " Welcome to Java"

虽然如上两条语句看似修改了字符串对象 str,但事实是,它们并没有修改 str 引用的对象,而是分别创建了两个新的 String 对象,并用引用变量 str 去引用它们。执行语句"str="Welcome to Java";"之后对象的内存结构如图 7.5 所示。

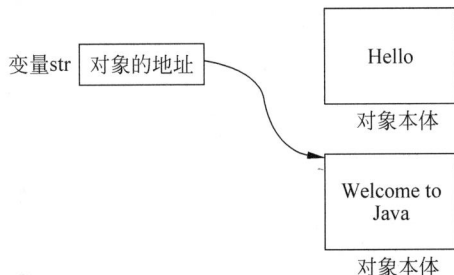

图 7.5 执行语句"str="Welcome to Java";"之后对象的内存结构

从图 7.5 可以看出,语句"str="Welcome to Java";"并没有修改对象本身的内容,而是又创建了一个新的 String 对象 Welcome to Java,并把它的地址存放到引用变量 str 中,用变量 str 引用这个新的 String 对象。

7.1.4 常量池

在程序运行时,JVM 维护一块称为"常量池"的内存空间,常量池中存放程序中定义的所有常量。没有使用关键字 new 创建的字符串对象都存放在常量池中,常量池里不能存在内容完全相等的两个常量。例如:

```
String str1 = "Hello";
String str2 = "Hello";
```

如上两条语句创建了两个 String 对象 str1 和 str2,首先,由于创建它们时都省略了关键字 new,因此它们都被保存在常量池中。其次,由于对象 str1 和 str2 的内容相等,因此它们实际上是同一个对象。在执行语句"String str2="Hello";"时,JVM 会在常量池中进行搜索,如果已经存在字符串"Hello",那么它会把这个 String 对象的地址赋值给变量 str2;如果在常量池中没有搜索到字符串"Hello",那么它会在常量池里创建字符串对象"Hello",并把它的地址赋值给 str2。执行完以上两条语句之后,变量 str1 和 str2 引用了常量池中的同一个字符串对象。

通常情况下并不希望出现这种情况——用不同的引用变量引用同一个对象。因为通过其中 1 个变量对对象的修改会影响其他的引用变量。但是字符串的情况是不同的,因为字符串的内容是不能被修改的。而这种做法带来的好处是可以不用多次创建内容相同的字符串,提高了程序的运行效率,其次还能节省程序运行所需的内存空间。

7.2 StringBuffer 类

StringBuffer 类称为字符串缓冲区,也是用来处理字符串的,和 String 类不同的是,StringBuffer 类的对象中保存的字符串的内容是可以变化的。StringBuffer 类在 java.lang

包中定义。

7.2.1　构造 StringBuffer 对象

StringBuffer 类有以下 4 种构造方法。

（1）public StringBuffer()。

public StringBuffer()构造方法构造一个初始容量为 16 个字符的字符串缓冲区,缓冲区中没有字符。

（2）public StringBuffer(int capacity)。

public StringBuffer(int capacity)构造方法构造一个初始容量为 capacity 个字符的字符串缓冲区,缓冲区中没有字符。

（3）public StringBuffer(String str)。

public StringBuffer(String str)构造方法构造一个字符串缓冲区,该缓冲区已初始化为指定字符串 str 的内容。字符串缓冲区的初始容量是 16 加上字符串参数 str 的长度。

（4）public StringBuffer(CharSequence seq)。

public StringBuffer(CharSequence seq)构造方法构造一个字符串缓冲区,该缓冲区包含与指定的 CharSequence 相同的字符。字符串缓冲区的初始容量是 16 加上 CharSequence 参数的长度。CharSequence 是一个代表字符序列的接口,String 类和 StringBuffer 类都是它的实现类。所以,使用这个构造方法也可以用一个已经存在的 StringBuffer 类对象去初始化当前正在创建的 StringBuffer 对象。

7.2.2　使用 StringBuffer 处理字符串

StringBuffer 类包含很多处理字符串的方法,本节介绍其中较常用的方法。

（1）public StringBuffer append(char c)。

public StringBuffer append(char c)方法将字符 c 追加到字符串缓冲区的末尾,缓冲区中字符串的长度加 1。

（2）public StringBuffer append(char[] str)。

public StringBuffer append(char[] str)方法将字符数组 str 中所有的字符按顺序追加到字符串缓冲区中。

（3）public StringBuffer append(char[] str,int offset,int len)。

public StringBuffer append(char[] str,int offset,int len)方法将字符数组 str 中,从下标为 offset 开始的 len 个字符按顺序追加到当前字符缓冲区中。

（4）public StringBuffer append(double d)。

public StringBuffer append(double d)方法将 double 型参数 d 的字符串表示形式追加到字符缓冲区中。也就是先把 d 转换成字符串,再把这个字符串追加到字符缓冲区中。

（5）public StringBuffer append(int i)。

public StringBuffer append(int i)方法把 int 型参数 i 的字符串表示形式追加到当前字符串缓冲区中。

（6）public StringBuffer append(String str)。

public StringBuffer append(String str)方法将参数字符串 str 追加到当前缓冲区中。

(7) public StringBuffer append(StringBuffer sb)。

public StringBuffer append(StringBuffer sb)方法将 StringBuffer 型参数 sb 中保存的字符串追加到当前缓冲区中。

(8) public StringBuffer append(Object obj)。

public StringBuffer append(Object obj)方法将对象 obj 的字符串表示追加到缓冲区中,即把 obj. toString()方法的返回值追加到当前缓冲区中。

以上几个重载的 append()方法把各种不同类型的数据转换为字符串,并追加到缓冲区中,如果超出了缓冲区的容量,JVM 会自动追加缓冲区的容量。

(9) public int capacity()。

public int capacity()方法返回当前字符串缓冲区的容量。

(10) public int length()。

public int length()方法返回缓冲区中保存的字符串的长度。

(11) public char charAt(int index)。

public char charAt(int index)方法返回缓冲区里保存的字符串中下标为 index 处的字符。

(12) public StringBuffer delete(int start,int end)。

public StringBuffer delete(int start,int end)方法删除缓冲区中字符串的一个子串。子串从字符串中下标为 start 处的字符开始,到下标为 end-1 处的字符结束。方法的返回值是删除子串之后的缓冲区对象。

(13) public StringBuffer deleteCharAt(int index)。

public StringBuffer deleteCharAt(int index)方法删除缓冲区字符串中下标为 index 处的字符。方法的返回值是删除字符之后的缓冲区对象。

(14) public int indexOf(String str)。

public int indexOf(String str)方法在缓冲区保存的字符串中按从左向右的顺序查找字符串 str,并返回它第一次出现的索引值(下标);如果没有找到字符串 str,则返回-1。

(15) public int lastIndexOf(String str)。

public int lastIndexOf(String str)方法在缓冲区保存的字符串中,按从右向左的顺序查找字符串 str,并返回它第一次出现的索引值(下标);如果没有找到字符串 str,则返回-1。

(16) public int indexOf(String str,int fromIndex)。

public int indexOf(String str,int fromIndex)方法在缓冲区字符串中,从下标为 fromIndex 处的位置开始从左向右查找子串 str,返回 str 第一次出现的索引值(下标)。

(17) public int lastIndexOf(String str,int fromIndex)。

public int lastIndexOf(String str,int fromIndex)方法在缓冲区字符串中,从下标为 fromIndex 处的位置开始从右向左查找子串 str,返回 str 第一次出现的索引值(下标)。

(18) public StringBuffer insert(int offset,char c)。

public StringBuffer insert(int offset,char c)方法将参数字符 c 插入缓冲区存放的字符串中索引值(下标)为 offset 处。offset 的值必须大于或等于零,并且小于或等于字符串的长度。

(19) public StringBuffer insert(int offset,char[] str)。

public StringBuffer insert(int offset,char[] str)方法将字符数组 str 中所有的字符插

入缓冲区存放的字符串中索引值（下标）为 offset 处。offset 的值必须大于或等于零,并且小于或等于字符串的长度。

（20）public StringBuffer insert(int offset,int i)。

public StringBuffer insert(int offset,int i)方法将整型参数 i 的字符串表示形式插入缓冲区存放的字符串中索引值（下标）为 offset 处。offset 的值必须大于或等于零,并且小于或等于字符串的长度。

（21）public StringBuffer insert(int offset,double d)。

public StringBuffer insert(int offset,double d)方法将浮点型参数 d 的字符串表示形式插入缓冲区存放的字符串中索引值（下标）为 offset 处。offset 的值必须大于或等于零,并且小于或等于字符串的长度。

（22）public StringBuffer insert(int offset,Object obj)。

public StringBuffer insert(int offset,Object obj)方法将对象 obj 的字符串表示形式（即 toString()方法的返回值）插入缓冲区存放的字符串中索引值（下标）为 offset 处。offset 的值必须大于或等于零,并且小于或等于字符串的长度。

（23）public StringBuffer insert(int offset,String str)。

public StringBuffer insert(int offset,String str)方法将参数字符串 str 插入缓冲区存放的字符串中索引值（下标）为 offset 处。offset 的值必须大于或等于零,并且小于或等于字符串的长度。

（24）public StringBuffer replace(int start,int end,String str)。

public StringBuffer replace(int start,int end,String str)方法将缓冲区字符串中从索引值（下标）为 start 处开始到索引值（下标）为 end−1 处的所有字符替换为参数字符串 str。

（25）public StringBuffer reverse()。

public StringBuffer reverse()方法将缓冲区中保存的字符串倒置。

（26）public String substring(int start)。

public String substring(int start)方法返回缓冲区字符串的一个从索引值（下标）start 开始,直到字符串结尾的子字符串。

（27）public String substring(int start,int end)。

public String substring(int start,int end)方法返回缓冲区字符串从索引值（下标）start 开始,到索引值（下标）end−1 处结束的一个子字符串。

（28）public void setCharAt(int index,char ch)。

public void setCharAt(int index,char ch)方法将缓冲区字符串中索引值（下标）为 index 处的字符设置为 ch。

（29）public String toString()。

public String toString()方法返回缓冲区中保存的字符串。

【例 7.4】 字符串信息的加密和解密。

本例使用 StringBuffer 类将字符串加密,加密方法 encrypt()使用如下规则进行加密:把原字符串中的每个字符用 Unicode 码值加 1 的字符取代,然后再把字符串倒置;解密方法 decrypt()把加密后的字符串解密。

程序代码如下:

```
public class Test {
    public static void main(String[ ] args) {
        String st1 = "战斗将于 6 日晚 10 点开始";
        String st2 = encrypt(st1);
        System.out.print("加密后的字符串为: ");
        System.out.println(st2);
        String st3 = decrypt(st2);
        System.out.print("解密后的字符串为: ");
        System.out.println(st3);
    }
    public static String encrypt(String str){        //加密方法
        StringBuffer sb = new StringBuffer(str);
        for(int i = 0;i < sb.length();i++){
            char ch = (char)(sb.charAt(i) + 1);
            sb.setCharAt(i, ch);
        }
        sb.reverse();
        return sb.toString();
    }
    public static String decrypt(String str){        //解密方法
        StringBuffer sb = new StringBuffer(str);
        sb.reverse();
        for(int i = 0;i < sb.length();i++){
            char ch = (char)(sb.charAt(i) - 1);
            sb.setCharAt(i, ch);
        }
        return sb.toString();
    }
}
```

例 7.4 程序的运行结果如图 7.6 所示。

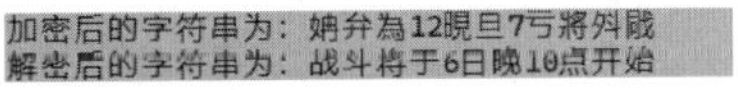

图 7.6　例 7.4 程序的运行结果

7.3　Math 类

　　Math 类中声明了许多处理数学运算的方法,类的声明位于 java.lang 包中。Math 类被声明为 final 类,所以它不能被其他类继承;Math 类的构造方法是 private 型的,所以也不能创建 Math 类的对象;Math 类中所有的成员都是 public 和 static 型的,所以可以用类名直接调用。

7.3.1　Math 类的数据成员

　　Math 类声明了以下两个数据成员。

　　(1) public static final double E。

　　double 型数据成员 E,代表自然对数的基数 e。

　　(2) public static final double PI。

　　double 型数据成员 PI 代表圆周率。

7.3.2　Math 类的成员方法

　　Math 类中声明了很多用于数学运算的成员方法,下面介绍几个常用的方法。

（1）public static double abs(double a)。

public static double abs(double a)方法返回浮点数 a 的绝对值。

（2）public static int abs(int a)。

public static int abs(int a)方法返回整型值 a 的绝对值。

（3）public static double exp(double a)。

public static double exp(double a)方法返回 e 的 a 次方，e 是自然对数的基数。

（4）public static double log(double a)。

public static double log(double a)方法返回 double 型参数 a 的以 e 为底的自然对数。

（5）public static double log10(double a)。

public static double log10(double a)方法返回 double 型参数 a 的以 10 为底的对数。

（6）public static double max(double a,double b)。

public static double max(double a,double b)方法返回两个双精度实型参数 a 和 b 中较大的一个。

（7）public static int max(int a,int b)。

public static int max(int a,int b)方法返回两个整型参数 a 和 b 中较大的一个。

（8）public static double min(double a,double b)。

public static double min(double a,double b)方法返回两个双精度实型参数 a 和 b 中较小的一个。

（9）public static int min(int a,int b)。

public static int min(int a,int b)方法返回两个整型参数 a 和 b 中较小的一个。

（10）public static double pow(double a,double b)。

public static double pow(double a,double b)方法返回 a 的 b 次方。

（11）public static double random()。

public static double random()方法返回一个大于或等于 0、小于 1 的随机实数。

（12）public static double sqrt(double a)。

public static double sqrt(double a)方法返回参数 a 的平方根。

（13）public static double sin(double a)。

public static double sin(double a)方法返回角 a 的正弦值，a 以弧度为单位。

（14）public static double cos(double a)。

public static double cos(double a)方法返回角 a 的余弦值，a 以弧度为单位。

（15）public static double tan(double a)。

public static double tan(double a)方法返回角 a 的正切值，a 以弧度为单位。

（16）public static double asin(double a)。

public static double asin(double a)方法返回参数 a 的反正弦值，返回值的单位为弧度。

（17）public static double acos(double a)。

public static double acos(double a)方法返回参数 a 的反余弦值，返回值的单位为弧度。

（18）public static double atan(double a)。

public static double atan(double a)方法返回参数 a 的反正切值，返回值的单位为弧度。

（19）public static double toDegrees(double angrad)。

public static double toDegrees(double angrad)方法将参数 angdeg 表示的弧度转换为等价的度数。

（20）public static double toRadians(double angdeg)。

public static double toRadians(double angdeg)方法将参数 angdeg 表示的度数转换为等价的弧度数。

【例 7.5】 随机产生 10 个英文小写字母并输出它们。

算法思路：Java 程序中的英文小写字母都是以 Unicode 码的形式保存在内存中的,而且小写字母的 Unicode 码是连续编码的。也就是说小写字母'a'的 Unicode 码值为 97,小写字母'b'的 Unicode 码值为 98,……,小写字母'z'的 Unicode 码值为 122。所以随机产生一个英文小写字母实际上就是要随机产生一个 97~122 的整数,再把它转换成字符。

可以使用 Math 类的静态方法 random()实现本题的要求,方法 random()随机产生一个大于或等于 0、小于 1 的随机实数,则如下公式即可以随机产生一个英文小写字母。

```
(char)(97 + (Math.random() * (122 - 97 + 1)))
```

推而广之,以下公式可以随机产生正整数 a 到整数 b 之间的一个整数值(假设 b 大于 a)。

```
(int)(a + (Math.random() * (b - a + 1)))
```

程序代码如下：

```
public class Test{
    public static void main(String[] args){
        for(int i = 0;i < 10;i++){
            char ch = (char)(97 + (Math.random() * (122 - 97 + 1)));
            System.out.print(ch + " ");
        }
    }
}
```

例 7.5 程序的运行结果如图 7.7 所示。

图 7.7 例 7.5 程序的运行结果

7.4 Date 类

Date 类的对象表示一个特定的时间,精度是毫秒。Date 类的定义位于包 java.util 中。

7.4.1 构造 Date 类对象

Date 类中包含多个构造方法,这里介绍几个常用的构造方法。

（1）public Date()。

public Date()方法是 Date 类不带参数的构造方法,创建一个包含当前系统时间的 Date 类对象。

（2）public Date(int year,int month,int date,int hrs,int min)。

public Date(int year,int month,int date,int hrs,int min)构造方法用参数表示的年、月、日、时、分创建一个表示特定时间的 Date 类对象。

（3）public Date(long date)。

public Date(long date)构造方法根据参数 date 创建一个表示特定时间值的 Date 类对象,long 型参数 date 是一个以毫秒为单位的,自 1970 年 1 月 1 日 0 时 0 分 0 秒到此对象表示的时间的偏移值。例如,如果参数 date 的值为 1000,则创建的 Date 对象表示的时间为 1970 年 1 月 1 日 0 时 0 分 1 秒。

7.4.2 使用 Date 类对象

Date 类中声明了许多方法,本节介绍几个常用的方法。

（1）public boolean equals(Object obj)。

public boolean equals(Object obj)方法用来比较两个 Date 类对象表示的时间是否相等,若相等则返回 true,否则返回 false。

（2）public long getTime()。

public long getTime()方法返回当前 Date 对象表示的时间和 1970 年 1 月 1 日 00:00:00 时之间间隔的毫秒数。

（3）public int getYear()。

public int getYear()方法返回 Date 类对象表示的时间中的年份减去 1900 的值。例如,如果调用此方法的 Date 对象表示的是 2023 年,则方法的返回值是 123。所以要获得正确的年份,需要用方法返回值加上 1900。此方法目前虽被 JDK 标识为“已过时”,但实际上仍然可以使用。

（4）public int getMonth()。

public int getMonth()方法返回调用方法的当前 Date 对象表示的月份。因为返回值 0 表示 1 月,所以要获得准确的月份值,需要将方法的返回值加 1。此方法目前虽被 JDK 标识为“已过时”,但实际上仍然可以使用。

（5）public int getDate()。

public int getDate()方法返回当前 Date 类对象表示的时间中的日期(月份中的哪一天)。返回值介于 1 到 31 之间。此方法目前虽被 JDK 标识为“已过时”,但实际上仍然可以使用。

（6）public int getDay()。

public int getDay()方法返回当前 Date 类对象表示的时间是星期几,返回的值(0＝周日、1＝周一、2＝周二、3＝周三、4＝周四、5＝周五、6＝周六)。此方法目前虽被 JDK 标识为“已过时”,但实际上仍然可以使用。

（7）public int getHours()。

public int getHours()方法返回当前 Date 类对象表示小时值,返回值是一个 0 到 23 之间的整数。此方法目前虽被 JDK 标识为“已过时”,但实际上仍然可以使用。

（8）public int getMinutes()。

public int getMinutes()方法返回当前 Date 类对象表示的时间中的分钟数。返回值是一个 0 到 59 之间的整数。此方法目前虽被 JDK 标识为“已过时”,但实际上仍然可以使用。

（9）public int getSeconds()。

public int getSeconds()方法返回当前 Date 类对象表示的时间中的秒数。此方法目前虽被 JDK 标识为"已弃用",但实际上仍然可以使用。

(10) public String toString()。

public String toString()方法将当前 Date 类对象表示的时间转换为以下形式的字符串:

"dow mon dd hh:mm:ss zzz yyyy"

其中:

- dow 是一周中的一天(周日、周一、周二、周三、周四、周五、周六)。
- mon 是月份(一月、二月、三月、四月、五月、六月、七月、八月、九月、十月、十一月、十二月)。
- dd 是一个月中的第几天(01 到 31),用两位小数表示。
- hh 是一天中的小时(00 到 23),用两位小数表示。
- mm 是小时内的分钟(00 到 59),用两位小数表示。
- ss 是一分钟内的秒(00 到 59),作为两位小数。
- zzz 是时区(可能反映夏令时)。标准时区缩写包括那些通过方法 parse()识别的缩写。如果时区信息不可用,那么 zzz 是空的——也就是说,它根本不包含任何字符。
- yyyy 是年份,用 4 位小数表示。

【例 7.6】　输出当前时间。

程序代码如下:

```java
import java.util.Date;
public class Test {
    public static void main(String[] args) {
        Date date = new Date();
        int year = date.getYear() + 1900;
        int month = date.getMonth() + 1;
        int day = date.getDate();
        int dayOfWeek = date.getDay();
        int hour = date.getHours();
        int minute = date.getMinutes();
        int second = date.getSeconds();
        String weekDay = null;
        switch(dayOfWeek){
        case 0:weekDay = "星期日";break;
        case 1:weekDay = "星期一";break;
        case 2:weekDay = "星期二";break;
        case 3:weekDay = "星期三";break;
        case 4:weekDay = "星期四";break;
        case 5:weekDay = "星期五";break;
        case 6:weekDay = "星期六";break;
        }
        System.out.println("今天是: " + year + "年" + month + "月" + day + "日" + "," + weekDay
+ "," + hour + "时" + minute + "分" + second + "秒");
    }
}
```

例 7.6 程序的运行结果如图 7.8 所示。

今天是: 2024年4月21日,星期日,15时27分8秒

图 7.8　例 7.6 程序的运行结果

7.5 Calendar 类

Calendar 类是表示日历的类，Calendar 的定义位于 java.util 包中。

7.5.1 构造 Calendar 类对象

Calendar 类有两个构造方法，但它们的访问属性都是 protected 类型的。就是说不能用它们创建 Calendar 类的对象。

可以使用 Calendar 类的静态方法 getInstance()方法创建 Calendar 类的对象。Calendar 类中声明了几个重载的 static 型的 getInstance()方法。

（1）public static Calendar getInstance()。

public static Calendar getInstance()方法返回一个基于默认时区和区域设置的日历对象，该对象中包含当前的系统时间。

（2）public static Calendar getInstance(Locale aLocale)。

public static Calendar getInstance(Locale aLocale)方法返回一个基于默认时区的、由参数 aLocale 指定的区域的日历对象，该对象中包含当前的时间。参数 aLocale 是 Locale 类的对象，Locale 是表示区域的类，Locale 类中定义了一系列 static 型常量表示世界上不同的区域。例如，常量 Locale.CHINA 代表中国大陆地区、Locale.US 代表美国、Locale.JAPAN 代表日本、Locale.FRANCE 代表法国。

（3）public static Calendar getInstance(TimeZone zone)。

public static Calendar getInstance(TimeZone zone)方法返回一个由参数 zone 指定的、基于默认区域的日历对象，该对象中包含当前的时间。参数 zone 是 TimeZone 类的对象，TimeZone 是代表时区的类。

（4）public static Calendar getInstance(TimeZone zone,Locale aLocale)。

public static Calendar getInstance(TimeZone zone,Locale aLocale)方法返回一个具有指定时区和区域设置的日历对象，该对象中包含当前的时间。

7.5.2 使用 Calendar 类对象

Calendar 类中包含很多用于设置和使用日历的方法。

（1）public final void setTime(Date date)。

public final void setTime(Date date)方法使用由参数 date 指定日期设置此日历的时间。参数 date 是 Date 类的对象。

（2）public void set(int field,int value)。

public void set(int field,int value)方法将给定的日历属性字段设置为给定的值。方法的第一个参数 field 是属性字段的名字，第二个参数 value 用于设置属性字段的值。Calendar 类中定义了很多 static 型的常量字段号代表不同的时间，Calendar 类中常用的字段号及其含义如表 7.1 所示。

表 7.1　Calendar 类中常用的字段号及其含义

字　段　号	含　　义
YEAR	表示年
MONTH	表示月
DAY_OF_MONTH	表示某月份中的哪一天
DAY_OF_WEEK	表示一周中的哪一天
HOUR_OF_DAY	表示一天中的小时数
MINUTE	表示小时内的分钟数
SECOND	表示分钟内的秒数

例如,下面的语句可将日历对象 Calendar 中的年份设置为 2023 年。

`calendar.set(Calendar.YEAR,2023);`

（3）public final void set(int year,int month,int date)。

public final void set(int year,int month,int date)方法设定日历对象中年、月、日的值。

（4）public final void set(int year,int month,int date, int hourOfDay,int minute,int second)。

public final void set(int year, int month, int date, int hourOfDay, int minute, int second)方法用来设定日历对象中年、月、日、时、分、秒的值。

（5）public final Date getTime()。

public final Date getTime()方法返回日历对象中当前的时间值。

（6）public int get(int field)。

public int get(int field)方法返回由参数 field 指定的日历字段的值。参数 field 的取值如表 7.1 所示。

【例 7.7】　使用 Calendar 类输出当前的时间。

程序代码如下:

```
import java.util.Calendar;
public class Test {
    public static void main(String[] args) {
        Calendar calendar = Calendar.getInstance();
        int year = calendar.get(Calendar.YEAR);
        int month = calendar.get(Calendar.MONTH) + 1;
        int dayOfMonth = calendar.get(Calendar.DAY_OF_MONTH);
        int day = calendar.get(Calendar.DAY_OF_WEEK);
        int hour = calendar.get(Calendar.HOUR_OF_DAY);
        int minute = calendar.get(Calendar.MINUTE);
        int second = calendar.get(Calendar.SECOND);
        String dayOfWeek = null;
        switch(day){
        case 1:dayOfWeek = "星期日";break;
        case 2:dayOfWeek = "星期一";break;
        case 3:dayOfWeek = "星期二";break;
        case 4:dayOfWeek = "星期三";break;
        case 5:dayOfWeek = "星期四";break;
        case 6:dayOfWeek = "星期五";break;
        case 7:dayOfWeek = "星期六";break;
        }
```

```
        System.out.println("今天是" + year + "年" + month + "月" + dayOfMonth + "日,"
          + dayOfWeek + "," + hour + "点" + minute + "分" + second + "秒");
    }
}
```

例 7.7 程序的运行结果如图 7.9 所示。

今天是2024年4月21日，星期日,15点30分16秒

图 7.9 例 7.7 程序的运行结果

7.6 基本类型封装类

在第 2 章中介绍了 Java 语言的各种基本数据类型,包括 int、short、byte、long、float、double、char 和 boolean。由于在一些场合无法使用基本类型的数据,如泛型类的泛型参数就不能是基本数据类型(见第 11 章),因此 Java 为每种基本类型定义了封装类。表 7.2 列出了各种基本类型和与之相应的封装类。

表 7.2　基本类型和相应的封装类对照表

基 本 类 型	封 装 类	基 本 类 型	封 装 类
int	Integer	char	Character
byte	Byte	float	Float
short	Short	double	Double
long	Long	boolean	Boolean

这些封装类都位于 java.lang 包中,所以可在程序中直接使用它们。基本类型封装类可以使我们像处理对象一样来处理基本类型的数据,同时这些封装类中还提供了很多处理基本类型数据的实用方法。封装类中的 Integer、Byte、Short、Long、Double、Float 类也被称为数值封装类。下面介绍封装类 Integer、Double 和 Character。通过对这几个封装类的学习,读者可以了解和掌握所有封装类的使用方法。

7.6.1　Integer

Integer 是基本类型 int 的封装类,Integer 类的构造方法及其功能描述如表 7.3 所示。

表 7.3　Integer 类的构造方法及其功能描述

方　　法	功　能　描　述
public Integer(int value)	构造一个新的 Integer 对象,表示 int 值 value
public Integer(String s)	构造一个新的 Integer 对象,该对象表示 String 参数 s 指示的 int 值

可以使用表 7.3 中列出的构造方法创建 Integer 对象。例如:

```
Integer i1 = new Integer(10);        //创建一个表示 10 的 Integer 对象
Integer i2 = new Integer("10");      //创建一个表示 10 的 Integer 对象
```

如上两条语句都创建了表示整数 10 的 Integer 对象。

在很多需要使用 Integer 对象的地方可以直接用 int 型数据代替,JVM 会自动将 int 型数据转换成相应的 Integer 对象,这个过程称为"自动装包"或"自动打包";而很多场合也可以像使用 int 型数值一样使用 Integer 对象,这时 JVM 会自动将 Integer 对象转换成一个

int 型数据。这个过程被称为"自动拆包"。例如：

```
Integer i3 = 10;//自动打包
```

【例 7.8】　Integer 型对象的自动打包和自动拆包。

程序代码如下：

```
public class Test {
    public static void main(String[] args) {
        displayInt(10,20);              //自动打包
    }
    public static void displayInt(Integer i1,Integer i2) {
        System. out. println(i1 + i2);    //自动拆包
    }
}
```

例 7.8 程序的运行结果如图 7.10 所示。

如上程序中的方法 displayInt()包含两个 Integer 类型的参数，而在 main()方法中，使用两个 int 型数值作为参数调用了 displayInt() 方法，JVM 将这两个整型数值自动打包成 Integer 对象；而 displayInt() 方法中直接输出了"i1＋i2"这个表达式的值，这时 JVM 将 i1 和 i2 这两个 Integer 对象自动拆包成两个 int 型的值。

图 7.10　例 7.8 程序的运行结果

由于 Integer 类的构造方法并不常用，因此目前它们被声明为"已过时"。Java 推荐使用自动打包或 Integer 其他静态方法来获取 Integer 对象。

本节前面介绍的内容也适用于其他数值封装类。

Integer 类提供了很多处理整型数据的实用方法。以下介绍了 Integer 类中的常用方法。

（1）public xxx xxxValue()。

public xxx xxxValue()是 Integer 类中声明的一系列方法。这些方法的功能是将当前 Integer 对象中保存的 int 值转换成 xxx 类型的值，并返回其值。其中 xxx 是 byte、short、long、float、double 之一。

例如，若 i 为 Integer 对象，则 i. intValue()返回对象 i 中保存的整数值；i. byteValue()将此对象中保存的整数值转换成 byte 型值并返回该值。

（2）public static Integer valueOf(int i)。

public static Integer valueOf(int i)为类的静态方法，此方法返回代表指定 int 值 i 的 Integer 对象。通常应优先使用此方法而不是构造方法 Integer(int) 来获取 Integer 对象。

例如，语句"Integer oi ＝ Integer. valueOf(10);"获取了一个表示整数 10 的 Integer 对象。

（3）public static Integer valueOf(String s)。

public static Integer valueOf(String s)为类的静态方法，此方法返回一个 Integer 对象，其中包含由 String 型参数 s 指定的整型值。

例如，Integer. valueOf("10")将返回一个表示整数 10 的 Integer 对象。此方法用于取代构造方法 Integer(String)。

（4）public static Integer valueOf(String s,int radix)。

public static Integer valueOf(String s,int radix)为类的静态方法,此方法返回一个 Integer 对象,其中包含由参数 s 指定的整型值,参数 radix 指明参数 s 表示的整数的进制数。

例如,Integer. valueOf("10",2)将返回一个表示二进制整数 10 的 Integer 对象。

（5）public static int parseInt(String s)。

public static int parseInt(String s)为类的静态方法,此方法将表示整数的字符串 s 转换成相应的整数值。

例如,Integer. parseInt("123")返回整数 123。

（6）public static String toBinaryString(int i)。

public static String toBinaryString(int i)为类的静态方法,此方法以字符串的形式返回十进制整数 i 的二进制数。

例如,Integer. toBinaryString(10)返回字符串"1010"。

（7）public static String toOctalString(int i)。

public static String toOctalString(int i)为类的静态方法,此方法以字符串的形式返回十进制整数 i 的八进制数。

例如,Integer. toOctalString(10)返回字符串"12"。

（8）public static String toHexString(int i)。

public static String toHexString(int i)为类的静态方法,此方法以字符串的形式返回十进制整数 i 的十六进制数。

例如,Integer. totoHexString(10)返回字符串"a"。

（9）public static String toString(int i)。

public static String toString(int i)为类的静态方法,此方法以字符串的形式返回整数 i 的值,即将整数 i 转换成一个字符串。

例如,Integer. toString(10)返回字符串"10"。

（10）public String toString()。

public String toString()为重写 Object 类的 toString()方法,以字符串的形式返回当前对象中保存的整数。

例如,若 i 是表示整数 10 的 Integer 对象,则 i. toString()返回字符串"10"。

7.6.2 Double

Double 是基本类型 double 的封装类,它有两个构造方法,如表 7.4 所示。

表 7.4 Double 类的构造方法及其功能描述

方　法	功　能　描　述
public Double(double value)	为 double 型参数 value 创建一个新的 Double 对象
public Double(String s)	构造一个新的 Double 对象,该对象表示由字符串 s 表示的 double 型的浮点值

Double 类的两个构造方法也被标记为"已过时",但目前仍然可以使用。Java 推荐使用自动打包或 Double 类的其他静态方法来获取 Double 对象。例如:

```
Double od = 12.34;//为浮点数 12.34 自动打包生成一个 Double 对象
```

Double 类也提供了很多实用方法。以下介绍 Double 类的常用方法。

（1）public xxx xxxValue()。

public xxx xxxValue()是 Double 类中声明的一系列方法,其中的 xxx 可以是 byte、short、int、long、float 和 double 其中之一。这些方法将当前对象表示的 double 型值转换成 xxx 类型,然后返回转换后的值。

例如,若 od 为表示浮点数 12.64 的 Double 对象,则方法调用 od. intValue()返回整数 12;而 od. doubleValue()返回对象 od 中包含的 double 型值 12.64。

（2）public static Double valueOf(double d)。

public static Double valueOf(double d)为类的静态方法,此方法返回表示 double 型参数 d 的 Double 对象。通常应优先使用此方法而不是构造方法 Double(double)来获取 Double 对象。

例如,语句"Double od＝Double. valueOf(12.64);"获取了一个表示浮点数 12.64 的 Double 对象 od。

（3）public static Double valueOf(String s)。

public static Double valueOf(String s)为类的静态方法,此方法返回由参数字符串 s 表示的 double 数值的 Double 对象。通常应优先使用此方法而不是构造方法 Double(String)来获取 Double 对象。

例如,语句"Double od＝Double. valueOf("12.64");"获取了一个表示浮点数 12.64 的 Double 对象 od。

（4）public static double parseDouble(String s)。

public static double parseDouble(String s)为类的静态方法,此方法将表示浮点数的字符串转换成 double 型浮点数,并返回该浮点数。

例如,方法调用 Double. parseDouble("12.64")返回浮点数 12.64。

（5）public static String toString(double d)。

public static String toString(double d)为类的静态方法,此方法以字符串的形式返回浮点数 d 的值,即把浮点数 d 转换成一个字符串。

例如,方法调用 Double. toString(12.64)返回字符串"12.64"。

（6）public String toString()。

public String toString()为重写 Object 类的 toString()方法,此方法以字符串的形式返回当前对象表示的浮点数值。

例如,若 od 是表示浮点数 12.64 的 Double 对象,则方法调用 od. toString()返回字符串"12.64"。

7.6.3 Character

Character 是基本类型 char 的封装类,它有一个构造方法:

```
public Character(char value);
```

此构造方法创建一个表示字符 value 的 Character 对象。此构造方法也被标记为"已过时",

但目前仍能使用。Java 推荐使用自动打包或 Character 类的其他静态方法来获取 Character 对象。例如：

```
Character oc = 'a';//自动打包一个表示字符 a 的 Character 对象 oc.
```

Character 类声明了很多实用方法，下面介绍几个 Character 类中的常用方法。

（1）public char charValue()。

public char charValue()方法返回当前 Character 对象中包含的字符。

例如，若 oc 是表示字符 a 的 Character 对象，则方法调用 oc.charValue()返回字符 a。

（2）public static boolean isLetter(char ch)。

public static boolean isLetter(char ch)为类的静态方法，判断参数字符 ch 是否为英文字母。

例如，方法调用 Character.isLetter('a')返回 true；而方法调用 Character.isLetter('1')返回 false。

（3）public static boolean isDigit(char ch)。

public static boolean isDigit(char ch)为类的静态方法，判断参数字符 ch 是否为数字字符。

例如，方法调用 Character.isDigit('a')返回 false；而方法调用 Character.isDigit('1')返回 true。

（4）public static boolean isLowerCase(char ch)。

public static boolean isLowerCase(char ch)为类的静态方法，判断参数字符 ch 是否为小写英文字母。

例如，方法调用 Character.isLowerCase('a')返回 true；而方法调用 Character.isLowerCase('A')返回 false。

（5）public static boolean isUpperCase(char ch)。

public static boolean isUpperCase(char ch)为类的静态方法，判断参数字符 ch 是否为大写英文字母。

例如，方法调用 Character.isUpperCase('a')返回 false；而方法调用 Character.isUpperCase('A')返回 true。

（6）public static char toLowerCase(char ch)。

public static char toLowerCase(char ch)为类的静态方法，此方法返回参数 ch 所表示的英文字母的小写字母。若 ch 不是英文字母，则返回 ch 本身的值。

例如，方法调用 Character.toLowerCase('A')返回字母'a'。

（7）public static char toUpperCase(char ch)。

public static char toUpperCase(char ch)为类的静态方法，此方法返回参数 ch 所表示的英文字母的大写字母。若 ch 不是英文字母，则返回 ch 本身的值。

例如，方法调用 Character.toLowerCase('a')返回字母'A'。

（8）public static boolean isSpaceChar(char ch)。

public static boolean isSpaceChar(char ch)为类的静态方法，此方法判断字符参数 ch 是否为空格字符。

【例 7.9】 声明一个方法，将一个字符串中的所有大写英文字母转换成小写英文字母，小写英文字母转换成大写英文字母。

程序代码如下：

```java
public class Test {
    public static String letterConversion(String str) {
        int count = str.length();
        char[] chars = new char[count];
        for(int i = 0;i < count;i++) {
            char ch = str.charAt(i);
            if(Character.isLetter(ch)) {
                if(Character.isUpperCase(ch))
                    chars[i] = Character.toLowerCase(ch);
                else
                    chars[i] = Character.toUpperCase(ch);
            }
            else
                chars[i] = ch;
        }
        String targetStr = new String(chars);
        return targetStr;
    }
    public static void main(String[] args) {
        String sourceStr = "sad123RET";
        System.out.println("源字符串:" + sourceStr);
        String targetStr = letterConversion(sourceStr);
        System.out.println("转换后的字符串:" + targetStr);

    }
}
```

如上程序中声明的方法 letterConversion(String str)使用 Character 类中的实用方法将参数字符串 str 中的所有大写英文字母转换成小写英文字母，所有小写英文字母转换成大写英文字母，并返回转换后的字符串。例 7.9 程序的运行结果如图 7.11 所示。

```
源字符串:sad123RET
转换后的字符串:SAD123ret
```

图 7.11　例 7.9 程序的运行结果

7.7　小结

JDK 提供了很多实用类，本章介绍了几个常用的类。

String 类用来处理字符串，String 类对象的内容是不能改变的。

StringBuffer 类也是处理字符串的类，StringBuffer 对象的内容是可以改变的。

Math 类中声明了用于数学计算的应用方法。

Date 类是表示时间的类，其中的很多方法目前都被 Calendar 类的方法取代。

Calendar 类也是用来处理日期和时间的类。

Java 为所有基本数据类型提供了封装类。封装类可以让程序像处理对象一样来处理基本类型的值，同时，封装类还提供了很多实用方法来处理基本类型的值。

第8章

抽象类、接口和多态

本章介绍面向对象程序设计技术的多态特性。多态特性使程序具有了更好的可扩充性。

8.1 抽象方法和抽象类

抽象方法是没有实现的方法,它只有方法头,没有方法体。必须使用关键字 abstract 声明抽象方法。例如:

```
abstract double getArea();
```

如上语句声明的 getArea() 方法只有方法头,没有方法体,这样的方法就是抽象方法,必须使用关键字 abstract 声明它。

抽象类是包含抽象方法的类,在声明抽象类时,也必须使用关键字 abstract。抽象类中也可以不包含抽象方法,只要声明它时使用了关键字 abstract,那么它就是抽象类。

抽象类用来表示抽象的概念。例如,第 6 章中图形类家族的父类 Shape 类,它并不表示具体的形状,其成员描述的是所有图形共有的属性,所以可以把 Shape 类声明为抽象类。

```
abstract class Shape{
    …
}
```

【例 8.1】 声明抽象类 Shape 表示图形,其中包含求图形面积的抽象方法 getArea()。程序代码如下:

```
public abstract class Shape {          //使用关键字 abstract 声明的类是抽象类
    protected String color;
    public Shape(){
        color = "黑色";
    }
    public Shape(String color){
        this.color = color;
    }
    public String getColor() {
        return color;
    }
    public void setColor(String color) {
        this.color = color;
    }
    public abstract double getArea();//使用关键字 abstract 声明的方法是抽象方法
}
```

抽象类 Shape 表示抽象概念图形,由于不知道它的具体形状,因此不知道如何求它的面积,但每个图形都是有面积的,所以把计算面积的成员方法 getArea()声明为抽象方法。

不能用操作符 new 创建抽象类的对象。

抽象类通常作为类家族的父类,为所有子类提供设计规范,它规定子类必须实现抽象类中声明的所有抽象方法。抽象方法代表类家族中所有子类共有的行为,但不同子类对象实现这个行为的方式又各不相同,所以不同子类对抽象方法的实现也各不相同。子类如果没有实现抽象父类中声明的任意一个抽象方法,那么它也是一个抽象类。

【例 8.2】 为例 7.1 中声明的抽象类 Shape 设计两个子类 Circle 和 Rectangle,分别代表圆形和矩形,并在两个子类中对抽象类 Shape 中声明的抽象方法 getArea()提供具体实现。

程序代码如下:

```java
//Circle.java
public class Circle extends Shape {
    private double radius;
public static final double PI = 3.14;
    public Circle(){
        radius = 1.0;
    }
    public Circle(double radius){
        this.radius = radius;
    }
    public Circle(String color,double radius){
        super(color);
        this.radius = radius;
    }
    ...
    @Override
    public double getArea(){
        return radius * radius * PI;
    }
    @Override
    public String toString(){
        return "半径为" + radius + "," + color + "的圆";
    }
}
//Rectangle.java
public class Rectangle extends Shape {
    private double width;
    private double height;
    public Rectangle(){
        width = 1.0;
        height = 1.0;
    }
    public Rectangle(double width,double height){
        this.width = width;
        this.height = height;
    }
    public Rectangle(String color,double width,double height){
        super(color);
```

```
            this.width = width;
            this.height = height;
        }
        …
        @Override
        public double getArea(){
            return width * height;
        }
        @Override
        public String toString(){
            return "宽为" + width + "高为" + height + "," + color + "的矩形";
        }
    }
//Test.java
public class Test {

    public static void main(String[] args) {
        Circle circle = new Circle("蓝色",10.0);
        Rectangle rect = new Rectangle("黄色",10.0,8.0);
        double area = circle.getArea();
        System.out.println(circle + "的面积为" + area);
        area = rect.getArea();
        System.out.println(rect + "的面积为" + area);
    }
}
```

在如上程序中，Circle 类和 Rectangle 类都对 Shape 类中的抽象方法 getArea() 提供了具体实现。在程序主方法中，分别用 Circle 类对象和 Rectangle 类对象调用了 getArea() 方法计算圆形和矩形的面积。例 8.2 程序的运行结果如图 8.1 所示。

```
半径为10.0,蓝色的圆形的面积为314.0
宽为10.0高为8.0,黄色的矩形的面积为80.0
```

图 8.1　例 8.2 程序的运行结果

8.2　接口

8.2.1　声明接口

继承是面向对象编程技术的一个重要特性，有些编程语言允许多继承，如 C++ 语言，多继承指一个子类可以拥有多个父类。多继承技术的优点在于子类可以同时继承多个父类的功能，在更大的程度上实现代码重用。但任何事物都具有两面性，有优点就会有缺点，多继承技术的缺点是容易引发二义性问题。为了规避这种风险，Java 语言只允许单继承，不允许多继承。单继承指一个子类最多只能有一个父类。单继承可以使继承结构简单、清晰，避免产生二义性问题；但同时也不可能像多继承那样，使一个子类可以同时拥有多个父类的功能。为了弥补这个单继承导致的子类功能不足的遗憾，Java 提供了一种新的数据类型——接口，通过接口可以把更多的功能集成到子类之中。

Java 声明接口的语法形式如下：

```
[public] interface 接口名{
    常量数据成员;
```

```
        抽象方法;
        默认方法;
    }
```

其中,interface 是 Java 语言用来声明接口的关键字;"接口名"是一个由编程者命名的标识符;"接口名"后面的花括号里包含接口的全部成员。

接口的成员包括数据成员和方法成员。Java 语言规定,接口中的数据成员默认都是 static 型和 final 型的,声明时可以省略 static 和 final 关键字,也就是说,接口中只能声明常量;在 JDK 1.8 之前,Java 规定接口的方法成员必须是抽象方法,声明时可以省略关键字 abstract。JDK 1.8 向接口中引入了默认方法,默认方法是使用关键字 default 声明的非抽象方法。另外,接口中全部成员的访问权限默认都是公有的,声明时也可以省略关键字 public。

8.2.2　实现接口

一个类可以使用关键字 implements 实现接口,实现接口的语法格式如下:

```
class 类名 extends 父类 implements 接口1,接口2,…{
    …
}
```

一个类最多只能有一个父类,但可以同时实现多个接口,声明时,接口名写在关键字 implements 之后,多个接口名之间用逗号分开。

类如果实现了一个接口,那么这个类就是这个接口的子类,必须对继承接口的所有的抽象方法提供具体实现。

【例 8.3】　声明一个接口 Sound,在其中声明一个汽笛鸣响的抽象方法,再声明两个类,分别为 Train 类(火车类)和 Car 类(汽车类),并使这两个类都实现 Sound 接口。

程序代码如下:

```
//Sound.java
public interface Sound {
    String sound();
}
//Train.java
public class Train implements Sound {
        @Override
    public String sound() {
        return "呜呜";
    }
}
//Car.java
public class Car implements Sound{
        @Override
    public String sound() {
        return "滴滴";
    }
}
//Test.java
public class Test {
    public static void main(String[] args) {
```

```
Train train = new Train();
Car car = new Car();
System.out.println("火车进站,汽笛发出" + train.sound() + "声");
System.out.println("汽车拐弯,汽笛发出" + car.sound() + "声");
    }
}
```

在如上程序中,接口 Sound 中的抽象方法 sound()用来模拟汽笛的鸣响声,Train 类和 Car 类都实现了 Sound 接口,所以这两个类都实现了 sound()方法。程序的 main()方法中分别创建了 Train 类和 Car 类的对象,并调用了对象的成员方法 sound()。例 8.3 程序的运行结果如图 8.2 所示。

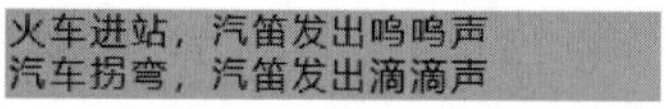

火车进站，汽笛发出鸣鸣声
汽车拐弯，汽笛发出滴滴声

图 8.2 例 8.3 程序的运行结果

观察程序的保存目录可知,每个接口被编译后也会生成一个独立的字节码文件。

8.2.3　接口之间的继承

接口之间可以使用关键字 extends 实现继承,一个接口如果继承另一个接口,那么在这个继承关系中,被继承的接口称为父接口,继承父接口的接口称为子接口;子接口继承了父接口中声明的所有成员。接口之间允许多继承,也就是说一个子接口可以有多个父接口。

【**例 8.4**】　接口之间的多继承。

程序代码如下:

```
//A.java
public interface A {
    void fun1();
}
//B.java
public interface B {
    void fun2();
}
//C.java
public interface C extends A,B {
    void fun3();
}
//ImplClass.java
public class ImplClass implements C {
    public void fun1(){
        System.out.println("方法 fun1()被调用");
    }
    public void fun2(){
        System.out.println("方法 fun2()被调用");
    }
    public void fun3(){
        System.out.println("方法 fun3()被调用");
    }
}
//Test.java
public class Test {
    public static void main(String[] args){
        ImplClass impl = new ImplClass();
        impl.fun1();
```

```
        impl.fun2();
        impl.fun3();
    }
}
```

在如上程序中先声明了两个接口 A 和 B,在接口 A 中声明了抽象方法 fun1(),在接口 B 中声明了抽象方法 fun2();接着又声明了接口 C,接口 C 是接口 A 和 B 的子接口,在接口 C 中声明了抽象方法 fun3(),此时接口 C 中包含了 3 个抽象方法。创建接口 C 的实现类 ImplClass,在 ImplClass 类中实现从接口 C 继承的 3 个抽象方法。在程序主方法 main()中,创建 ImplClass 对象 impl,并演示对接口方法的调用。例 8.4 程序的运行结果如图 8.3 所示。

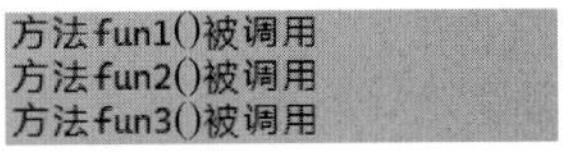

```
方法 fun1()被调用
方法 fun2()被调用
方法 fun3()被调用
```

图 8.3 例 8.4 程序的运行结果

8.2.4 接口的默认方法

JDK 1.8 之后允许在接口中声明默认方法。默认方法是使用关键字 default 声明的非抽象方法。在设计接口时,如果它的多个实现类的某个行为的实现方法完全一致,则可以把它声明为接口的一个默认方法。一个类实现了接口后,可以不重写默认方法,也可以重写默认方法。

【例 8.5】 使用接口中声明的默认方法。

程序代码如下:

```java
//A.java
public interface A {
    default void fun(){
        System.out.println("我是默认方法 fun()");
    }
}
//ImplClass1.java
public class ImplClass1 implements A {
}
//ImplClass2.java
public class ImplClass2 implements A{
    @Override
    public void fun(){
        System.out.println("B 类对默认方法 fun()的实现");
    }
}
//Test.java
public class Test {

    public static void main(String[] args) {
        ImplClass1 obj1 = new ImplClass1();
        ImplClass2 obj2 = new ImplClass2();
        obj1.fun();
        obj2.fun();

    }
}
```

在如上程序中,A 是一个接口,其中声明了默认方法 fun();ImplClass1 是接口 A 的一个实现类,其中没有重写默认方法;ImplClass2 是接口 A 的另一个实现类,其中重写了接口 A 中的默认方法 fun()。Test 是程序主类，在它的 main()方法中创建了 ImplClass1 和 ImplClass2 的对象 obj1 和 obj2，然后用这两个对象调用从接口 A 继承的方法 fun()。例 8.5 程序的运行结果如图 8.4 所示。

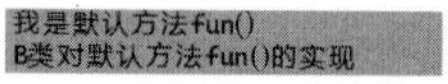

我是默认方法fun()
B类对默认方法fun()的实现

图 8.4　例 8.5 程序的
运行结果

从程序运行结果可以看出，由于 ImplClass1 类没有重写接口 A 中的默认方法 fun()，因此在使用 ImplClass1 类对象调用此方法时，调用的就是接口中声明的默认方法 fun()；ImplClass2 类重写了接口 A 中声明的默认方法 fun()，所以在使用 ImplClass2 类对象调用 fun()方法时，调用的是 ImplClass2 类中重写的 fun()方法。

使用默认方法的好处如下。

（1）可以把某种通用的功能声明为接口的默认方法，这样就可以把这个功能集成到接口的所有实现类中，这也符合 Java 提供接口类型的初衷。

（2）如果接口的多个实现类的某个行为的实现方法完全一致，则可以把它声明为接口的一个默认方法，好处是不用把完全相同的方法代码在每个实现类中都写一遍。

（3）如果接口的某个实现类实现这种行为属性的方法和其他实现类不同，那么它可以重写接口中的默认方法。默认方法为接口的设计提供了更好的灵活性。

8.3　instanceof 运算符

instanceof 运算符用来判断一个对象是否是某个类的实例。使用 instanceof 运算符的语法格式如下：

对象名 instanceof 类名

由 6.1 节可知，子类和父类之间是"is-a"的关系，子类对象一定是父类对象，但父类对象不一定是某个子类的对象。instanceof 运算符也遵循这种关系。对于如下表达式：

obj instanceof someClass

如果对象 obj 是 someClass 类或其子类的对象，那么表达式的值为 true，否则表达式的值为 false。

【例 8.6】 instanceof 运算符的用法。

程序代码如下。

```java
//A.java
public class A {
}
class B extends A{
}
class C extends B{
}
//TestInstanceof.java
public class TestInstanceof {
    public static void main(String[] args) {
        A a = new A();
        B b = new B();
        C c = new C();
        System.out.println(a instanceof A);
```

```
            System.out.println(a instanceof B);
            System.out.println(a instanceof C);
            System.out.println(b instanceof A);
            System.out.println(b instanceof B);
            System.out.println(b instanceof C);
            System.out.println(c instanceof A);
            System.out.println(c instanceof B);
            System.out.println(c instanceof C);
    }
}
```

在如上程序中创建了一个如图 8.5 所示的类家族,其中 A 类是 B 类的父类,B 类是 C 类的父类。

在主类 TestInstanceof 的 main() 方法中,创建了三个对象 a、b、c,它们分别是 A、B、C 类的对象。然后演示了 instanceof 运算符的作用。例 8.6 程序的运行结果如图 8.6 所示。

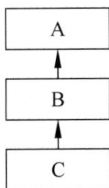

图 8.5 例 8.6 中的类家族   图 8.6 例 8.6 程序的运行结果

从程序运行结果可知,instanceof 运算符遵循"is-a"关系,子类对象一定是父类对象,所以 b instanceof A、c instanceof A 等表达式的值都是 true;反之,父类对象不是子类对象,a instanceof B、b instanceof C 等表达式的值都是 false。

8.4 对象类型转换

一个类的对象可以转型成类家族中继承链上的其他类的对象来使用,这种情况称为对象类型转换。对象类型转换分向上转型和向下转型两种形式。

8.4.1 向上转型

向上转型指把子类对象转型成父类对象。在程序中,如果使用父类对象的引用变量引用子类对象,那么就相当于把子类对象转型成了父类对象。

向上转型是合乎逻辑的,因为子类对象一定是父类的对象。可以说"苹果是水果","鸭梨也是水果",显然苹果类和鸭梨类都是水果类的子类,所以它们的对象也一定是父类的对象——水果。

向上转型在实现上也是安全的。因为子类对象中包含父类对象,子类对象是"大"对象,父类对象是"小"对象,这里的"大""小"指的是它们占据的内存空间。向上转型是把"大"对象转型成"小"对象,这种转型可以保证父类的"小"对象在转型前就已经存在了。

基于以上两点,Java 允许向上转型可以隐式实现,这种方式又称为自动类型转换。向上转型的语法格式如下:

[父类名] 父类引用变量 = new 子类名(…);

或

　　父类引用变量 = 子类引用变量;

　　例如，如果 A 类是 B 类的父类，则以下语句实现了向上转型：

　　A a = new B();　　//用父类的引用变量引用子类对象，隐式实现向上转型

或

　　A a;
　　B b = new B();
　　a = b;　　//用父类的引用变量引用子类对象，隐式实现向上转型

　　通过上转型对象只能访问父类中声明的成员，不能访问子类中声明的成员。

　　【例 8.7】 实现向上转型，并使用上转型对象。

　　程序代码如下：

```java
//Father.java
public class Father {
    public void fatherFun(){
        System.out.println("我是父类的成员方法");
    }
}
//Son.java
public class Son extends Father {
    public void sonFun(){
        System.out.println("我是子类的成员方法");
    }
}
//TestUpcasting.java
public class TestUpcasting {
    public static void main(String[] args){
        Father father = new Son();
        father.fatherFun();
        father.sonFun();      //发生编译错误，上转型对象不能访问子类声明的成员
    }
}
```

　　在如上程序中，Father 是父类，其中声明了成员方法 fatherFun()，Son 是 Father 的子类，其中声明了成员方法 sonFun()。在主类 TestUpcasting 的 main()方法中，用 Father 类的引用变量 father 引用了子类 Son 的对象，然后用这个上转型对象 father 调用成员方法 fatherFun()和 sonFun()。

　　在程序编译语句"father.sonFun();"时会发生错误，编译器提示找不到成员方法 sonFun()，如图 8.7 所示。这是因为 father 是上转型对象，通过它只能访问父类（Father）的成员，而方法 sonFun()是在子类（Son）中声明的成员。把这条语句删除后，程序可以正常编译、运行。例 8.7 程序的运行结果如图 8.8 所示。

```
TestUpcasting.java:5: 错误: 找不到符号
        father.sonFun();  //发生编译错误，上转型对象不能访问子类声明的成员
```

图 8.7　使用上转型对象不能访问子类中声明的成员

```
我是父类的成员方法
```

图 8.8　例 8.7 程序的运行结果

8.4.2 向下转型

向下转型指把父类对象转型成子类对象。在程序实现上就是用子类的引用变量引用父类的对象。

如8.4.1节所述,首先,向下转型在逻辑上是说不通的,因为父类对象不一定是子类对象。其次,在实现上,向下转型也是不安全的。因为要把一个"小"对象(父类对象)转型成一个"大"对象(子类对象)时,不能保证"大"对象中不属于"小"对象的那些成员是否真的存在。但程序中有些时候必须进行向下转型,所以 Java 规定,必须使用显式类型转换实现对象的向下转型,这种方式又称为强制类型转换。向下转型的语法格式如下:

子类引用变量 = (子类名)父类引用变量;

为了能安全地进行向下转型,要确保在转型前,父类的引用变量引用的确实是子类的对象。可以使用8.3节中介绍的 instanceof 运算符来判定这个条件是否成立,如此条件成立,则进行安全的向下转型,否则不进行向下转型。

【例 8.8】 实现向下转型。

在例8.7的程序中,main()方法中的语句"father.sonFun();"引发了编译错误,原因是使用上转型的父类对象 father 不能访问子类中声明的成员方法 sonFun()。要访问此方法,必须把对象 father 再向下转型成一个子类对象。

Father 类和 Son 类的程序代码和例8.7相同,主类 TestDowncasting 类的程序代码如下:

```java
//TestDowncasting.java
public class TestDowncasting {
    public static void main(String[] args){
        Father father = new Son();
        father.fatherFun();
        //father.sonFun();
        Son son;
        if(father instanceof Son){
            son = (Son)father;      //向下转型
            son.sonFun();
        }
    }
}
```

程序中,先用 instanceof 运算符判断父类的引用变量 father 是否引用了子类 Son 的对象,如果条件成立,则把父类对象 father 显式地转型成子类的对象 son。这时,使用子类 Son 的引用变量就可以调用子类中的成员方法 sonFun()了。例8.8程序的运行结果如图8.9所示。

> 我是父类的成员方法
> 我是子类的成员方法

图 8.9 例 8.8 程序的运行结果

8.5 多态

多态是面向对象编程技术的重要特性,正是因为有了多态,面向对象程序设计方法才如此强大。

8.5.1 方法的多态调用

简单地说,多态指给不同类型的对象发送相同的消息时,这些不同类型的对象会做出不同的反应,引发不同的行为,导致不同的结果。给对象发送消息指调用对象的成员方法,给不同的对象发送相同的消息就是调用不同对象的同名方法。所以多态指的是方法的多态调用。

Java 语言实现方法多态调用的过程如下。

（1）子类重写父类的实例成员方法。

（2）用父类的对象变量引用子类的对象。

（3）用上转型对象调用重写的方法,这种方法调用使用动态绑定技术绑定到子类重写的方法。这就是"方法的多态调用"。

【例 8.9】 方法的多态调用。

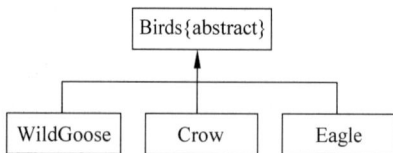

图 8.10 飞禽类家族

创建如图 8.10 所示的飞禽类家族,父类 Birds（飞禽类）中声明两个抽象方法 fiy()和 chirping()模拟鸟类的飞行和鸣叫,创建子类 WildGoose（大雁类）、Crow（乌鸦类）和 Eagle（老鹰类）,它们都对这两个方法提供具体的实现。

创建主类 Test,在其中声明一个方法 birdsFly(),方法签名如下:

```java
public static void birdsFly(Birds[] birds);
```

birdsFly()的参数是一个 Birds 类型的对象数组,birdsFly()方法的功能是依次调用对象数组中每个飞禽对象的 chirping()和 fly()方法。

在程序的 main()方法中创建一个 Birds 类型的对象数组 birds,数组 birds 的元素是 Birds 类的 3 个子类的对象。然后以此数组作为参数调用 birdsFly()方法。

程序代码如下:

```java
//Birds.java
public abstract class Birds {
    abstract void fly();
    abstract void chirping();
}
//WildGoose.java
public class WildGoose extends Birds {
    @Override
    public void fly(){
        System.out.println("大雁在 9000 米高空飞翔!……");
    }
    @Override
    public void chirping(){
        System.out.println("叽叽……");
    }
}
//Crow.java
public class Crow extends Birds{
    @Override
    public void fly(){
```

```
        System.out.println("乌鸦在 8000 米高空飞翔!……");
    }
    @Override
    public void chirping(){
        System.out.println("呱呱……");
    }
}
//Eagle.java
public class Eagle extends Birds {
    @Override
    public void fly(){
        System.out.println("老鹰在 6000 米高空飞翔!……");
    }
    @Override
    public void chirping(){
        System.out.println("咕咕……");
    }
}
//Test.java
public class Test {
    public static void main(String[] args) {
        Birds[] birds = new Birds[]{ new Crow(),new Eagle(),
                newWildGoose(),new Crow()};
        birdsFly(birds);
    }
    public static void birdsFly(Birds[] birds){
        for(Birds bird:birds){
            bird.chirping();        //方法的多态调用
            bird.fly();             //方法的多态调用
        }
    }
}
```

在上述程序中：

（1）在 Birds 类的三个子类中重写了 Birds 类的方法 fly() 和 chirping()。

（2）利用向上转型技术，使用 Birds 类型数组 birds 保存子类对象。

（3）用 birds 数组中的每个上转型对象，调用方法 chirping() 和 fly()。这时，JVM 会根据该对象所属的类型，在程序运行过程中动态地选用相应类中重写的方法来调用；若该对象是一个 WildGoose 类的对象，则调用 WildGoose 类中重写的方法；若该对象是一个 Crow 对象，则调用 Crow 类重写的方法；若该对象是一个 Eagle 对象，就调用 Eagle 类重写的方法。这就是方法的多态调用，通常称为"运行时多态"。

例 8.9 程序的运行结果如图 8.11 所示。

仔细观察例 8.9 的程序可以发现，方法 birdsFly() 中几乎不包含任何具体类型的信息，这就是"多态"带来的好处，类似 birdsFly() 方法中的代码对于不同的类型来说都是可以通用的。当需要扩展程序的功能时，例如，要向飞禽类家族中再加入一个表示麻雀的类，只需要声明 Birds 类的一个新的派生类 Sparrow，并让 Sparrow 类实现 Birds

```
呱呱……
乌鸦在8000米高空飞翔! ……
咕咕……
老鹰在6000米高空飞翔! ……
叽叽……
大雁在9000米高空飞翔! ……
呱呱……
乌鸦在8000米高空飞翔! ……
```

图 8.11　例 8.9 程序的运行结果

类的抽象方法即可。这时方法 birdsFly() 和 Birds 类家族中原有类的代码完全不需要修改。这种设计符合面向对象程序设计的开闭原则。

开闭原则是面向对象程序设计技术的一个基本原则，其核心思想是面向对象的软件应该对扩展开放，对修改关闭。具体来说就是当程序需要增加新的功能时，应该通过增加新的代码来扩展原有的功能，而不是修改原有的程序代码。这样的程序是易扩展的程序。

8.5.2 动态绑定

方法的多态调用是由动态绑定技术实现的。

"绑定"指的是把对方法的调用和实际调用的方法绑定到一起的过程，分为静态绑定和动态绑定两种不同的形式。

当编译器编译程序中的方法调用语句时，如果它能够确定调用的是哪个方法，并且用方法的内存地址对方法进行调用，则这种绑定方式称为静态绑定。

当编译器编译方法调用语句时，不能确定调用的是哪个方法。例如，在例 8.9 程序中方法 birdsFly() 里的语句"bird.chirping();"和"bird.fly();"，编译器在编译这两条方法调用语句时，不能确定应该调用哪个类中重写的方法。必须等到程序运行时，根据 bird 引用的对象的实际类型决定应该调用哪个类的 chirping() 和 fly() 方法。这种绑定方法称为动态绑定。

在 Java 语言中，只有 static 型和 final 型方法采用静态绑定方式，其他类型的方法都采用动态绑定方式。

方法的多态调用必须使用动态绑定技术实现。可将例 8.9 稍作修改来验证这一点。

【**例 8.10**】 对于如图 8.10 所示的飞禽类家族，在例 8.9 程序的基础上修改主类 Test，声明一个方法 createObjects()，这个方法随机地生成飞禽类家族的对象，并用这些对象创建一个 Birds 类数组；再以这个数组作为参数调用 birdsFly() 方法。

修改之后的 Test 类如下。

```java
import java.util.Scanner;
public class Test {
    public static void main(String[] args) {
        int num;
        Scanner input = new Scanner(System.in);
        System.out.print("请输入家禽对象的个数: ");
        num = input.nextInt();
        Birds[] birds = createObject(num);
        birdsFly(birds);
    }
    public static void birdsFly(Birds[] birds){
        for(Birds bird:birds){
            bird.chirping();        //方法的多态调用
            bird.fly();             //方法的多态调用
        }
    }
    public static Birds[] createObject(int num){
        int se;
        Birds[] birds = new Birds[num];
        for(int i = 0;i < num;i++){
```

```
        se = (int)(Math.random() * 3);
        switch(se){
        case 0:birds[i] = new WildGoose();break;
        case 1:birds[i] = new Crow();break;
        case 2:birds[i] = new Eagle();break;
        }
    }
    return birds;
}
```

在如上代码中的黑体字部分是对例 8.9 中的 Test 类所进行的修改,本例程序的其他部分和例 8.9 完全相同。可以看到,作为 birdsFly()方法的参数,Birds 数组是 createObject()方法随机产生的,只有在程序开始运行后,才会根据随机整数的取值动态地产生不同类型的飞禽对象作为数组元素。换言之,程序在编译时是无法确定数组元素的对象类型的,编译器在编译"bird. chirping();"和"bird. fly();"这两条方法调用语句时,bird 引用的是 Birds 的哪个子类对象是无法确定的。既然对象类型无法确定,也就不能确定应该调用哪个类中重写的 chirping()和 fly()方法。也就是说使用静态绑定实现方法的多态调用是不可能的,方法的多态调用只能使用动态绑定实现。例 8.10 程序的运行结果如图 8.12 所示。

```
请输入家禽对象的个数: 5
叽叽......
大雁在9000米高空飞翔!......
咕咕......
老鹰在6000米高空飞翔!......
咕咕......
老鹰在6000米高空飞翔!......
呱呱......
乌鸦在8000米高空飞翔!......
呱呱......
乌鸦在8000米高空飞翔!......
```

图 8.12　例 8.10 程序的运行结果

8.6　内部类和匿名内部类

8.6.1　内部类

Java 允许在一个类的内部再声明一个类,这个类称为内部类,包含这个内部类的称为外部类。在内部类里可以直接访问外部类的所有成员。可以用关键字 public、private、protected、static 等关键字修饰内部类。private 修饰的内部类是外部类私有的,只能在外部类中创建并使用该内部类的对象;protected 修饰的内部类是保护型内部类,没有使用public、private、protected 修饰符声明的内部类称为包私有内部类,可以在位于同一个包中的外部类里,直接创建保护型内部类和包私有内部类的对象;public 修饰的内部类称为公有内部类,可以在任意包中创建这种内部类的对象;用关键字 static 声明的内部类称为静态内部类,在外部创建静态内部类对象时不需要先创建外部类对象。例 8.11 演示了几种不同类型的内部类的使用方法。

【例 8.11】　使用内部类。

程序代码如下:

```
//OuterClass.java
public class OuterClass {
    private int i;
    protected int j;
    int k;
    InnerClass1 inner;
    public OuterClass(){
```

```java
            i = 1;
            j = 2;
            k = 3;
            inner = new InnerClass1();
        }
        public OuterClass(int i, int j, int k){
            this.i = i;
            this.j = j;
            this.k = k;
            inner = new InnerClass1();
        }

        public void fun(){
            inner.fun();                            //在外部类中调用非静态内部类的成员方法
        }
        private class InnerClass1 {
            void fun(){
                System.out.println("我是内部类中的成员方法,我可以直接访问外部类中的所有成
员");
                System.out.println("i = " + i);
                System.out.println("j = " + j);
                System.out.println("k = " + k);
            }
        }
        public class InnerClass2{
            void fun(){
                System.out.println("我是公有内部类中的方法");
            }
        }
        public static class InnerClass3{
            void fun(){
                System.out.println("我是公有静态内部类中的方法");
            }
            static void staticFun(){
                System.out.println("我是公有静态内部类中的静态方法");
            }
        }
    }
//Test.java
public class Test {

    public static void main(String[] args) {
        OuterClass outer = new OuterClass();    //创建外部类的对象
        outer.fun();
        System.out.println(" ------------------------------ ");
        OuterClass.InnerClass2 inner1 = outer.new InnerClass2();
        //上面的语句使用外部类对象 outer 创建内部类对象 inner1
        inner1.fun();
        System.out.println(" ------------------------------ ");
        OuterClass.InnerClass3 inner2 = new OuterClass.InnerClass3();
        //上面的语句直接用静态内部类的类名创建它的对象
        inner2.fun();
    }
}
```

在如上程序中的 OuterClass 类中声明了 3 个内部类，分别为 private 型内部类 InnerClass1、public 型内部类 InnerClass2 和 public 型静态(static)内部类 InnerClass3。

由于 InnerClass1 是私有内部类，因此只能在包含它的外部类 OuterClass 的成员方法里创建并访问它的对象 inner；不能在 OuterClass 类的外部，例如，在 Test 类的主方法 main()里创建它的对象。在 InnerClass1 类的成员方法里可以直接访问外部类 OuterClass 中的成员。

InnerClass2 是 OuterClass 类中的公有内部类，所以可以在 OuterClass 类的外部创建它的对象 inner1；在 Test 类的主方法 main()里创建对象 inner1 时，要先创建外部类 OuterClass 的对象 outer，再使用对象 outer 创建对象 inner1。

InnerClass3 是 OuterClass 类中的公有静态内部类，所以可以在 OuterClass 类的外部创建它的对象 inner2，而且在创建 inner2 时，不需要先创建外部类 OuterClass 的对象。

例 8.11 程序的运行结果如图 8.13 所示。

```
我是内部类中的成员方法，我可以直接访问外部类中的所有成员
i=1
j=2
k=3
---------------------------------------------------------
我是公有内部类中的方法
---------------------------------------------------------
我是公有静态内部类中的方法
```

图 8.13 例 8.11 程序的运行结果

8.6.2 匿名内部类

匿名内部类是一种没有名字的内部类，它必须是某个类的子类或者实现了某个接口，这样就可以用它父类的类名或它实现的接口的名字来创建它的对象。

【例 8.12】 创建并使用匿名内部类对象。

程序代码如下：

```java
//Fly.java
public interface Fly {              //声明一个 Fly 接口
    void fly();                     //接口中声明一个方法 fly()
}
//Test.java
public class Test {
    public static void main(String[] args) {
        useFly(new Fly(){
            @Override
            public void fly(){
                System.out.println("飞机在飞行");
            }
        });
        useFly(new Fly(){
            @Override
            public void fly(){
                System.out.println("老鹰在飞翔");
            }
        });

    }
    public static void useFly(Fly ImplOfFly){
```

```
            ImplOfFly.fly();
        }
    }
```

在如上程序中首先创建了一个 Fly 接口，其中声明一个方法 fly()；然后，在程序主类中声明一个方法 useFly()，它的参数是一个 Fly 接口的实现类对象，在方法 useFly() 内部，使用参数对象对 fly() 方法进行回调。在 main() 方法中创建两个实现该接口的匿名内部类对象分别表示飞机和老鹰，再用这两个对象作为参数调用 useFly() 方法。

在 main() 方法中的两条方法调用语句中分别创建了两个匿名内部类对象，并用它们作为方法的参数。可以看到，在创建匿名内部类对象时，使用的是它们实现的接口的名字 Fly，后面的一对花括号是匿名内部类的类体。类体中是对 fly() 方法的实现。

例 8.12 程序的运行结果如图 8.14 所示。

```
飞机在飞行
老鹰在飞翔
```

图 8.14 例 8.12 程序的
运行结果

匿名内部类的一个重要的用途是作为图形用户界面（GUI）应用程序的事件监听器。因为内部类可以方便访问外部类的成员，所以可以创建窗体类的匿名内部类对象作为窗体上的组件事件的监听器对象，这样监听器对象就可以直接访问窗体类中的所有成员组件。

8.7 编程实训

【**例 8.13**】 创建如图 8.15 所示的类家族，父类 Shape 是一个抽象类，其中包含数据成员 color 表示图形的颜色，抽象方法 getArea() 用于计算图形的面积；声明 Shape 类的子类 Circle 和 Rectangle，在 Circle 和 Rectangle 中实现父类用于计算图形面积的抽象方法 getArea()，并重写 toString() 方法输出与具体图形相关的信息。

创建程序的主类 TestShape，在其中声明一个方法 displayShapes()，方法签名如下：

```
public static void displayShapes(Shape shapes[]);
```

displayShapes() 方法的参数是一个 Shape 型的对象数组，方法的功能是显示数组中每个图形对象的相关信息，包括图形的颜色和面积等。

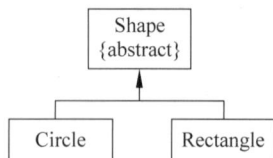

图 8.15 图形类家族

在 TestShape 类中再声明一个方法 createShape()，方法签名如下：

```
public static Shape[] createShapes(int n);
```

方法 createShape() 有一个整型参数 n，方法的返回值是 Shape 型对象数组。方法的功能是创建包含 n 个元素的 Shape 型对象数组，数组中的每个元素都是随机生成的图形对象（Shape 类的子类对象），然后返回此数组。

在程序的 main() 方法中先调用 createShape() 方法生成图形数组，然后以该数组为参数调用 displayShapes() 方法，显示数组中每个图形对象的相关信息。

第一步，创建抽象类 Shape。程序代码如下：

```
//Shape.java
public abstract class Shape {
    protected String color;
    public Shape(){
```

```
        color = "黑色";
    }
    public Shape(String color){
        this.color = color;
    }
    public String getColor() {
        return color;
    }
    public void setColor(String color) {
        this.color = color;
    }
    public abstract double getArea();
}
```

第二步,创建 Shape 类的子类 Circle 和 Rectangle 类。程序代码如下:

```
//Circle.java
public class Circle extends Shape {
    private double radius;
public static final double PI = 3.14;
    public Circle(){
        radius = 1.0;
    }
    public Circle(double radius){
        this.radius = radius;
    }
    public Circle(String color,double radius){
        super(color);
        this.radius = radius;
    }
    public double getRadius() {
        return radius;
    }
    public void setRadius(double radius) {
        this.radius = radius;
    }
    @Override
    public double getArea(){
        return PI * radius * radius;
    }
    @Override
    public String toString(){
        return color + "的,半径为" + radius + "的圆";
    }
}
//Rectangle.java
public class Rectangle extends Shape {
    private double width;
    private double height;
    public Rectangle(){
        width = 1.0;
        height = 1.0;
    }
    public Rectangle(double width,double height){
        this.width = width;
```

```
            this.height = height;
        }
        public Rectangle(String color,double width,double height){
            super(color);
            this.width = width;
            this.height = height;
        }
        public double getWidth() {
            return width;
        }
        public void setWidth(double width) {
            this.width = width;
        }
        public double getHeight() {
            return height;
        }
        public void setHeight(double height) {
            this.height = height;
        }
        @Override
        public double getArea(){
            return width * height;
        }
        @Override
        public String toString(){
            return color + "的,宽为" + width + ",高为" + height + "的矩形";
        }
    }
```

这两个类的设计重点是要实现父类的抽象方法 getArea()，并且要重写 toString()方法（继承自 Object 类）。在这两个方法头部都使用了@Override 注释。

第三步，创建主类 TestShape，在其中声明 displayShapes()方法和 createShape()方法。程序代码如下：

```
import java.util.Scanner;
public class TestShape {
    public static void main(String[] args) {
        int num;
        Scanner input = new Scanner(System.in);
        System.out.print("请输入数组元素的个数: ");
        num = input.nextInt();
        Shape[] shapes = new Shape[num];
        shapes = createShapes(num);
        displayShapes(shapes);
    }
    public static void displayShapes(Shape shapes[]){
        for(Shape shape:shapes){
            System.out.println(shape + "的面积是" + shape.getArea());
        }
    }
    public static Shape[] createShapes(int n){
        Shape[] shapes = new Shape[n];
        int se;
        for(int i = 0;i < shapes.length ;i++){
```

```
        se = (int)(Math.random() * 2);
        switch(se){
        case 0:shapes[i] = new Circle(10.0);break;
        case 1:shapes[i] = new Rectangle(10.0,12.0);break;
            }
        }
        return shapes;
    }
}
```

TestShape 类的 displayShapes()方法中访问了数组 shapes 中的对象,虽然数组 shapes 中可能包含 Shape 类家族中不同子类的对象,但可以看到 displayShapes()方法中不包含任何用于识别对象类型的语句,这样的方法在 Shape 类家族需要扩展时(如增加了新的图形子类)是不需要修改的。这就是方法多态调用的优势。例 8.13 程序的运行结果如图 8.16 所示。

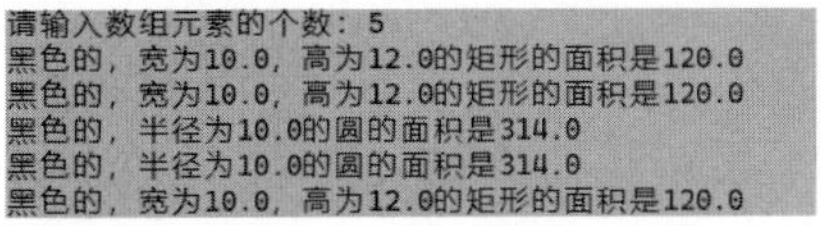

请输入数组元素的个数: 5
黑色的, 宽为10.0,高为12.0的矩形的面积是120.0
黑色的, 宽为10.0,高为12.0的矩形的面积是120.0
黑色的, 半径为10.0的圆的面积是314.0
黑色的, 半径为10.0的圆的面积是314.0
黑色的, 宽为10.0,高为12.0的矩形的面积是120.0

图 8.16　例 8.13 程序的运行结果

8.8　小结

抽象类通常是含有抽象方法的类,抽象方法是没有实现的方法。不能用 new 操作符创建抽象类的对象。抽象类通常用作类家族的父类,为它的子类提供设计规范。

接口中只能声明常量和抽象方法,JDK 1.8 之后,允许在接口中声明 default 型方法,default 型方法是已经实现的方法。类实现了一个接口,就继承接口所有的成员,可以把接口的实现类看成它的子类。

对象类型转换包括向上转型和向下转型。向上转型是把子类对象转型成父类对象,向上转型可以隐式进行;向下转型是把父类对象转型成子类对象,向下转型是不安全的,必须显式转型,最好在转型前使用 instanceof 运算符判断对象类型,以保证转型的安全性。

方法的多态调用是面向对象编程技术的重要特性,当使用上转型对象调用父类方法时,实际调用的是子类中重写的方法。利用多态,可以设计出独立于类型的通用代码,这些代码具有更好的健壮性。方法的多态调用是使用动态绑定技术实现的。

在一个类的内部声明的类称为内部类,内部类中可以直接访问外部类的所有成员。匿名内部类就是没有名字的内部类。

第9章

异常处理

异常指程序运行时出现的不正常的情况。例如,除数为0、访问数组越界等。异常有可能导致程序崩溃,所以程序需要对异常进行处理。本章介绍 Java 语言的异常处理机制。

9.1 Java 异常类

Java 提供了很多异常类来表示各种类型的异常。Java 常用异常类的继承层次结构如图 9.1 所示。

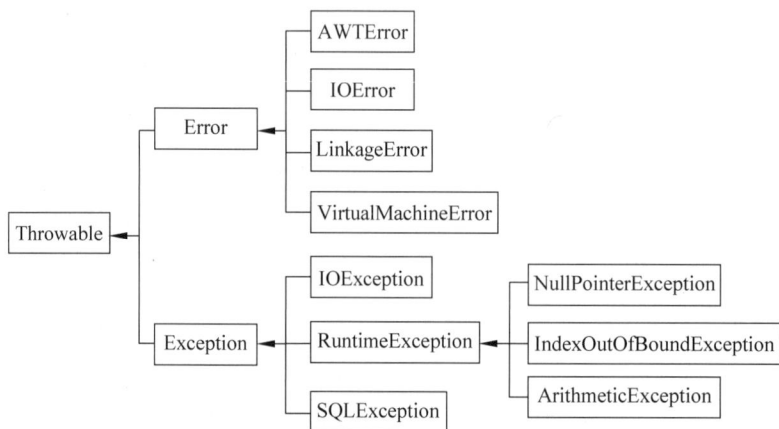

图 9.1 Java 常用异常类的继承层次结构

所有异常类的父类是 Throwable 类,Throwable 类有两个子类,分别为 Error(错误)类和 Exception(异常)类。Error 类的子类一般都表示与 JVM 相关的错误,如输入/输出错误、链接失败等,一旦发生这种错误,将导致程序执行中断,程序本身无法处理这种类型的错误。

Exception 类的子类表示程序运行时出现的异常情况,这些异常情况可以由程序使用 Java 异常处理机制来处理。Exception 类的子类又可以分成以下两大类。

(1) RuntionException(运行时异常)类及其子类表示的运行时异常,如数组下标越界异常(IndexOutOfBoundException)、算术运算异常(ArithmeticException)等,这些异常通常是由程序中的逻辑错误造成的,可以通过修改程序来避免它们的发生。

(2) 非 RuntimeException 类及其子类表示的异常,如输入/输出异常(IOException)、SQL 语句执行异常(SQLException)等,这些异常并非由程序中的错误引发的,它们的发生是不可预知的,程序中必须使用异常处理机制处理这种类型的异常。

Error 类及其子类、RuntimeException 类及其子类表示的异常通常不需要程序处理,所以统称为免检异常;由于程序中必须使用异常处理机制处理上述两类异常之外的所有异常,因此把它们统称为必检异常。

9.2 Java 异常处理机制

Java 异常处理机制可以使处理异常的程序代码从实现程序业务逻辑的主干代码中分离出来,使程序具有更好的模块化机制,易于理解,便于维护。

9.2.1 try-catch 语句块

Java 语言规定,必须把有可能引发异常的代码放到 try 语句块中,try 语句块的语法格式如下:

```
try{
    有可能引发异常的代码;
    …
}
```

try 语句块中的代码一旦引发了异常,JVM 会自动生成一个相应的异常类对象,并把该对象传递给应用程序,这个过程称为抛出异常。应用程序使用 try 语句块之后的 catch 语句块来捕获并处理异常。

一个 try 语句块之后可以紧跟一个或多个 catch 语句块,每个 catch 语句块捕获并处理某种特定类型的异常。catch 语句块的语法格式如下:

```
catch(异常类 异常类对象){
    处理这种异常的程序代码;
    …
}
```

【例 9.1】 使用 try-catch 语句块处理异常。

```java
import java.util.Scanner;
public class Test {
    public static void main(String[] args) {
        Scanner input = new Scanner(System.in);
        int i, j, result;
        System.out.println("请输入两个整数");
        try{
            i = input.nextInt();
            j = input.nextInt();
            result = i/j;
            System.out.println(i + "/" + j + " = " + result);
        }
        catch(Exception e){
            System.out.println(e.toString());
        }
    }
}
```

如上程序请求用户输入两个整数,然后计算并输出两个整数的商。如果用户在输入时不小心输入了带小数点的实数，那么 Scanner 类的成员方法 nextInt()里就会发生并抛出异常。所以，程序中把用于实现输入的两条方法调用语句放在了 try 语句块中，并在其后使用 catch 语句块捕获 try 语句块中有可能抛出的异常。如果发生了异常，就调用异常对象 e 的 toString()方法输出异常的类型（JDK 的所有异常类都重写了 toString()方法，返回异常类的名称）。

因为 Exception 类是所有异常类的父类，所以可以用它来捕获它的子类对象所表示的异常（子类和父类的关系是 is-a）。

例 9.1 程序的运行结果如图 9.2 所示。

```
请输入两个整数
10.3 20
java.util.InputMismatchException
```

图 9.2　例 9.1 程序的运行结果

从例 9.1 程序的运行结果可以看出，如果执行某条语句发生了异常，那么 try 语句块中位于这条语句之后的所有语句就不会被执行了。例如，在上面的程序中，如果用户在输入第一个整数时不小心输入了小数点，那么 JVM 会创建一个 java.util.InputMismatchException 类型的异常对象，并抛出该对象；try 语句块之后的 catch 语句捕获到该对象之后，输出该类异常的类型名以提示用户。

处理异常的代码被限定在 catch 语句块中，如果 try 语句块中的程序没有出现异常，那么 catch 语句块中的代码就不会运行。这种做法使程序具有了更好的模块化、可读性和可维护性。

9.2.2　finally 语句块

由 9.2.1 节可知，如果 try 语句块中的某条语句执行时发生了异常，那么程序会转到后面的 catch 语句块中处理异常，try 语句块里，这条语句之后的所有语句都不会被执行。但有时无论程序是否发生异常，某些语句都必须被执行。例如，如果程序访问了磁盘文件或建立了和数据库的连接，那么在程序执行结束之前有必要关闭磁盘文件或断开和数据库的连接，以释放被程序占用的系统资源。如果把这些释放资源的语句放到 try 语句块中，那么一旦前面的语句发生了异常，这些语句就不会被执行了。解决此问题的方法是使用 finally 语句块。finally 语句块写在 catch 语句块之后，无论 try 语句块中是否发生异常，finally 语句块中的语句都会被执行。其语法格式如下：

```
finally{
    无论是否发生异常,必须执行的语句;
}
```

【例 9.2】　使用 finally 语句块。

程序代码如下：

```java
import java.util.Scanner;
public class Test {
    public static void main(String[] args) {
        Scanner input = new Scanner(System.in);
        int i, j, result;
        System.out.println("请输入两个整数");
        try{
            i = input.nextInt();
            j = input.nextInt();
            result = i/j;
```

```
            System.out.println(i + "/" + j + " = " + result);
        }
        catch(Exception e){
            System.out.println(e.toString());
        }
        finally{
            System.out.println("在 finally 语句块中可以释放程序占用的系统资源");
        }
    }
}
```

例 9.2 程序的运行结果如图 9.3 所示。

对例 9.1 程序稍作修改就得到了例 9.2 的程序——在 catch 语句块之后加上了 finally 语句块。从例 9.2 程序的运行结果可以看到,程序运行时发生了异常,在执行 catch 语句块处理完异常之后,又执行了 finally 语句块中的语句。

请输入两个整数
10 20.1
java.util.InputMismatchException
在finally语句块中可以释放程序占用的系统资源

图 9.3 例 9.2 程序的运行结果

9.2.3 使用关键字 throws 声明异常

有些方法中存在可能引发异常的语句,但方法本身不知道如何处理这类异常。这时可以使用关键字 throws 声明方法可能抛出的异常。声明异常的语法格式如下:

throws 异常类 1,异常类 2,…

例如:

```
public void fun1() throws IOException {
    …
}
```

在如上程序中使用关键字 throws 声明方法 fun1()可能抛出 IOException 类型的异常。这样声明异常之后,方法 fun1()中就无须使用 try-catch 语句块去处理异常了。方法中一旦发生了异常,JVM 将把异常对象抛出给 fun1()方法的调用者方法去处理。调用 fun1()的方法中必须有 try-catch 语句块,并把 fun1()方法的调用语句放在 try 语句块中;或者使用关键字 throws 再次声明异常。

【例 9.3】 使用关键字 throws 声明异常。

程序代码如下:

```
import java.util.Scanner;
public class Main {
    public static void main(String[] args) {
        try{
            divCompute();
        }
        catch(Exception e){
            System.out.println(e.toString());
        }
    }

    public static void divCompute() throws Exception{
        Scanner input = new Scanner(System.in);
```

```
            int i,j,result;
            System.out.println("请输入两个整数");
            i = input.nextInt();
            j = input.nextInt();
            result = i/j;
            System.out.println(i + "/" + j + " = " + result);
    }
}
```

在如上程序中的 divCompute() 方法内部并没有使用 try-catch 语句块处理异常，而是使用关键字 throws 声明了异常。方法 divCompute() 中一旦发生了异常，JVM 将自动生成异常对象，并把异常对象交给调用方法 divCompute() 的 main() 方法去处理。

由于方法 divCompute() 声明了异常，因此 main() 方法必须将调用 divCompute() 方法的语句放在 try 语句块中。例 9.3 程序的运行结果如图 9.3 所示。

9.2.4 用关键字 throw 抛出异常

当程序中发生异常时，JVM 能自动创建并抛出异常类对象。但有些时候，程序需要根据本身的业务逻辑自行决定是否发生了异常情况，这时就可以根据某些条件自行创建异常对象，并使用关键字 throw 抛出异常。

一个方法内部如果使用关键字 throw 抛出了异常，那么必须使用关键字 throws 对该方法进行声明。

【例 9.4】 编写方法 hmean() 计算两个实数 a 和 b 的调和平均值。计算实数 a 和 b 的调和平均值的公式为 hmean＝$2.0 \times a \times b \div (a+b)$；a 和 b 的值由键盘输入。当 a＝－b 时，除数为 0，方法 hmean() 抛出异常；在 main() 方法中调用方法 hmean() 求调和平均值，并处理由方法 hmean() 抛出的异常。

程序代码如下：

```
import java.util.Scanner;
public class Test {
    public static void main(String[] args) {
        double x,y,aver;
        Scanner input = new Scanner(System.in);
        System.out.println("请输入两个实数：(输入任意字母时退出程序)");
        while(input.hasNextDouble()){
            x = input.nextDouble();
            y = input.nextDouble();
            try{
                aver = hmean(x,y);
                aver = (int)(aver * 100)/100.0;//使结果的小数部分保留两位有效数字
                System.out.println(x + "和" + y + "的调和平均值为" + aver);
            }
            catch(Exception e){
                System.out.println(e.getMessage());
            }
            System.out.println("请输入两个实数：(输入任意字母时退出程序)");
        }
    }
    public static double hmean(double x,double y)throws Exception{
        if(x == - y)
```

```
        throw new Exception("分子为零!");
    else
        return 2 * x * y/(x + y);

    }
}
```

例 9.4 的程序请求用户输入两个实数,计算并输出它们的调和平均值。然后再重复以上步骤,直到用户输入任意字母,程序运行结束。

在方法 hmean()中,当满足条件"x＝＝－y"时,会创建 Exception 类的对象,并使用关键字 throw 抛出该对象。

由于方法 hmean()有可能抛出异常,因此需在方法名后面使用关键字 throws 声明异常。而在 main()方法中则需要把调用 hmean()方法的语句放在 try 语句块中,并用其后的 catch 语句块捕获和处理可能由方法 hmean()抛出的异常。例 9.4 程序的运行结果如图 9.4 所示。

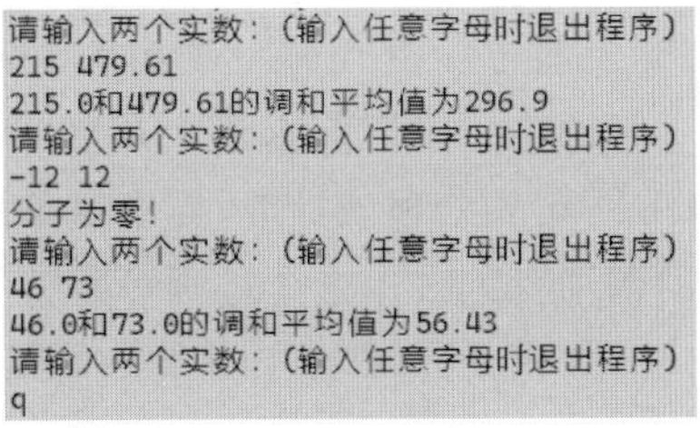

```
请输入两个实数: (输入任意字母时退出程序)
215 479.61
215.0和479.61的调和平均值为296.9
请输入两个实数: (输入任意字母时退出程序)
-12 12
分子为零!
请输入两个实数: (输入任意字母时退出程序)
46 73
46.0和73.0的调和平均值为56.43
请输入两个实数: (输入任意字母时退出程序)
q
```

图 9.4　例 9.4 程序的运行结果

9.2.5　异常类的常用方法和异常对象的传递途径

catch 语句捕获到异常对象后,可以使用该对象调用异常类的成员方法来获取和异常相关的信息。所有的异常类都包含以下几个常用的方法。

public String toString():此方法返回异常对象所属类的类名。在例 9.1、例 9.2 和例 9.3 中都使用过此方法。

public String getMessage():此方法返回描述此异常的详细信息。在例 9.4 中使用此方法输出引发异常的原因。

public void printStackTrace():此方法输出发生的异常类型,描述此异常的详细信息和发生异常时方法调用栈的相关信息,通过观察输出信息,可以知道在哪个方法中发生了异常。

【例 9.5】　使用异常类的 printStackTrace()方法输出发生异常时的方法调用栈信息。

本例对例 9.4 中的程序稍作修改,把例 9.4 程序中 catch 语句块中的语句"System.out.println(e.getMessage());"改成"e.printStackTrace();"。例 9.5 程序的运行结果如图 9.5 所示。

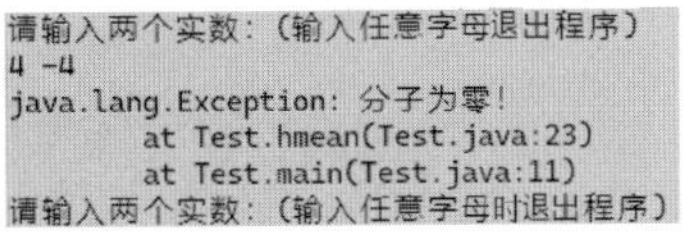

```
请输入两个实数: (输入任意字母退出程序)
4 -4
java.lang.Exception: 分子为零!
        at Test.hmean(Test.java:23)
        at Test.main(Test.java:11)
请输入两个实数: (输入任意字母退出程序)
```

图 9.5　例 9.5 程序的运行结果

从图 9.5 可知,程序运行发生异常时,通过观察 printStackTrace()方法的输出可知,当程序运行到方法 hmean()中时发生了"分子为零"的异常,异常类型为 Exception。

当一个方法中发生了异常时,JVM 将自动创建异常对象,并将该对象传递给此方法的调用者方法。调用者方法里应使用 try-catch 语句块捕获并处理这个异常。若调用者方法中没有捕获这个异常的 catch 语句块,或者在捕获到异常后调用者方法并没有处理异常,而是使用关键字 throw 继续抛出了异常,在这些情况下,异常对象具有怎样的传递路径,异常将会被怎样处理呢?下面简要介绍异常对象的传递路径。

第一步：Java 程序要求应把有可能引发异常的方法调用语句放置在 try 语句块中，程序执行时，如果被调方法中发生了异常，JVM 将自动创建一个相应的异常类对象，并将此对象传递（抛出）到当前方法。

第二步：如果当前方法中的某条 catch 语句捕获到了被调方法抛出的异常，那么将执行此 catch 语句块中的代码，处理这个异常。异常对象将不再被传递。

第三步：如果当前方法中没有捕获相应异常的 catch 语句块，或在相应的 catch 语句块中没有处理异常，而是使用 throw 关键字继续抛出异常，则异常对象被传递给上层的调用者方法（调用当前方法的方法）。需要注意，在当前方法中无论是否找到和异常匹配的 catch 语句，当前方法中 finally 语句块中的语句都会被执行。

第四步：在当前方法上层的调用者方法中，如果找到了匹配的 catch 语句块，则由此 catch 语句块处理该异常，异常对象的传递过程终止。否则，异常对象将被继续传递给更上层的调用者方法。这个过程一直持续到程序的主方法——main()方法，如果 main()方法中也没有处理该异常，则异常最终被传递给 JVM 来处理，同时程序被终止运行。

9.3 自定义异常类

程序有时可能需要根据自身的要求自定义异常类。Java 要求自定义的异常类必须继承 Exception 类或其子类。在创建异常类时，通常需要为异常类声明两个构造方法，分别为无参的构造方法和带一个 String 型参数的构造方法，这个 String 参数用来表示引发异常的原因；最好重写父类的 toString()方法，令其输出当前异常类的类名。

在程序运行过程中，需根据某种条件创建自定义异常类的对象，并使用关键字 throw 抛出该异常对象。

【例 9.6】 自定义异常类，处理计算调和平均值过程中可能出现的除数为零的异常。

程序代码如下：

```
//MyException.java
public class MyException extends Exception {
    public MyException(){}                    //默认的构造方法
    public MyException(String message){       //带参数的构造方法
        super(message);
    }
        &Override
    public String toString(){                 //重写 toString()方法输出类名
        return "MyException";
    }
}
//Test.java
import java.util.Scanner;
public class Test {
    public static void main(String[] args) {
        double x,y,aver;
        Scanner input = new Scanner(System.in);
        System.out.println("请输入两个实数：(输入任意字母时退出程序)");
        while(input.hasNextDouble()){
            x = input.nextDouble();
```

```
            y = input.nextDouble();
            try{
                aver = hmean(x, y);
                System.out.println(x + "和" + y + "的调和平均值为" + aver);
            }
            catch(Exception e){
                System.out.println("异常类为：" + e.toString());
                System.out.println("发生异常的原因是：" + e.getMessage());
            }
            System.out.println("请输入两个实数：(输入任意字母时退出程序)");
        }
    }
    public static double hmean(double x, double y)throws Exception{
        if(x == - y)
            throw newMyException("分子为零!");
        else
            return 2 * x * y/(x + y);

    }
}
```

在如上程序中创建了异常类 MyException，它是 Exception 类的子类。MyException 类声明了两个构造方法并重写了父类的 toString()方法。

主类(Test)中的 hmean()方法用来计算并返回两个实型参数 x 和 y 的调和平均值，当满足条件 x＝＝－y 时，由于计算调和平均值的分子为零，因此创建 MyException 类的对象，并使用关键字 throw 抛出该对象。

主类的 main()方法中使用 catch 语句捕获并处理可能由 hmean()方法抛出的异常。

例 9.6 程序的运行结果如图 9.6 所示。

```
请输入两个实数：(输入任意字母时退出程序)
10 -10
异常类为：MyException
发生异常的原因是：分子为零!
```

图 9.6　例 9.6 程序的运行结果

9.4　小结

异常指程序运行时发生的，可能导致程序运行失败的非正常情况。程序运行异常通常是由程序中存在的逻辑错误、运行程序时的系统环境、系统硬件设备等原因导致的。

Java 的异常类包含错误(Error)和异常(Exception)两大类。程序运行时可能发生的所有的异常都是这两个类的子类。

Java 异常处理机制要求把有可能导致异常的方法调用语句放到 try 语句块中，程序运行时一旦发生异常，JVM 将终止执行 try 语句块中的语句，自动创建相应类型的异常对象并抛出异常，即把该异常对象传递给应用程序；一个 try 语句块后面可以跟随一个或多个 catch 语句块，每个 catch 语句块捕获并处理一种类型的异常。如果抛出的异常被某条 catch 语句捕获到，则此 catch 语句块中的语句将被执行来处理这个异常；如果异常没有被 try 之后的所有 catch 语句捕获到，则异常对象将被继续抛出，传递给调用当前方法的上层方法,并在上层方法中寻找处理此异常的 catch 语句块。如果还是没有找到,则此异常对象将被传递给方法调用链中更上层的方法,直到找到异常处理程序。如果直到程序的主方法——main()方法中都没有找到异常处理程序,那么该异常将被传递给 JVM,由 JVM 来处理这个异常,并终止程序的运行。在方法调用链的某个方法中,不管是否存在处理异常的 catch 语句块,只要它后面跟随着 finally 语句块,那么在处理异常的过程中,finally 语句块中的语句是一定会被执行的。

方法调用链中的某个方法如果不想使用 try-catch 语句块捕获并处理某种类型异常,可以使用关键字 throws 声明此方法有可能抛出这种异常。程序运行时,一旦发生异常,而且异常对象被传递给此方法,JVM 将自动将此异常对象抛出给调用此方法的上层方法去处理。

方法调用链中的某个方法也可以使用关键字 throw 自行把捕获的异常对象抛出给上层方法去处理。一个方法里如果使用 throw 关键字抛出异常对象,那么必须使用关键字 throws 对此方法进行声明。

可以根据需要自行定义异常类,自定义的异常类必须是 Exception 类或是其子类的子类。使用自定义异常类时,需根据需要在程序中自行创建并抛出自定义异常类的对象。

第10章

输入/输出流

在线答题

观看视频

在前面的章节中已经学习了使用标准输入/输出流对象 System.in 和 System.out 实现控制台输入和输出,Java 输入/输出流类除了可以实现控制台输入/输出,还可以实现磁盘文件输入/输出和网络通信等功能。本章将介绍输入/输出流的概念和原理,并学习使用输入/输出流对象完成磁盘文件的输入和输出。

10.1　Java 输入/输出流概述

"流"所指的是字节流或字符流。Java 输入和输出的对象都是字节流或字符流。输入就是从流中获取字符;输出就是向流中写入字符。在输入和输出操作中,输入/输出流位于程序和输入/输出实体之间,从程序的角度看,输入/输出流是对键盘、显示器、磁盘文件等输入/输出实体的抽象。如图 10.1 所示,程序只和输入/输出流发生关系,输入时从输入流提取字节或字符,输出时向输出流插入字节或字符,而不必关心输入/输出流实际代表什么具体的输入/输出实体。

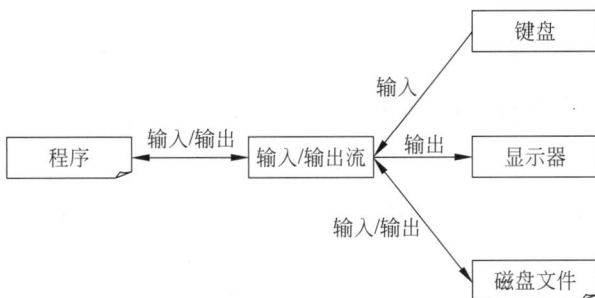

图 10.1　输入/输出操作中的流

输入流类的功能是把数据从键盘、磁盘文件等输入实体输入程序中;输出流类的功能是把程序中的数据输出到显示器、磁盘文件等输出实体中。Java 的输入/输出流分为两大类:字节流和字符流。字节流以字节为单元进行输入和输出;而字符流的输入/输出单元是字符。

Java 的输入/输出流类都位于 java.io 包中,InputStream 类是所有字节输入流类的抽象基类;OutputStream 类是所有字节输出流类的抽象基类;Reader 是所有字符输入流类的抽象基类;Writer 是所有字符输出流类的抽象基类。

10.2　File 类

File 类的对象表示磁盘上的文件。严格地说，File 类不是输入/输出流类，不能使用 File 对象读取文件中的数据，也不能使用它向文件写入数据，但 File 类的声明也在 java.io 包中，而且可以使用 File 对象创建文件输入/输出流对象。

10.2.1　创建 File 对象

File 类常用的构造方法包括如下几种。

（1）public File(File parent,String child)。

public File(File parent,String child)构造方法为目录 parent 下的文件 child 创建一个 File 类对象。其中 parent 是表示子目录的 File 类对象，child 是一个表示文件名的字符串。

（2）public File(String parent,String child)。

public File(String parent,String child)构造方法为目录 parent 下的文件 child 创建一个 File 类对象。其中 parent 是表示子目录路径的字符串，child 是一个表示文件名的字符串。

（3）public File(String pathname)。

public File(String pathname)构造方法使用给定的路径创建一个 File 类对象。参数 pathname 是文件的路径。

例如，如下语句为计算机 D 盘上的 MainFrame 文件创建一个 File 对象：

```
File file = new File("D:\\MainFrame.txt");
```

注意，在使用文件路径字符串创建一个文件对象时，文件路径字符串中的单斜线“\”必须用它的转义字符“\\”来表示。

10.2.2　获取文件的属性

使用 File 对象可以获取文件的属性，File 类常用的获取文件属性的方法有如下几种。

（1）public boolean exists()：此方法用于判断对象表示的文件或目录是否存在，如存在则返回 true。

（2）public boolean canRead()：此方法用于判断文件是否可读，如是则返回 true。

（3）public boolean canWrite()：此方法用于判断文件是否可写，如是则返回 true。

（4）public boolean isFile()：此方法用于判断文件是否是一个普通文件，而不是目录。当且仅当对象表示的文件存在，且是一个普通文件时，方法的返回值为 true。

（5）public boolean isDirectory()：此方法用于判断文件是否是一个目录。当且仅当对象表示的目录存在，且是一个目录时，方法的返回值为 true。

（6）public String getName()：此方法用于返回不包括路径的文件名。

（7）public String getAbsolutePath()：此方法用于返回包括路径的文件名。

（8）public String getParent()：此方法用于返回此文件的父目录的路径。

（9）public boolean isHidden()：此方法用于判断此文件是否是隐藏文件。

（10）public long lastModified()：此方法用于返回此文件或文件夹最后被修改的时间。

（11）public String[] list()：此方法用于返回一个字符串数组，数组元素是对象所代表的目录下所有文件和文件夹的名字。

【例 10.1】 使用 File 类的成员方法获取文件属性。

程序代码如下：

```java
import java.io.File;
import java.util.Date;
public class Test {
    public static void main(String[] args) {
        File file = new File("D:\\JavaEx\\Exp10_1\\Test.java");
        System.out.println("此文件的简单文件名为" + file.getName());
        System.out.println("此文件的完整路径名为" + file.getAbsolutePath());
        System.out.println("此文件的父目录为" + file.getParent());
        System.out.println("此文件是一个普通文件吗?" + file.isFile());
        System.out.println("此文件是一个子目录吗?" + file.isDirectory());
        Date date = new Date(file.lastModified());
        System.out.println("此文件最后修改时间为" + (date.getYear() + 1900) + "年"
         + (date.getMonth() + 1) + "月" + date.getDate() + "日");
        System.out.println(" --------------------- ");
        File file1 = new File("D:\\JavaEx\\Exp10_1");
        String[] fileList = file1.list();
        System.out.println("此目录下包含以下文件");
        for(String name:fileList){
            System.out.println(name);
        }
    }
}
```

例 10.1 程序的运行结果如图 10.2 所示。

```
此文件的简单文件名为Test.java
此文件的完整路径名为D:\JavaEx\Exp10_1\Test.java
此文件的父目录为D:\JavaEx\Exp10_1
此文件是一个普通文件吗? true
此文件是一个子目录吗?false
此文件最后修改时间为2024年4月23日
---------------------
此目录下包含以下文件
Test.class
Test.java
```

图 10.2　例 10.1 程序的运行结果

10.2.3　操作文件

File 类提供了用于创建、删除文件的方法。

（1）public boolean createNewFile() throws IOException：此方法用于创建一个空的文件。如果创建成功，则返回 true；否则，此方法会抛出 IOException 异常。

（2）public boolean mkdir()：此方法用于创建一个文件夹，如创建成功，则返回 true；否则返回 false。

【例 10.2】 创建文件夹和文件。

本例演示使用 File 类的成员方法 mkdir() 和 createNewFile() 创建文件夹和文件。程序代码如下：

```java
import java.io.File;
```

```
import java.io.IOException;
public class Test {
    public static void main(String[] args) {
        File file = new File("D:\\JavaEx\\Exp10_2\\files");
        if(!file.exists()){
            if(file.mkdir()){
                System.out.println("文件夹创建成功");
            }
            else{
                System.out.println("文件夹创建失败");
            }
        }
        File file1 = new File("D:\\JavaEx\\Exp10_2\\files\\file.txt");
        if(!file1.exists()){
            try{
                if(file1.createNewFile()){
                    System.out.println("文件创建成功");
                }
            }
            catch(IOException e){
                System.out.println("文件创建失败");
            }
        }
    }
}
```

在程序中先使用 File 类的成员方法 mkdir()在 D 盘的路径 D:\\JavaEx\\Exp10_2 中创建了一个名为 files 的文件夹，然后在此文件夹中创建了一个名为 file.txt 的空的文本文件。

例 10.2 程序的运行结果如图 10.3 所示。

文件夹创建成功
文件创建成功

图 10.3 例 10.2 程序的
运行结果

运行以上程序之后，读者可以到计算机的 D 盘上去观察一下，看看程序是否成功创建了文件夹 files，文件夹 files 中是否有文件 file.txt。

（3）public boolean delete()：此方法删除当前 File 对象表示的文件或文件夹。如删除成功则返回 true；否则返回 false。

【例 10.3】 删除文件和文件夹。

本例使用 File 类的 delete()方法删除例 10.2 创建的文件和文件夹。程序代码如下：

```
import java.io.File;
public class Test {
    public static void main(String[] args) {
        File file = new File("D:\\JavaEx\\Exp10_2\\files\\file.txt");
        if(file.exists()){
            if(file.delete()){
                System.out.println("文件删除成功");
            }
            else{
                System.out.println("文件删除失败");
            }
        }
        file = new File("D:\\JavaEx\\Exp10_2\\files");
```

```
        if(file.exists()){
            if(file.delete()){
                System.out.println("文件夹删除成功");
            }
            else{
                System.out.println("文件夹删除失败");
            }
        }
    }
}
```

例 10.3 程序的运行结果如图 10.4 所示。

文件删除成功
文件夹删除成功

图 10.4　例 10.3 程序的运行结果

10.3　字节输入/输出流

Java 所有字节输入流类的父类是 InputStream 类，OutputStream 类是所有字节输出流类的父类。InputStream 类和 OutputStream 类都是抽象类，它们为其子类提供了一些用于实现字节输入/输出的常用方法及其功能描述，如表 10.1 和表 10.2 所示。

表 10.1　InputStream 类中的常用方法及其功能描述

方　　法	功　能　描　述
public int available()	返回可以从此输入流读取的字节数的估计值，当到达输入流的末尾时为 0
public abstract int read()	从输入流中读取下一字节的数据，如果到达流的末尾，则返回值为 −1
public int read(byte[] b)	从输入流中读取一定数量的字节，并将它们存储到字节数组 b 中。方法返回读取的字节总数；若读到输入流末尾，则返回 −1
public int read(byte[] b, int off, int len)	从输入流中读取最多 len 字节的数据，并将它们保存到字节数组 b 中从下标 off 开始的元素中。方法返回实际读取的字节总数，若读到流的末尾，则返回 −1
public void mark(int readlimit)	标记此输入流中的当前位置，对 reset() 方法的后续调用将此流重新定位在最后标记的位置。参数 readlimit 表示在标记位置变为无效之前可以读取的字节的最大限制
public void reset()	将此流重新定位到上次调用 mark() 方法时的位置
public long skip(long n)	从当前的读取位置开始，跳过并丢弃此输入流中的 n 个字节的数据，方法返回值为实际跳过的字节数
public void close()	关闭此输入流并释放与该流关联的所有系统资源

表 10.2　OutputStream 类中的常用方法及其功能描述

方　　法	功　能　描　述
public void write(byte[] b)	将指定字节数组 b 中的 b.length 字节写入此输出流
public void write(byte[] b, int off, int len)	将字节数组 b 中，从下标为 off 开始的 len 个字节写入此输出流
public abstract void write (int b)	将指定的字节写入此输出流，要写入的字节是参数 b 的 8 个低阶位。b 的 24 个高阶位被忽略
public void flush()	刷新此输出流并强制将之前缓冲的输出字节写入预期的目的地
public void close()	关闭此输出流并释放与此流关联的所有系统资源

表 10.1 中除 mark() 方法之外的所有方法都可能抛出 IOException 类型的异常。

表 10.2 中所有的方法都有可能抛出 IOException 类型的异常。

10.3.1 文件字节输入/输出流

FileInputStream 和 FileOutputStream 类是文件字节输入/输出流类，它们分别是 InputStream 和 OutputStream 类的子类。

FileInputStream 类有两个常用的构造方法及其功能描述，如表 10.3 所示。

表 10.3　FileInputStream 类的构造方法及其功能描述

构 造 方 法	功 能 描 述
public FileInputStream(File file)	以一个表示磁盘文件的 File 类对象为参数，为该文件创建一个 FileInputStream 类对象
public FileInputStream(String name)	为名为 name 的文件创建一个 FileInputStream 类对象

使用表 10.3 中的两个构造方法创建 FileInputStream 类对象时，如果文件不存在或因某种原因无法打开进行读取，则构造方法将抛出 FileNotFoundException 类型的异常。

表 10.4 列出了 FileOutputStream 类常用的构造方法及其功能描述。

表 10.4　FileOutputStream 类的构造方法及其功能描述

构 造 方 法	功 能 描 述
public FileOutputStream(File file)	为对象 file 表示的磁盘文件创建一个 FileOutputStream 类对象。参数 file 是 File 类的对象
public FileOutputStream(File file,boolean append)	为对象 file 表示的磁盘文件创建一个 FileOutputStream 类对象。参数 file 是 File 类的对象。参数 append 指定文件的写入方式，当 append 为 true 时，文件以追加的方式写入，即从原文件的末尾开始写入新的内容；否则将从文件的开头写入新的内容
public FileOutputStream(String name)	为名为 name 的文件创建一个 FileOutputStream 类对象。String 型参数 name 是文件的路径名，若文件不存在，则将自动创建该文件
public FileOutputStream(String name,boolean append)	为名为 name 的文件创建一个 FileOutputStream 类对象。String 型参数 name 是文件的路径名；参数 append 指定文件的写入方式，当 append 为 true 时，文件以追加的方式写入，即从原文件的末尾开始写入新的内容；否则将从文件的开头写入新的内容

当使用表 10.4 中的构造方法创建 FileOutputStream 类对象时，如果文件不存在且无法自动创建，或因某种原因无法打开进行写入，则构造方法将抛出 FileNotFoundException 类型的异常。

FileInputStream 类和 FileOutputStream 类为父类中的抽象方法提供了具体实现，以完成磁盘文件的读写操作。可以使用这些方法和它们从父类继承的方法操作文件读写。

【例 10.4】 使用文件字节输入/输出流，把一个字符串写入一个磁盘文件，再读取该文件，并将读取出的内容显示到控制台。

程序代码如下：

```
import java.io.File;
import java.io.FileInputStream;
import java.io.FileOutputStream;
import java.io.InputStream;
```

```
import java.io.OutputStream;

public class Test {
    public static void main(String[] args) {
        File file = new File("file.txt");
        byte[] b = new byte[30];
        String str1 = "好好学习,天天向上!";
        try {
            OutputStream out = new FileOutputStream(file);
            out.write(str1.getBytes());  //使用平台默认编码方式把字符串 str1 转换成字节数
                                          //组,再把该数组写入输出流
        }
        catch(Exception e) {
            System.out.println(e.getMessage());

        }

        try {
            InputStream in = new FileInputStream(file);
            int num = in.read(b);
            String str2 = new String(b);  //使用平台默认编码方式把字节数组 b 转换成字符串
            System.out.println("从文件中读取了" + num + "字节");
            System.out.println("文件内容: " + str2);

        }
        catch(Exception e) {

        }
    }
}
```

如上程序先把字符串"好好学习,天天向上!"转换成字节数组,然后使用文件字节输出流把该字节数组写入磁盘文件 file. txt,再使用文件字节输入流读取出磁盘文件的内容并在控制台输出。例 10.4 程序的运行结果如图 10.5 所示。

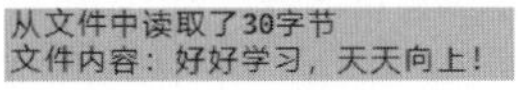

从文件中读取了**30字节**
文件内容:**好好学习,天天向上!**

图 10.5　例 10.4 程序的运行结果

10.3.2　缓冲字节输入/输出流

BufferedInputStream 和 BufferedOutputStream 称为缓冲字节输入/输出流,它们也是 InputStream 和 OutputStream 的派生类,它们的对象自带一个字节数组作为输入/输出缓冲区以提高读取和写入字节数据的效率。

编程时的常见做法是把一个基本流的对象包装成一个缓冲流对象,再使用这个缓冲流进行读写操作。表 10.5 是 BufferedInputStream 类的构造方法及其功能描述,表 10.6 列出了 BufferedOutputStream 类的构造方法及其功能描述。

表 10.5　**BufferedInputStream 类的构造方法及其功能描述**

构　造　方　法	功　能　描　述
public　BufferedInputStream （InputStream in）	为基本输入流对象 in 创建一个字节缓存输入流,即把作为参数的基本输入流对象 in 包装成一个字节缓冲输入流

续表

构 造 方 法	功 能 描 述
public BufferedInputStream（InputStream in，int size）	为基本输入流对象 in 创建一个字节缓存输入流，缓冲流中的缓冲区大小为 size 字节

表 10.6 BufferedOutputStream 类的构造方法及其功能描述

构 造 方 法	功 能 描 述
public BufferedOutputStream（OutputStream out）；	为基本输出流对象 out 创建一个字节缓存输出流，即把基本输出流对象 out 包装成一个字节缓存输出流对象
public BufferedOutputStream（OutputStream out，int size）	为基本输出流对象 out 创建一个字节缓存输出流，缓冲流中的缓冲区大小为 size 字节

BufferedInputStream 类和 BufferedOutputStream 类中只是实现了父类的抽象方法，并没有定义新的方法。

【例 10.5】 使用缓冲输入/输出流复制文件内容。

要求使用缓冲输入/输出流把当前程序源文件的内容复制给另一个文件。程序代码如下：

```java
import java.io.BufferedInputStream;
import java.io.BufferedOutputStream;
import java.io.File;
import java.io.FileInputStream;
import java.io.FileOutputStream;

public class Test {
    public static void main(String[] args) {
        File file = new File("Test.java");
        byte[] b = new byte[100];
        try {
            BufferedInputStream in = new BufferedInputStream(new FileInputStream(file));
            BufferedOutputStream out = new BufferedOutputStream(new FileOutputStream("copy.java",true));
            while(in.available()>100) {
                in.read(b);
                out.write(b);
            }
            int count = in.available();
            in.read(b,0,count);
            out.write(b,0,count);
            in.close();
            out.close();
        }
        catch(Exception e) {
            System.out.println(e.getMessage());
        }
    }
}
```

如上程序为当前程序源文件 Test.java 创建了一个 FileInputStream 类对象，然后将该文件输入流对象包装成一个 BufferedInputStream 类对象。为文件 copy.java 创建了一个 FileOutputStream 类对象,再把该文件输出流对象包装成一个 BufferedOutputStream 类对象。

依次读出文件 Test.java 中的内容,并把它们写入文件 copy.java 之中。

观察程序运行结果,在存放源文件 Test.java 的目录中将会出现一个名为 copy.java 的文件,其内容是文件 Test.java 的副本。

10.3.3　数据字节输入/输出流

DataInputStream 类和 DataOutputStream 类称为数据输入/输出流。它们提供了一系列方法便于输入和输出数据信息。

DataInputStream 类有一个构造方法:

```
public DataInputStream(InputStream in);
```

其功能是为基本输入流对象 in 创建一个 DataInputStream 对象。

DataOutputStream 类也只有一个构造方法:

```
public DataOutputStream(OutputStream out);
```

其功能是为基本输出流对象 out 创建一个 DataOutputStream 对象。

除了可以使用父类的方法进行输入和输出,DataInputStream 类和 DataOutputStream 类中还定义了从输入流读取和向输出流写入各种不同类型数据的方法,以便于数据信息的输入和输出。表 10.7 和表 10.8 分别列出了 DataInputStream 类和 DataOutputStream 类中定义的常用方法及其功能描述。

表 10.7　DataInputStream 类中定义的常用方法及其功能描述

方　　法	功　能　描　述
public final boolean readBoolean()	从输入流读取并返回一个 boolean 型值
public final byte readByte()	从输入流读取并返回一个 byte 型值
public final char readChar()	从输入流读取并返回一个 char 型值
public final double readDouble()	从输入流读取并返回一个 double 型值
public final float readFloat()	从输入流读取并返回一个 float 型值
public final int readInt()	从输入流读取并返回一个 int 型值
public final long readLong()	从输入流读取并返回一个 long 型值
public final short readShort()	从输入流读取并返回一个 short 型值
public final String readUTF()	从输入流读取并返回一个 UTF-8 编码格式的字符串

表 10.8　DataOutputStream 类中定义的常用方法及其功能描述

方　　法	功　能　描　述
public final void writeBoolean(boolean v)	将布尔值 v 作为 1 字节值写入基础输出流
public final void writeByte(int v)	向基础输出流写入参数 v 的最低阶字节
public final void writeBytes(String s)	将字符串作为字节序列写入基础输出流。字符串中的每个字符都是通过丢弃其高位八位按顺序写出的
public final void writeChar(int v)	将一个字符作为 2 字节的值写入基础输出流。参数 v 是字符的 Unicode 码值
public final void writeChars(String s)	将字符串 s 作为字符序列写入基础输出流
public final void writeDouble(double v)	将一个 double 型的值 v 写入基础输出流

续表

方　　法	功　能　描　述
public final void writeFloat(float v)	将一个 float 型的值 v 写入基础输出流
public final void writeInt(int v)	将一个 int 型的值 v 写入基础输出流
public final void writeLong(long v)	将一个 long 型的值 v 写入基础输出流
public final void writeShort(int v)	将一个 short 型的值 v 写入基础输出流
public final void writeUTF(String str)	将字符串 str 以 UTF-8 编码方式写入基础输出流

当使用表 10.7 中的方法读取数据时，如果读到了文件末尾，则会抛出 EOFException 类型的异常，所以在使用这些方法从文件中读取数据时，可以此作为读取文件结束的条件。如果读取数据失败，则会抛出 IOException 类型的异常。

当表 10.8 中的方法执行时，如果发生写入错误，则方法抛出 IOException 类型的异常。

【例 10.6】　使用 DataOutputStream 类向二进制文件中写入几个不同类型的数据，再使用 DataInputStream 类从该文件中读取出写入的数据，并在控制台输出。

程序代码如下：

```java
import java.io.DataInputStream;
import java.io.DataOutputStream;
import java.io.File;
import java.io.FileInputStream;
import java.io.FileOutputStream;

public class Test {
    public static void main(String[] args) {
        File file = new File("file.dat");
        try {
            FileInputStream fin = new FileInputStream(file);
            DataInputStream din = new DataInputStream(fin);
            FileOutputStream fout = new FileOutputStream(file);
            DataOutputStream dout = new DataOutputStream(fout);
            dout.writeChar(97);
            dout.writeDouble(123.45);
            dout.writeUTF("好好学习!天天向上!");
            char c = din.readChar();
            double d = din.readDouble();
            String str = din.readUTF();
            System.out.println(c);
            System.out.println(d);
            System.out.println(str);
            dout.close();
            din.close();
            fout.close();
            fin.close();
        }
        catch(Exception e) {
            System.out.println(e.getMessage());
        }
    }
}
```

在如上程序中,先为磁盘文件 file.dat 创建了一个 File 对象,然后以该对象为参数,为文件创建了文件输入/输出流对象 fin 和 fout,再把 fin 和 fout 包装成数据输入/输出流对象 din 和 dout。最后使用对象 dout 向磁盘文件 file.dat 写入了一个字符、一个双精度浮点数和一个字符串,再使用对象 din 把它们从文件中读取出来,并显示在屏幕上。例 10.6 程序的运行结果如图 10.6 所示。

```
a
123.45
好好学习! 天天向上!
```

图 10.6　例 10.6 程序的运行结果

10.3.4　对象输入/输出流

ObjectOutputStream 类是 OutputStream 类的子类,称为对象输出流。它可以把类的对象直接写到输出流中,这个过程称为对象序列化。并不是所有类的对象都可以被序列化,一个类必须实现 java.io 包中的 Serializable 接口,它的对象才能被序列化。例如,JDK 中的 String 类和 Date 类就实现了 Serializable 接口,所以它们的对象就可以被序列化。Serializable 接口中没有声明任何属性和方法,它只用于标识可序列化的语义。这种接口称为标志接口。

ObjectInputStream 类是 InputStream 类的子类,称为对象输入流。它可以把被序列化的对象读取到程序中,这个过程称为反序列化。

当分别与 FileOutputStream 和 FileInputStream 一起使用时,ObjectOutputStream 和 ObjectInputStream 可以为应用程序提供对象的持久存储。

以下分别介绍 ObjectOutputStream 和 ObjectInputStream 类中的方法。

1. ObjectOutputStream 类

ObjectOutputStream 类的构造方法签名如下:

```
public ObjectOutputStream(OutputStream out);
```

此构造方法用于为指定的输出流 out 创建一个 ObjectOutputStream 对象。

ObjectOutputStream 类中最重要的方法是 writeObject(),其方法签名如下:

```
public final void writeObject(Object obj);
```

此方法可以将参数对象 obj 写入输出流,即序列化对象 obj。

除 writeObject()方法之外,ObjectOutputStream 类中还包括 DataOutputStream 类中的所有 writeXxx()方法,如 writeInt()、writeDouble()等方法。

2. ObjectInputStream 类

ObjectInputStream 类的构造方法签名如下:

```
public ObjectInputStream(InputStream in);
```

此构造方法用于为指定的输入流对象 in 创建一个 ObjectInputStream 对象。

ObjectInputStream 类中最重要的方法是 readObject()方法,其方法签名如下:

```
public final Object readObject();
```

此方法用于从输入流中读取一个对象。

除 readObject()方法之外,ObjectInputStream 类中还具有 DataInputStream 类中所有的 readXxx()方法,如 readInt()、readChar()等方法。

下面以实例说明对象序列化和反序列化的过程。

【例 10.7】 创建一个表示学生的类 Student，令 Student 类实现 Serializable 接口。创建 Student 类的对象并将其存储到磁盘文件中，然后再从文件中读取出存储的对象。

程序代码如下：

```java
//Student 类
import java.io.Serializable;
public class Student implements Serializable{
    private int id;
    private String name;
    private char sex;
    private int age;
    public Student() {}
    public Student(int id,String name,char sex,int age) {
        this.id = id;
        this.name = name;
        this.sex = sex;
        this.age = age;
    }
    public int getId() {
        return id;
    }
    public void setId(int id) {
        this.id = id;
    }
    public String getName() {
        return name;
    }
    public void setName(String name) {
        this.name = name;
    }
    public char getSex() {
        return sex;
    }
    public void setSex(char sex) {
        this.sex = sex;
    }
    public int getAge() {
        return age;
    }
    public void setAge(int age) {
        this.age = age;
    }
}
//Test 类
import java.io.File;
import java.io.FileInputStream;
import java.io.FileOutputStream;
import java.io.ObjectInputStream;
import java.io.ObjectOutputStream;

public class Test {
    public static void main(String[] args) {
        Student stu1 = new Student(1001,"李强",'男',19);
        Student stu2 = new Student(1002,"张咏梅",'女',19);
```

```
File file = new File("mess.dat");
try {
    FileOutputStream fout = new FileOutputStream(file);
    ObjectOutputStream oout = new ObjectOutputStream(fout);
    oout.writeObject(stu1);
    oout.writeObject(stu2);
    oout.close();
    fout.close();
}
catch(Exception e) {
    System.out.println(e.getMessage());
}
try {
    FileInputStream fin = new FileInputStream(file);
    ObjectInputStream oin = new ObjectInputStream(fin);
    Student stu3 = (Student)oin.readObject();
    Student stu4 = (Student)oin.readObject();
    System.out.println("输出序列化的学生信息：");
    System.out.println("学生" + stu3.getName() + "的学号为" + stu3.getId());
    System.out.println("学生" + stu4.getName() + "的学号为" + stu4.getId());
    oin.close();
    fin.close();

}
catch(Exception e) {
    System.out.println(e.getMessage());
}
    }
}
```

程序中为二进制文件 mess.dat 创建了文件输出流对象 fout，并把它包装成一个对象输出流 oout，再把 Student 类的两个对象保存到文件中。

然后，为二进制文件 mess.dat 创建了文件输入流对象 fin，并把它包装成一个对象输入流 oin，通过 oin 从文件中读取出保存的对象，并在控制台显示相关信息。

例 10.7 程序的运行结果如图 10.7 所示。

如果要把类家族中多个不同类型的对象存储到文件中，应使用数组来实现。JDK 提供的泛型类 ArrayList <> 实现了 Serializable 接口，它的实例也是一个独立的对象。

```
输出序列化的学生信息：
学生李强的学号为1001
学生张咏梅的学号为1002
```
图 10.7　例 10.7 程序的运行结果

所以可以进行序列化。例 10.8 演示了把一个类家族中不同类型的对象保存到 ArrayList 数组对象中，并把数组进行序列化和反序列化的过程。

【例 10.8】 创建 Shape 类家族，其中 Shape 类是代表图形的抽象基类，Circle 和 Rectangle 是 Shape 类的两个子类，分别代表圆和矩形。创建一个 ArrayList < Shape >类型的数组，其中保存几个 Circle 和 Rectangle 类对象；先把 ArrayList < Shape >数组保存到磁盘文件中，再从文件中读取该数组，并输出其中保存的图形信息。

程序代码如下：

```
//Shape 类
import java.io.Serializable;          //数组中保存的对象类型也必须实现 Serializable 接口
public abstract class Shape implements Serializable {
```

```java
        protected double area = 0;
        public Shape(){
        }
        public abstract double getArea();
}
//Circle 类
public class Circle extends Shape {
        private double radius;
        public Circle() {
            radius = 1.0;
        }
        public Circle(double radius) {
            this.radius = radius;
        }
        public double getRadius() {
            return radius;
        }
        public void setRadius(double radius) {
            this.radius = radius;
        }
        @Override
        public double getArea() {
            area = 3.14 * radius * radius;
            return area;
        }
        @Override
        public String toString() {
            return "半径为" + radius + "的圆";
        }
}
//Rectangle 类
public class Rectangle extends Shape {
        private double width;
        private double height;
        public Rectangle() {
            width = 1.0;
            height = 1.0;
        }
        public Rectangle(double width, double height) {
            this.width = width;
            this.height = height;
        }
        public double getWidth() {
            return width;
        }
        public void setWidth(double width) {
            this.width = width;
        }
        public double getHeight() {
            return height;
        }
        public void setHeight(double height) {
            this.height = height;
        }
```

```java
    @Override
    public double getArea() {
        area = width * height;
        return area;
    }
    @Override
    public String toString() {
        return "宽为" + width + "高为" + height + "的矩形";
    }
}
//主类 Test
import java.io.File;
import java.io.FileInputStream;
import java.io.FileOutputStream;
import java.io.ObjectInputStream;
import java.io.ObjectOutputStream;
import java.util.ArrayList;

public class Test {
    public static void main(String[] args) {
        ArrayList<Shape> array = new ArrayList<Shape>();
        Shape s1 = new Circle(10);
        Shape s2 = new Circle(20);
        Shape s3 = new Rectangle(5,8);
        Shape s4 = new Rectangle(10,15);
        array.add(s1);
        array.add(s2);
        array.add(s3);
        array.add(s4);
        File file = new File("cfile.dat");
        try {
            FileOutputStream fout = new FileOutputStream(file);
            ObjectOutputStream oout = new ObjectOutputStream(fout);
            oout.writeObject(array);         //序列化数组
            oout.close();
            fout.close();
        }
        catch(Exception e) {
            System.out.println(e.getMessage());
        }
        try {
            FileInputStream fin = new FileInputStream(file);
            ObjectInputStream oin = new ObjectInputStream(fin);
            ArrayList<Shape> arrin = (ArrayList<Shape>)oin.readObject();//反序列化数组
            displayMessage(arrin);
            oin.close();
            fin.close();
        }
        catch(Exception e) {
            System.out.println(e.getMessage());
        }
    }
    public static void displayMessage(ArrayList<Shape> shapes) {
        for(Shape shape:shapes) {
```

```
            System.out.println(shape + "的面积为" + shape.getArea());
        }
    }
}
```

在程序中创建了一个 ArrayList < Shape > 型数组 array,向其中存放两个 Circle 对象和两个 Rectangle 对象。把数组 array 存储到磁盘文件 cfile.dat 中,再从文件中读取数组,并输出了其中保存的图形对象的相关信息。例 10.8 程序的运行结果如图 10.8 所示。

```
半径为10.0的圆的面积为314.0
半径为20.0的圆的面积为1256.0
宽为5.0高为8.0的矩形的面积为40.0
宽为10.0高为15.0的矩形的面积为150.0
```

图 10.8　例 10.8 程序的运行结果

10.4　字符输入/输出流

Java 字符流的父类是字符输入流类 Reader 和字符输出流类 Writer。Reader 和 Writer 是两个抽象类,它们为子类提供了一些实用方法和抽象方法,如表 10.9 和表 10.10 所示。

表 10.9　Reader 类中的常用方法及其功能描述

方　　法	功　能　描　述
public int read()	从输入流读取一个字符。方法的返回值是 0～65 535 范围内的一个整数,即读取字符的 Unicode 码值。如果已经读到了流的末尾,则返回值为−1
public int read(char[] cbuf)	从输入流中读取若干字符,并把它们保存在字符数组 cbuf 中。返回值是实际读取的字符数,如果读到流的末尾,则返回−1
public abstract int read(char[] cbuf,int off,int len)	从输入流中最多读取 len 个字符,并把它们存储到字符数组 cbuf 的从下标 off 开始的元素中。返回值是实际读取的字符数,如果读到流的末尾,则返回−1
public void mark(int readAheadLimit)	标记流中的当前位置。随后对 reset()方法的调用将尝试把流重新定位到此点。参数 readAheadLimit 是在保留标记的同时可以读取的字符数的限制。即读取这么多字符后,尝试使用 reset()方法重置流可能会失败
public void reset()	将流的读取位置重置到使用 mark()方法标记的位置
public long skip(long n)	将输入流的读取指针跳过 n 个字符。返回值为实际跳过的字符数目
public abstract void close()	关闭流并释放与其关联的所有系统资源

表 10.9 中的所有方法在执行时如果出现输入错误,都会抛出 IOException 类型的异常。

表 10.10　Writer 类中的常用方法及其功能描述

方　　法	功　能　描　述
public Writer append(char c)	将参数字符 c 追加写入输出流
public Writer append(CharSequence csq)	将指定的字符序列 csq 列追加输出到此输出流。参数 csq 是接口 CharSequence 的一个实例,字符串 String 类就实现了这个接口,所以参数 csq 可以是一个字符串
public void write(char[] cbuf)	将字符数组 cbuf 写到输出流中
public abstract void write(char[] cbuf,int off,int len)	将字符数组 cbuf 中从下标为 off 开始的 len 个字符写到输出流中

续表

方　　法	功 能 描 述
public void write(int c)	向输出流写入一个单个字符。参数 c 的两个低阶字节是字符的 Unicode 码值
public void write(String str)	将参数字符串 str 写入输出流
public void write(String str, int off, int len)	将参数字符串 str 中从下标为 off 开始的 len 个字符写入输出流
public abstract void flush()	刷新流，即将保存在输出缓冲区中的字符或字符串立即写入预期的目的地
public abstract void close()	关闭流并释放与其关联的所有系统资源

表 10.10 中的方法在执行时如果发生了输出错误，都会抛出 IOException 类型的异常。

10.4.1　文件字符输入/输出流

FileReader 类是 Reader 的派生类，使用它可以从文件中读取字符数据；FileWriter 类是 Writer 类的派生类，使用它可以向文件中写入数据。表 10.11 和表 10.12 列出了 FileReader 类和 FileWriter 类的常用构造方法及其功能描述。

表 10.11　FileReader 类的常用构造方法及其功能描述

构 造 方 法	功 能 描 述
public FileReader(File file)	为参数 file 表示的磁盘文件创建一个 FileReader 对象。file 是 File 类型的对象
public FileReader(String fileName)	为参数所表示的磁盘文件创建一个 FileReader 对象，参数 fileName 是欲读取文件的文件名

表 10.12　FileWriter 类的常用构造方法及其功能描述

构 造 方 法	功 能 描 述
public FileWriter(File file)	为参数 file 表示的磁盘文件创建一个 FileWriter 对象，file 是 File 类型的对象
public FileWriter(File file, boolean append)	为参数 file 表示的磁盘文件创建一个 FileWriter 对象，file 是 File 类型的对象；参数 append 的值如果为真，则对文件进行追加写入，即每次都从文件尾部开始写入字符数据；否则，每次写入操作都从文件首部开始
public FileWriter(String fileName)	为参数 fileName 表示的磁盘文件创建一个 FileWriter 对象，fileName 是存储文件名的字符串
public FileWriter(String fileName, boolean append)	为参数 fileName 表示的磁盘文件创建一个 FileWriter 对象，fileName 是存储文件名的字符串，参数 append 的值如果为真，则对文件进行追加写入，即每次都从文件尾部开始写入字符数据；否则，每次写入操作都从文件首部开始

在执行表 10.11 中的构造方法时，如果磁盘文件不存在，或文件是子目录，或者因某些因素导致文件无法打开，构造方法将抛出 FileNotFoundException 类型的异常。

当执行表 10.12 中的构造方法时，如果欲创建输出流的文件不存在，则会自动创建该文件；如果文件是子目录，或者因某些因素导致文件无法打开，构造方法将抛出 IOException 类型的异常。

FileReader 类和 FileWriter 类都使用从父类继承的方法进行文件的读取和写入操作，

它们本身并未声明新的方法。

【例 10.9】 使用字符文件输入/输出流读写文件。先使用 FileWriter 将字符串写入文件，再使用 FileReader 读取写入的内容。

程序代码如下：

```java
import java.io.File;
import java.io.FileReader;
import java.io.FileWriter;

public class Test {

    public static void main(String[] args) {
        File file = new File("file.txt");
        try {
            FileWriter fout = new FileWriter(file);
            fout.write("好好学习!天天向上!\n牢记使命!勇于创新!\n为祖国富强勇攀高峰!");
            fout.close();
        }
        catch(Exception e) {
            System.out.println(e.getMessage());

        }
        try {
            FileReader fin = new FileReader(file);
            char[] cbuf = new char[100];
            int num = fin.read(cbuf);
            String str = new String(cbuf);
            String[] strs = str.split("\n");
            int rowNum = strs.length;
            System.out.println("文件中共有" + rowNum + "行字符串和" + num + "个字符,文件内容是: ");
            for(String st:strs) {
                System.out.println(st);
            }
            fin.close();
        }
        catch(Exception e) {
            System.out.println(e.getMessage());
        }
    }
}
```

程序先使用 FileWriter 对象向文本文件中写入几行字符串，然后使用 FileReader 对象从文件中读取出全部内容，再计算出文件的行数和字符数，并输出相关内容。

例 10.9 程序的运行结果如图 10.9 所示。

```
文件中共有3行字符串和32个字符,文件内容是:
好好学习! 天天向上!
牢记使命! 勇于创新!
为祖国富强勇攀高峰!
```

图 10.9　例 10.9 程序的运行结果

10.4.2　缓冲字符输入/输出流

BufferedReader 和 BufferedWriter 类分别是 Reader 和 Writer 的子类,它们为字符或字符串的输入和输出提供缓冲区以提高输入和输出的效率。

编程时为了提高输入/输出操作的效率,可以将基本字符输入/输出流包装成缓冲字符输入/输出流。

表 10.13 和表 10.14 列出了 BufferedReader 和 BufferedWriter 类的构造方法及其功能描述。

表 10.13　**BufferedReader 类的构造方法及其功能描述**

构 造 方 法	功 能 描 述
public BufferedReader(Reader in)	使用默认大小的输入缓冲区,为基本字符输入流 in 创建字符缓冲输入流
public BufferedReader(Reader in, int sz)	为基本字符输入流 in 创建缓冲区大小为 sz 个字符的字符缓冲输入流

表 10.14　**BufferedWriter 类的构造方法及其功能描述**

构 造 方 法	功 能 描 述
public BufferedWriter(Writer out)	使用默认大小的输出缓冲区,为基本字符输出流 out 创建字符缓冲输出流
public BufferedWriter(Writer out, int sz)	为基本字符输出流 out 创建缓冲区大小为 sz 的字符缓冲输出流

当使用表 10.13 中的第 2 个构造方法创建 BufferedReader 对象时,如果设置的缓冲区大小 sz 小于或等于 0,则构造方法将抛出 IllegalArgumentException 类型的异常。

当使用表 10.14 中的第 2 个构造方法创建 BufferedWriter 对象时,如果设置的缓冲区大小 sz 小于或等于 0,则构造方法将抛出 IllegalArgumentException 类型的异常。

除继承父类 Reader 的方法之外,BufferedReader 类还提供了一个新的方法 readLine()。方法签名如下:

```java
public String readLine();
```

此方法从输入流中读取并返回一行字符串。如果读到输入流末尾,则返回 null。

除继承自父类 Writer 的方法之外,BufferWriter 类也提供了一个新的方法 newLine()。方法签名如下:

```java
public void newLine();
```

此方法用于向输出流写入一个换行符。因为有些系统有可能不是使用"\n"作为换行符,所以在输出到行尾时,最好调用此方法实现换行。

【例 10.10】　使用 BufferedReader 类和 BufferedWriter 类复制文本文件。

程序代码如下:

```java
import java.io.BufferedReader;
import java.io.BufferedWriter;
import java.io.File;
import java.io.FileReader;
import java.io.FileWriter;
```

```
import java.util.ArrayList;

public class Test {
    public static void main(String[] args) {
        File file1 = new File("file1.txt");
        ArrayList<String> strs = new ArrayList<String>();
        try {
            BufferedReader in = new BufferedReader(new FileReader(file1));
            String row;
            while((row = in.readLine())!= null)
            strs.add(row);
            in.close();
        }
        catch(Exception e) {
            System.out.println(e.getMessage());
        }
        File file2 = new File("file2.txt");
        try {
            BufferedWriter out = new BufferedWriter(new FileWriter(file2));
            for(String str:strs) {
                out.write(str);
                out.newLine();
            }
            out.close();

        }
        catch(Exception e) {
            System.out.println(e.getMessage());
        }
    }
}
```

程序先为文本文件 file1. txt 创建 FileReader 对象，再将其包装成 BufferedReader 对象，然后使用 BufferedReader 对象逐行读取出文件的内容并保存到一个 ArrayList<String>型的数组 strs 中。

接下来为文件 file2. txt 创建 FileWriter，再把它包装成 BufferWriter。然后使用 BufferWriter 将 ArrayList<String>型的数组 strs 中保存的内容逐行写入文件 file2. txt 中。这样就把 file1. txt 的内容复制到文件 file2. txt 中。

10.5　随机访问文件流

除 10.3 节和 10.4 节介绍的输入/输出流之外，Java 还提供了一个功能强大的输入/输出流类用来访问文件——RandomAccessFile。不同于其他输入/输出流，RandomAccessFile 既可以从文件中读取数据，也可以向文件中写入数据。RandomAccessFile 的父类是 Object 类。

RandomAccessFile 以字节为单位访问文件，它使用一个类似于游标的文件指针来控制文件的读写操作。操作开始时，文件指针位于文件首部。当从文件输入数据时，从当前文件指针所在的位置开始读取字节，并使文件指针前移到读取结束的位置；当向文件输出数据时，从当前文件指针所在的位置开始向文件写入字节，同时前移文件指针到写入结束的位置。RandomAccessFile 类还提供了控制文件指针位置的方法。

表 10.15 列出了 RandomAccessFile 类的构造方法及其功能描述。

表 10.15　RandomAccessFile 类的构造方法及其功能描述

构 造 方 法	功 能 描 述
public RandomAccessFile(File file, String mode)	为参数 file 代表的文件创建一个随机访问流。参数 file 是 File 类型的对象；参数 mode 指定访问模式，其取值如表 10.16 所示
public RandomAccessFile(String name, String mode)	为参数 name 代表的文件创建一个随机访问流。参数 name 是指定文件名的字符串；参数 mode 指定访问模式，其取值如表 10.16 所示

在使用表 10.15 中的构造方法创建随机流对象时，如果参数 mode 的取值不在表 10.16 中，则将抛出 IllegalArgumentExceptio 类型的异常。

表 10.16　参数 mode 的取值及含义

mode 的值	含　　义
"r"	以只读的方式访问文件，调用随机流对象的任何写入方法都会引发 IOException 类型的异常
"rw"	以读写的方式访问文件，如果该文件不存在，则将尝试创建它
"rws"	以读写的方式访问文件，还要求对文件内容或元数据的每次更新都同步写入底层存储设备
"red"	以读写的方式访问文件，还要求对文件内容的每次更新都同步写入底层存储设备

如果参数 mode 的值为"r"，但要访问的文件不存在，或不是常规文件，则将抛出 FileNotFoundException 类型的异常。

如果参数 mode 的值为"rw"，但要访问的文件不是常规文件，或无法成功创建该文件，或打开或创建文件时发生其他错误，也将抛出 FileNotFoundException 类型的异常。

RandomAccessFile 类提供了很多读写文件的方法，如表 10.17 所示。

表 10.17　RandomAccessFile 类的常用方法及其功能描述

方　　法	功 能 描 述
public long length()	以字节为单位，返回文件的长度
public int read()	从该文件中读取一字节的数据，返回值是 0～255 范围内的整数，如果已到达文件末尾，则返回－1
public int read(byte[] b)	从文件中读取最多 b.lenght 字节的数据，并把它们保存到数组 b 中。方法返回实际读取的字节数；如果已到达文件末尾，则返回－1
public int read(byte[] b, int off, int len)	从文件中读取最多 len 字节，把它们保存到数组 b 的从下标 off 开始的元素里。方法返回实际读取的字节数；如果已到达文件末尾，则返回－1
public final boolean readBoolean()	从文件中读取一个 boolean 类型的值，如果已到达文件末尾，则抛出 EOFException 类型的异常
public final byte readByte()	从文件中读取一字节，如果已到达文件末尾，则抛出 EOFException 类型的异常
public final char readChar()	从文件中读取一个字符，如果已到达文件末尾，则抛出 EOFException 类型的异常
public final double readDouble()	从文件中读取一个 double 型的值，如果已到达文件末尾，则抛出 EOFException 类型的异常

续表

方　　法	功 能 描 述
public final float readFloat()	从文件中读取一个 float 型的值，如果已到达文件末尾，则抛出 EOFException 类型的异常
public final int readInt()	从文件中读取一个 int 型的值，如果已到达文件末尾，则抛出 EOFException 类型的异常
public final String readLine()	从文件中读取一行字符串，如果已到达文件末尾，则返回值为 null
public final long readLong()	从文件中读取一个 long 型的值，如果已到达文件末尾，则抛出 EOFException 类型的异常
public final short readShort()	从文件中读取一个 short 型的值，如果已到达文件末尾，则抛出 EOFException 类型的异常
public final String readUTF()	从文件中读取一个 UTF-8 编码方式的字符串，如果在读取所有字节之前到达文件尾部，则抛出 EOFException 类型的异常
public void write(byte[] b)	将字节数组 b 中的 b. lenght 字节写入文件
public void write(byte[] b, int off, int len)	将字节数组 b 中的从下标 off 开始的 len 个元素写入文件
public void write(int b)	将参数 b 的低阶字节写入文件
public final void writeBoolean (boolean v)	将 boolean 型的值 v 写入文件
public final void writeByte (int v)	将参数 v 的低阶字节写入文件
public final void writeBytes (String s)	将字符串作为字节序列写入文件。字符串中的每个字符都是通过丢弃其高位 8 位按顺序写出的
public final void writeChar (int v)	将参数 v 的两个低阶字节作为一个 char 的编码写入文件。两个字节中的高阶字节优先写入文件
public final void writeChars (String s)	将字符串作为一系列字符写入文件。每个字符都像通过 writeChar()方法一样写入文件
public final void writeDouble (double v)	将 double 类型的参数 v 转换成包含 8 字节的字节序列(long)，然后将该字节序列写入文件
public final void writeFloat (float v)	将 float 类型参数 v 转换成 4 字节的字节序列(int)，然后将该字节序列写入文件
public final void writeInt(int v)	将一个 int 以 4 字节的形式写入文件，高位字节优先写入
public final void writeLong (long v)	以 8 字节的形式将 long 型的值写入文件，高位字节优先写入
public final void writeShort (int v)	将一个 short 型的值以 2 字节的形式写入文件，高位字节优先写入
public final void writeUTF (String str)	将参数字符串 str 以 UTF-8 的编码方式写入文件
public long getFilePointer()	此方法返回文件指针的当前位置，及相对于文件开始处的偏移值
public int skipBytes(int n)	使文件指针在当前流中跳过 n 字节，方法返回实际跳过的字节数
public void seek(long pos)	将文件指针设置到参数 pos 指定的位置。参数 pos 是以字节为单位的相对于文件开始位置的偏移值

续表

方 法	功 能 描 述
public void setLength (long newLength)	设置此文件的长度

【例 10.11】 使用随机流先将一首唐诗写入磁盘文件中,然后再使用随机流从文件中逐行读取并输出这首唐诗。

程序代码如下:

```java
import java.io.File;
import java.io.RandomAccessFile;
public class Test {
    public static void main(String[] args) {
        File file = new File("file.dat");
        try {
            RandomAccessFile af = new RandomAccessFile(file,"rw");
            byte[] b1 = "白日依山尽,\n黄河入海流。\n欲穷千里目,\n更上一层楼。".getBytes();
            af.write(b1);
            af.seek(0);            //将文件指针重新设置到文件首部
            String str;
            while((str = af.readLine())!= null){
                //如下两条语句是为了消除中文信息的乱码现象
                byte[] b2 = str.getBytes("ISO 8859 - 1");
                //使用 ISO 8859-1 编码方式将字符串 str 解码成一个字符数组 b2
                String str1 = new String(b2,"GB2312");
                //将字符数组 b2 以 GB2312 编码方式编码成一个字符串
                System.out.println(str1);

            }
            af.close();
        }
        catch(Exception e) {
            System.out.println(e.getMessage());
        }
    }
}
```

如上程序先把一首唐诗使用平台默认编码方式编码成一个字节数组,再把此字节数组使用随机流写入磁盘文件。然后使用随机流逐行读取文件中的文本,并将文本输出到控制台。

例 10.11 程序的运行结果如图 10.10 所示。

白日依山尽,
黄河入海流。
欲穷千里目,
更上一层楼。

图 10.10 例 10.11 程序的运行结果

10.6 小结

可以为磁盘文件创建 File 类的对象,使用该对象可以创建文件、删除文件、读取文件的各种属性,但不能进行文件的输入和输出操作。

Java 输入/输出流分两大类——字节流和字符流。字节流以字节为单位进行输入和输出;字符流以字符为单位实现输入和输出操作。

InputStream 是所有字节输入流的父类;OutputStream 是所有字节输出流的父类。

FileInputStream 和 FileOutputStream 是 InputStream 和 OutputStream 的派生类,它们以字节为单位读取文件中的数据或向文件写入数据。

BufferedInputStream 和 BufferedOutputStream 是 InputStream 和 OutputStream 的派生类,称为缓冲字节输入/输出流。它们在进行读/写操作时,使用缓冲区提升读/写效率。可以为基本流 FileInputStream 和 FileOutputStream 的对象创建缓冲流对象,再用缓冲流对象实现文件的输入和输出操作。

DataInputStream 和 DataOutputStream 称为数据字节输入/输出流,它们也是 InputStream 和 OutputStream 的派生类。DataInputStream 和 DataOutputStream 提供了一些实用的方法,这些方法可以很方便地实现各种不同类型的数据信息的输入和输出操作。可以把基本流 FileInputStream 和 FileOutputStream 的对象包装成数据流对象,再使用数据流实现文件的读取和写入操作。

ObjectInputStream 和 ObjectOutputStream 是 InputStream 和 OutputStream 的派生类,称为对象输入/输出流。它们除具有 DataInputStream 和 DataOutputStream 的全部功能之外,还可以将类的对象写入输出流,或从输入流中读取类的对象。可以为基本流 FileInputStream 和 FileOutputStream 的对象创建 ObjectInputStream 和 ObjectOutputStream 对象,这样就可以使用对象输出流把类的对象保存到磁盘文件中,这个过程称为"对象序列化"。一个类只有实现了 Serializable 接口,它的对象才能被序列化;也可以使用对象输入流从磁盘文件中读取被序列化的对象,这个过程称为"反序列化"。

Reader 和 Writer 是所有字符输入/输出流的父类。

FileReader 和 FileWriter 是 Reader 和 Writer 的派生类,用于以字符为单位对磁盘文件进行读/写操作。

BufferedReader 和 BufferedWriter 也是 Reader 和 Writer 的派生类,称为字符缓冲输入/输出流。它们在进行输入/输出操作时,使用缓冲区提高输入/输出的效率。BufferedReader 类声明了一个 readLine() 方法,用于从输入流中读取一行字符串;BufferWriter 类声明了一个 newLine() 方法,用于向输出流写入一个换行符。可以将基本流 FileReader 和 FileWriter 对象包装成 BufferedReader 和 BufferedWriter 对象,再使用缓冲流对象实现文件的读/写操作。

Java 还提供了一个特殊的输入/输出流类——RandomAccessFile,称为随机文件访问流。RandomAccessFile 类的对象既可以从文件读取数据,也可以向文件写入数据。随机流提供了大量的读取数据和写入数据的方法,还可以操作文件指针,从文件中的指定位置读取数据,或向文件中的指定位置写入数据。

第11章

泛型编程和集合类

Java 提供了实现各种集合的类,如 List(列表)、Stack(栈)、Queue(队列)、Set(集合)、Map(映射集)等,这些类统称 Java 集合框架。Java 集合类都是泛型类。本章先介绍泛型编程的概念,然后介绍几种常用的 Java 集合类。

11.1 泛型编程

在前面的章节中创建类时,声明类的数据成员、成员方法的参数、方法的返回值时,使用的都是具体的数据类型。例如:

```
public class Circle{
    private double radius;
    public double getRadius(){
        return radius;
    }
    public void setRadius(double radius){
        this.radius = radius;
    }
    …
}
```

在如上程序中声明了一个 Circle 类,其中数据成员 radius 的数据类型为 double 型,方法 getRadius()的返回值和方法 setRadius()的参数的类型也都是 double 型。

所谓"泛型编程"指数据类型参数化。在创建类时,使用参数代替类中的具体数据类型,这种类称为泛型类。在创建泛型类对象时,再用具体的数据类型取代类声明中表示数据类型的参数。

在声明泛型类时,类名后面必须紧跟一对尖括号,尖括号中列出所有的泛型参数,一个泛型参数就代表一种数据类型。例如:

```
public class Circle< T >{
    private T radius;
    public T getRadius(){
        return radius;
    }
    public void setRadius(T radius){
        this.radius = radius;
    }
    …
}
```

在如上程序代码中创建了一个泛型类 Circle，T 是泛型参数，类中的数据成员 radius、方法 getRadius() 的返回值、方法 setRadius() 的参数的类型都是 T。也可以根据需求选择其他字母表示泛型参数。泛型参数通常用英文大写字母表示，可以同时声明多个泛型参数，它们之间用逗号分隔。

在创建泛型类对象时，必须在类名后的尖括号里指明取代泛型参数的具体数据类型。例如：

```
Circle < Double > circle1 = new Circle < Double >();        //(1)
Circle < Integer > circle2 = new Circle < Integer >();      //(2)
```

如上第(1)条语句在创建泛型类 Circle 的对象 circle1 时，用具体类型 Double 取代了泛型参数 T。现在对象 circle1 中的数据成员 radius、方法 getRadius() 的返回值以及方法 setRadius() 的参数的类型就都是 Double 型；第(2)条语句在创建对象 circle2 时，用具体类型 Integer 取代了泛型参数 T。现在对象 circle2 中的数据成员 radius、方法 getRadius() 的返回值以及方法 setRadius() 的参数的类型就都是 Integer 型。需要注意，Java 规定泛型参数代表的数据类型必须是引用类型，不能是简单类型。所以如下语句是错误的，因为 double 是简单类型。

```
Circle < double > circle1 = new Circle < double >();
```

下面以实例演示怎样创建并使用泛型类。

【例 11.1】 "栈"是一种"后进先出"的线性数据结构，元素的入栈和出栈都是从栈顶进行的。本例要求创建表示"栈"的泛型类 MyStack < T >，泛型参数 T 表示栈中元素的数据类型。再使用此泛型类创建两个具体的栈对象：一个用于存储整数，另一个用于存储字符串。

程序代码如下：

```java
//泛型类 MyStack < T >
public class MyStack < T > {
    private T[ ] array;
    private int top;
    public MyStack(){
        array = (T[ ])new Object[16];
        top = 0;
    }
    public MyStack(int size) {
        array = (T[ ])new Object[size];
        top = 0;
    }
    public void push(T element) {
        if(top < array.length)
            array[top++] = element;
        else {
            append();
            array[top++] = element;
        }
    }
    public Tpop() {
        return array[ -- top];
    }
```

```
        public Tpeek() {
            return array[top - 1];
        }
        public boolean isEmpty() {
            return top == 0;
        }
        public int getNumberOfElement() {
            return top;
        }
        private void append() {
            int capacity = array.length * 2;
            T[] newArray = (T[])new Object[capacity];
            for(int i = 0;i < array.length;i++) {
                newArray[i] = array[i];
            }
            array = newArray;
        }
}
//程序主类 Test
public class Test {
    public static void main(String[] args) {
        MyStack < Integer > IntStack = new MyStack < Integer >(4);
        IntStack.push(1);
        IntStack.push(2);
        IntStack.push(3);
        IntStack.push(4);
        IntStack.push(5);
        IntStack.push(6);
        System.out.println("栈中包含" + IntStack.getNumberOfElement() + "个元素: ");
        while(!IntStack.isEmpty()) {
            System.out.print(IntStack.pop() + " ");
        }
        System.out.println();
        MyStack < String > strStack = new MyStack < String >();
        strStack.push("你好!");
        strStack.push("欢迎学习 Java 泛型编程");
        strStack.push("深入学习理论,勇于开拓创新!");
        System.out.println("栈中包含" + strStack.getNumberOfElement() + "个字符串: ");
        while(!strStack.isEmpty()) {
            System.out.println(strStack.pop());
        }
    }
}
```

泛型类 MyStack < T >中声明了两个数据成员,其中数组 array 用于保存栈中的元素,其数据类型为泛型参数 T;整型数据成员 top 是栈顶指针,它总是指向栈顶元素的前面的位置,它同时还能表示栈中保存的元素的个数。

泛型类 MyStack < T >提供了两个构造方法,其中,不带参数的构造方法中创建了一个包含 16 个元素的 Object 型数组,用来保存栈中的元素,然后将 top 的值初始化为 0;在一个整型参数 size 的构造方法中创建了一个包含 size 个元素的 Object 型数组,并将 top 初始化为 0。

成员方法 push()的功能是把 T 类型的参数 element 存入栈中。方法先判断栈是否已满,如未满,则将 element 存入栈顶;如果栈已被存满,先调用成员方法 append()追加栈的容量,然后将 element 存入栈顶。方法最后将栈顶指针 top 的值自加 1。

成员方法 pop()用来移除并返回栈顶元素。

成员方法 peek()返回但不移除栈顶元素。

成员方法 append()用于将栈的容量追加到原来容量的两倍。

主方法 main()中创建了一个保存整数的栈 IntStack,向栈中压入 6 个整数 1、2、3、4、5、6,再依次从栈中弹出这些整数并在控制台输出。然后创建一个字符串栈 strStack,向其中压入 3 个字符串,最后从栈中弹出这 3 个字符串并在控制台输出。

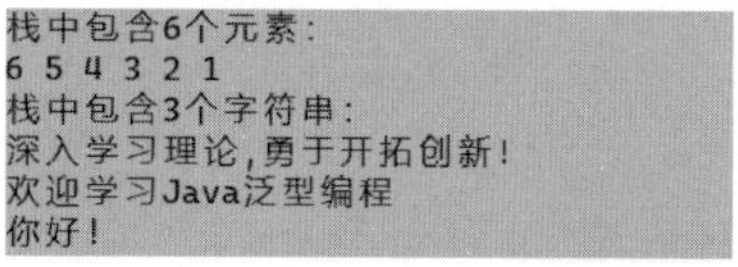

```
栈中包含6个元素:
6 5 4 3 2 1
栈中包含3个字符串:
深入学习理论,勇于开拓创新!
欢迎学习Java泛型编程
你好!
```

图 11.1　例 11.1 程序的运行结果

例 11.1 程序的运行结果如图 11.1 所示。

需要注意,在泛型类中如果需要创建一个泛型参数 T 所代表类型的对象数组,则应该执行如下代码:

```
T[] array = (T[])new Object[16];
```

而不是执行如下代码:

```
T[] array = new T[16];
```

因为 Object 是所有类的父类,所以 Object 型数组中可以保存任何类型的元素。而类似"new T[16]"这样的写法则会导致编译错误,因为编译器无法确定 T 所表示的具体类型,所以不知道应该给数组分配多大的内存空间。

11.2　Java 集合类

集合用于存放一组相同类型的数据,JDK 1.5 之后,Java 的集合类都使用泛型类实现。本节介绍几个常用的集合类。

11.2.1　ArrayList

在前面的章节中已经使用过 ArrayList 类,本节进行详细介绍。

5.5 节中曾介绍的 Java 数组,其容量大小一经定义就不能改变。例如:

```
int[] intArr = new int[10];
```

如上语句创建了一个包含 10 个元素的整型数组。此数组的容量为 10,一经定义后就不能再改变。但在编程时面临的更普遍的情况是:在程序开始运行前,通常无法准确地知道数组所需的容量。如果在编程时将数组空间定义得太小,程序开始运行后就有可能导致存储空间不足;如果在编程时将数组的空间定义得太大,又有可能导致大量的存储空间浪费。最好的解决办法是使用一种可以动态调整存储空间大小的数组。ArrayList 就是这种可以在程序运行时动态扩充容量的数组。

ArrayList 包含在 Java.util 包中,它是 List 接口的一个实现类。ArrayList 是一个泛型类,声明 ArrayList 数组时可同时声明数组元素的数据类型。如果在声明时没有指明数组元素的数据类型,则默认是 Object 型数组。表 11.1 列出了 ArrayList 类的构造方法及其功能描述。

表 11.1　ArrayList 类的构造方法及其功能描述

构 造 方 法	功 能 描 述
public ArrayList()	构建一个初始容量为 10 的空列表
public ArrayList(int initialCapacity)	构造一个初始容量为 initialCapacity 的空列表
public ArrayList(Collection <? extends E> c)	构造一个包含参数集合 c 中的所有元素的列表。参数 c 是接口 Collection 的一个实现类的对象

表 11.1 最后一行中的构造方法的参数类型为 Collection 类型的实例,Collection 是表示集合的接口,它是 List 接口的父接口。表 11.2 中列出了 ArrayList 类的常用方法及其功能描述。

表 11.2　ArrayList 类的常用方法及其功能描述

方　　法	功 能 描 述
public boolean add(E e)	将指定的元素 e 追加保存到此数组(列表)的末尾,如果追加操作成功,则方法返回 true;否则返回 false
public void add(int index,E element)	将指定的元素 element 插入此数组中下标为 index 的位置。将此前位于该位置的元素和所有后续元素向右移动一个位置
public boolean addAll(Collection <? extends E> c)	将指定集合 c 中的所有元素追加保存到此数组(列表)的末尾
public boolean addAll(int index,Collection <? extends E> c)	将指定集合 c 中所有的元素从指定的下标 index 处插入此数组(列表)。将当前列表中此前位于 index 处及后续的所有元素向右移动
public void clear()	删除当前数组(列表)中的所有元素
public boolean contains(Object o)	判断此数组(列表)中是否包含对象 o,当此数组中包含元素 o 时,方法返回 true;否则返回 false
public E get(int index)	返回数组(列表)中下标为 index 的元素
public int indexOf(Object o)	从左向右搜索当前数组(列表),返回此数组(列表)中指定元素 o 第一次出现的索引,如果此数组(列表)不包含该元素,则返回 -1
public int lastIndexOf(Object o)	返回此数组(列表)中指定元素 o 最后一次出现的索引,如果此数组(列表)不包含该元素,则返回 -1
public boolean isEmpty()	判断此数组(列表)是否为空
public E remove(int index)	删除数组(列表)中下标为 index 的元素,将所有后续元素左移一个位置
public boolean remove(Object o)	在当前数组(列表)中从左向右搜索对象 o,若找到,则将其删除,后续元素向左移动,方法返回 true;若当前列表中不包含该元素,则当前数组(列表)保持不变,方法返回 false
protected void removeRange(int fromIndex,int toIndex)	将当前数组(列表)中下标从 fromIndex 到 toIndex-1 范围内的所有元素删除。所有后续元素左移
public boolean retainAll(Collection <?> c)	保留当前数组(列表)中包含在集合 c 中的所有元素,即从当前数组(列表)中删除不包含在集合 c 中的所有元素
public E set(int index,E element)	用指定的元素 element 替换此数组(列表)中下标为 index 的元素。方法返回值为先前位于 index 处的元素
public int size()	返回此数组(列表)中的元素个数
public List < E > subList(int fromIndex,int toIndex)	将当前数组(列表)中下标从 fromIndex 到 toIndex-1 的所有元素构成一个子列表,返回该子列表
public Object[] toArray()	返回一个 Object 型数组,数组中包含当前 ArrayList 中的所有元素

方　　法	功 能 描 述
public ＜ T ＞ T□ toArray(T□ a)	返回一个数组，该数组包含此 ArrayList 中的所有元素；返回的数组的运行时类型是指定数组的类型
public Object clone()	返回当前 ArrayList 数组的浅拷贝。浅拷贝指数组中的元素对象本身不被复制

ArrayList 类的成员方法 toArray()将当前 ArrayList 转换成一个 Java 数组。此方法是"安全的"，这里的"安全的"指新创建的 Java 数组里引用的并不是原 ArrayList 中的元素对象本身，而是它的复制品。所以对数组元素的修改不会影响原 ArrayList。

【例 11.2】 使用 ArrayList 保存数据。

程序代码如下：

```
import java.util.ArrayList;
import java.util.Arrays;
public class Test {
    public static void main(String[] args) {
        ArrayList < Integer > list = new ArrayList <>();
        for(int i = 0;i < 10;i++) {
            list.add(i);
        }
        list.remove(5);
        list.add(8,10);
        list.set(1, 10);
        list.set(3, 8);
        System.out.println("ArrayList 中保存的元素为");
        for(Integer ele:list) {
            System.out.print(ele + " ");
        }
        System.out.println();

        Object[] arr = list.toArray();
        Arrays.sort(arr);
        System.out.println("将 ArrayList 转换成数组,将数组排序后其元素为");
        for(Object ele:arr) {
            System.out.print(ele + " ");
        }
        System.out.println();
                System.out.println("ArrayList 中保存的元素为");
                for(Integer ele : list){
                        System.out.print(ele + " ");
                }
                System.out.println();
    }
}
```

如上程序创建了一个 ArrayList ＜ Integer ＞型的数组 list，将 0～9 共 10 个整数添加到 list 中。

语句"list.add(i);"和语句"list.add(new Integer(i));"是等价的，即自动地为整型变量 i 生成 Integer 型的对象，这个过程称为自动打包。

在对 list 执行删除、插入和替换等操作后，输出 list 中的所有元素的值。

语句"System.out.print(ele＋" ");"和语句"System.out.print(ele.intValue()＋
" ");"是等价的,即自动取出 ele 对象中保存的整型值,此过程称为自动拆包。

接着调用 toArray()方法,将 list 转换成一个 Object 型数组 arr,再调用 Arrays 类的静态方法 sort()对数组 arr 进行排序,并输出排序后的数组内容。

最后再次输出 list 数组。通过比较可知,虽然数组 arr 中的元素顺序已经改变,但 list 中的内容保持不变。

例 11.2 程序的运行结果如图 11.2 所示。

```
ArrayList中保存的元素为
0 10 2 8 4 6 7 8 10 9
将ArrayList转换成数组, 将数组排序后其元素为
0 2 4 6 7 8 8 9 10 10
ArrayList中保存的元素为
0 10 2 8 4 6 7 8 10 9
```

图 11.2　例 11.2 程序的运行结果

11.2.2 LinkedList

LinkedList 也是 List 接口的实现类,代表线性数据结构——双链表。表 11.3 列出了 LinkedList 类的构造方法及其功能描述。

表 11.3　LinkedList 类的构造方法及其功能描述

构 造 方 法	功 能 描 述
public LinkedList()	创建一个空的双链表
public LinkedList(Collection <? extends E> c)	创建一个包含 c 中所有元素的双链表,c 是一个集合

Linkedlist 类提供了很多操作链表的方法。其中常用的方法及其功能描述如表 11.4 所示。

表 11.4　LinkedList 类的常用方法及其功能描述

方　　法	功 能 描 述
public boolean add(E e)	将指定元素 e 追加到链表末尾,等效于 addLast(E)方法。如果此链表的内容因方法调用而改变,则方法返回 true
public void add(int index,E element)	在链表中指定的位置 index 处插入元素 element。参数 index 表示链表中的元素下标。此前位于此位置的元素和所有后续元素向右移动一个位置
public void addFirst(E e)	在当前链表头部插入指定元素 e
public void addLast(E e)	将指定元素 e 插入链表末尾
public boolean addAll(Collection <? extends E> c)	将指定集合 c 中的所有元素插入当前链表的末尾。如果方法调用使链表内容发生了改变,则方法返回 true
public boolean addAll(int index, Collection <? extends E> c)	从指定位置 index 处开始,将集合 c 中的所有元素插入当前链表中。此前位于 index 处的元素和所有后续元素向右移动。参数 index 是链表元素的下标
public void clear()	删除当前链表中所有的元素
public boolean contains(Object o)	判断对象 o 是否存在于当前链表中。如果 o 在链表中,方法返回 true;否则返回 false
public E element()	返回但不删除表头元素
public E get(int index)	返回当前链表中下标为 index 处的元素

续表

方　　法	功 能 描 述
public E getFirst()	返回链表中的头一个元素
public E getLast()	返回链表中的最后一个元素
public int indexOf(Object o)	返回此链表中指定元素 o 第一次出现的下标（索引），如果此列表不包含该元素，则返回−1
public int lastIndexOf(Object o)	返回元素 o 在此列表中最后一次出现的下标（索引），如果此列表不包含该元素，则返回−1
public E peekFirst()	返回但不删除此链表的表头元素。如果链表为空，则返回 null
public E peekLast()	返回但不删除此链表的最后一个元素。如果链表为空，则返回 null
public E pollFirst()	返回并删除表头元素。如果原链表为空，则返回 null
public E pollLast()	返回并删除当前链表中的最后一个元素。如果原链表为空，则返回 null
public E remove()	删除并返回表头元素
public E remove(int index)	删除指定下标 index 处的元素，再将链表中的后续元素向左移动一个位置。方法的返回值为被删除的元素
public boolean remove(Object o)	删除指定对象 o 在当前链表中第一个出现的引用。如果链表不包含该对象，则链表内容保持不变。如果链表包含元素 o，则方法返回 true；否则返回 false
public E removeFirst()	删除并返回表头元素。若链表为空，则抛出 NoSuchElementException 异常
public E removeLast()	删除并返回当前链表中的最后一个元素
public E set(int index, E element)	用指定的元素 element 替换此链表中指定下标 index 处的元素。方法返回被替换的元素
public int size()	返回链表中元素的个数
public Object[] toArray()	返回一个数组，该数组包含链表中所有的元素
public < T > T[] toArray(T[] a)	返回一个数组，该数组包含当前链表中的所有元素；返回的数组的运行时类型是指定数组的类型
public Object clone()	返回当前链表的浅拷贝

【例 11.3】 使用 LinkedList。

要求将 Double 型数组转换成 LinkedList < Double >型链表，向 LinkedList < Double >型链表插入数据，并对链表排序。最后再将 LinkedList < Double >型链表转换成 Double 型数组。

程序代码如下：

```java
import java.util.Arrays;
import java.util.Collections;
import java.util.LinkedList;
import java.util.List;
import java.util.Scanner;

public class Test {
    public static void main(String[] args) {
        LinkedList < Double > dList = new LinkedList <>();
        Double[] ds1 = {5.2,96.3,52.8,11.4,37.56,64.89,73.13,81.67,8.4,44.54};
        System.out.print("数组内容为");
```

```
    for(Double d:ds1) {
        System.out.print(d + " ");
    }
    System.out.println();
    System.out.println("将 Double 数组转换成 LinkedList,输出 LinkedList");
    List < Double > list = Arrays.asList(ds1);        //先将数组转换成集合
    dList.addAll(list);                               //再将集合转换成 LinkedList
    for(Double d:dList) {
        System.out.print(d + " ");
    }
    System.out.println();
    dList.addFirst(48.0);
    dList.addLast(3.14);
    System.out.println("插入数据后,dList 的内容为");
    for(Double d:dList) {
        System.out.print(d + " ");
    }
    System.out.println();
    System.out.println("对 LinkedList 链表 dList 进行排序,结果为");
    Collections.sort(dList);                          //对 LinkedList 型链表 dList 进行排序
    for(Double d:dList) {
        System.out.print(d + " ");
    }
    System.out.println();
    System.out.println("下面将双链表 dList 转换成 Double 数组 ds2");
    Double[ ] ds2 = new Double[dList.size()];
    ds2 = (Double[ ])dList.toArray(new Double[0]);    //将 LinkedList 转换成数组
    System.out.println("数组 ds2 的内容为");
    for(Double d:ds2) {
        System.out.print(d + " ");
    }
    System.out.println();
    }
}
```

程序调用 Arrays 类的静态方法 asList()将一个 Double 数组 ds1 转换成一个集合 (Collection)list,再调用 LinkedList 类的 addAll()方法将 list 转换成 LinkedList 型链表 dList。

Collections 类的静态方法 sort()可以对任意集合类型进行排序。

程序的最后调用 LinkedList 类的 toArray()方法将 LinkedList 链表转换成 Double 型数组。

例 11.3 程序的运行结果如图 11.3 所示。

```
数组内容为5.2 96.3 52.8 11.4 37.56 64.89 73.13 81.67 8.4 44.54
将Double数组转换成LinkedList, 输出LinkedList
5.2 96.3 52.8 11.4 37.56 64.89 73.13 81.67 8.4 44.54
插入数据后, dList的内容为
48.0 5.2 96.3 52.8 11.4 37.56 64.89 73.13 81.67 8.4 44.54 3.14
对LinkedList链表dList进行排序, 结果为
3.14 5.2 8.4 11.4 37.56 44.54 48.0 52.8 64.89 73.13 81.67 96.3
下面将双链表dList转换成Double数组ds2
数组ds2的内容为
3.14 5.2 8.4 11.4 37.56 44.54 48.0 52.8 64.89 73.13 81.67 96.3
```

图 11.3　例 11.3 程序的运行结果

LinkedList 和 ArrayList 类都是线性列表,但 LinkedList 类的底层实现是双链表,而

ArrayList 类的底层实现是数组。所以编程时应根据用户需求的不同来选择合适的结构。如果用户程序需要经常随机访问列表中任意位置的元素，则应选用基于数组实现的 ArrayList 类；如果程序需要频繁地在列表的任意位置插入或删除元素，那么选择基于双链表实现的 LinkedList 类则会显著提升程序的运行效率。

11.2.3　HashMap

Map 是 JDK 中表示"图"的接口。"图"是一种集合类型，其中的每个元素都是一个 <key/value>对（键值对）。HashMap 类是 Map 接口基于哈希表的实现类，称为哈希表。一个 HashMap 中不能包含重复的键（Key），也就是说，在同一个 HashMap 中不能包含键相等的元素。这种键值的唯一性使我们可以通过映射元素的键去访问元素的值。

HashMap 类也是一个泛型类，HashMap 类的构造方法及其功能描述如表 11.5 所示。

表 11.5　HashMap 类的构造方法及其功能描述

构 造 方 法	功 能 描 述
public HashMap()	构造一个具有默认初始容量（16）和默认负载因子（0.75）的空的 HashMap
public HashMap(int initialCapacity)	构造一个初始容量为 initialCapacity 和默认负载因子（0.75）的空的 HashMap
public HashMap(int initialCapacity, float loadFactor)	构造一个初始容量为 initialCapacity，负载因子为 loadFactor 的空的 HashMap
public HashMap(Map <? extends K,? extends V> m)	为指定的 Map 型集合 m 构造新的 HashMap。创建的 HashMap 具有默认的负载因子（0.75）和足够保存 m 中映射元素的初始容量

HashMap 的初始容量指创建 HashMap 时设置的 HashMap 的存储空间的大小，也就是它能够存储映射元素的数量。负载因子是在 HashMap 的容量自动增加之前，允许 HashMap 达到多满的度量。当 HashMap 中的元素条目数超过负载因子和当前容量的乘积时，HashMap 被重置，充值后的 HashMap 的容量大约是重置前的两倍。假设使用默认的初始容量（16）和默认的负载因子（0.75）构造了一个 HashMap，那么当 HashMap 中保存的元素个数超过 12 个时，它的容量将被追加到 32。

表 11.6 中列出了 HashMap 类的常用方法及其功能描述。

表 11.6　HashMap 类的常用方法及其功能描述

方　　法	功 能 描 述
public V put(K key,V value)	将键值对< key,value >保存到此 HashMap 中。如果 HashMap 中已经包含 key 的映射元素，则旧的 value 将被新的 value 替换。此方法的返回值是与 key 关联的前一个值 value；如果 HashMap 中此前不包含与此 key 关联的映射元素，则方法返回值为 null
public V get(Object key)	返回 HashMap 中指定的 key 映射到的 value,如果表中不包含 key 的映射，则返回 null
public void clear()	从 HashMap 中删除所有映射元素
public V remove(Object key)	从 HashMap 中删除指定 key 的映射元素。方法的返回值为与 key 关联的前一个 value 值，或者如果此前没有 key 的映射元素，则返回 null

续表

方　法	功 能 描 述
public int size()	返回此哈希表中包含的映射元素的数目
public Collection < V > values()	返回 HashMap 中包含的所有值(value)的集合
public Set < K > keySet()	返回当前 HashMap 中所有 key 的 Set 集合
public boolean containsKey(Object key)	如果此 HashMap 中包含指定 key 的映射元素,则返回 true
public boolean containsValue(Object value)	如果此 HashMap 中包含将一个或多个值为 value 的映射元素,则返回 true
public boolean isEmpty()	判断 HashMap 是否为空。如果当前 HashMap 不包含任何映射元素,则返回 true

【例.11.4】 使用 HashMap 创建一个电话号码簿,并实现添加、查询、修改、删除、显示等操作。

程序代码如下:

```java
import java.util.EnumSet;
import java.util.Enumeration;
import java.util.HashMap;
import java.util.Scanner;
import java.util.Set;

public class Test {
    static HashMap < String, Long > phTable = new HashMap <>();
    public static void main(String[] args) {
        Scanner input = new Scanner(System.in);
        while(true) {
            System.out.println(" 添加 -- 1\n 删除 -- 2\n 查询 -- 3\n 显示全部 -- 4\n 修改 -- 5\n 退出 -- 0");
            System.out.print(" 请选择: ");
            if(!input.hasNextInt()) {
                System.out.println("请输入一个 0~5 的整数");
            }
            switch(input.nextInt()) {
            case 0:System.out.println("谢谢!");
                input.close();
                return;
            case 1:System.out.print("请输入联系人的姓名和电话号码: ");
                String name = input.next();
                long phone = Long.parseLong(input.next());
                phTable.put(name, phone);
                break;
            case 2:System.out.print("请输入要删除的联系人姓名: ");
                String rName = input.next();
                phTable.remove(rName);
                break;
            case 3:System.out.print("请输入要查找的联系人姓名: ");
                String sName = input.next();
                Long sPhone = phTable.get(sName);
                if(sPhone == null)
                    System.out.println("没有" + sName + "的联系方式");
                else
```

```
                        System.out.println(sName + "的电话号码为" + sPhone);
                    break;
            case 4:System.out.printf("%7s%10s\n", "姓名","电话号码");
                    Set<String> names = phTable.keySet();
                    for(String ssName:names) {
                        String ssPhone = String.valueOf(phTable.get(ssName));
                        System.out.printf("%7s%16s\n",ssName,ssPhone);
                    }
                    break;
            case 5:System.out.print("请输入要修改的联系人姓名和电话号码: ");
                    String rrName = input.next();
                    long rrPhone = Long.parseLong(input.next());
                    phTable.put(rrName, rrPhone);
                    break;
            default:System.out.println("请输入一个 0~5 的整数!");
            }
        }
    }
}
```

在如上程序中使用了一个 HashMap<String,Long>类型的哈希表保存电话号码簿。其中 key 的类型为 String,用来保存联系人的姓名；value 的类型为 Long,用来保存电话号码。程序实现了添加联系人、删除联系人、查询联系人、修改联系人信息和显示所有联系人信息等功能。用户可在菜单里选择想要执行的操作。

例 11.4 程序的运行结果如图 11.4 所示。

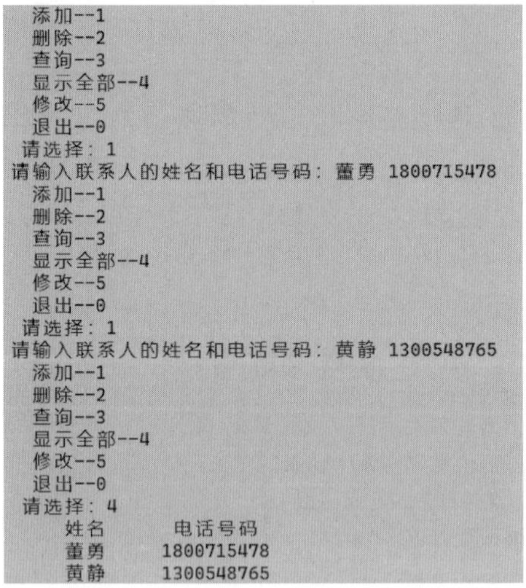

```
添加--1
删除--2
查询--3
显示全部--4
修改--5
退出--0
请选择: 1
请输入联系人的姓名和电话号码: 董勇 1800715478
添加--1
删除--2
查询--3
显示全部--4
修改--5
退出--0
请选择: 1
请输入联系人的姓名和电话号码: 黄静 1300548765
添加--1
删除--2
查询--3
显示全部--4
修改--5
退出--0
请选择: 4
     姓名          电话号码
     董勇        1800715478
     黄静        1300548765
```

图 11.4　例 11.4 程序的运行结果

11.3　小结

泛型类中包含用参数表示的数据类型。在实例化泛型类对象时需使用具体的数据类型替代泛型参数。

Java 集合框架类都是泛型类。

　　ArrayList 是 List 接口的实现类,是一种可以自动扩容的动态数组。底层使用数组实现。

　　LinkedList 也是 List 接口的实现类,表示双链表。底层使用链表实现。

　　HashMap 是 Map 接口的实现类,称为哈希表。Map 表示映射集合,其中的元素都是键值对。

第12章

数据库编程

在第 10 章中已经学习了使用磁盘文件存储数据的方法。使用磁盘文件存储数据简单、高效,但是这种方法也存在明显的缺陷。例如,由于缺乏数据存储格式的规范化管理,保存于磁盘文件中的数据难以被不同的应用程序共享;保存于文件中的数据中往往存在大量冗余,不利于用户进行检索等。随着程序需要处理的信息数量的激增,这些缺点显得愈发明显。在此前提下,出现了数据库管理系统。

数据库使用规范化的格式存储数据,使得数据可以被不同的程序共享;不同的数据库都使用相同的语言——SQL 来操作和管理数据,这使得访问数据库的程序可以方便地在不同的数据库管理系统上进行移植;数据库管理系统对访问者进行权限管理,而且数据库本身还拥有自动备份功能,使得其中保存的数据更加安全。目前常用的数据库是关系数据库。最常用的几种关系数据库包括 Oracle、SQL Server、MySQL 等。本章介绍使用 Java 语言访问 MySQL 数据库的方法。

12.1 MySQL

MySQL 是由瑞典 MySQL AB 公司开发的一个开源的、关系型网络数据库管理系统,目前由 Oracle 公司负责维护和管理。MySQL 数据库目前有两个版本,分别为商业版和社区版,其中社区版是免费的版本,目前最新版的 MySQL 是 8.0.36 版,本书使用的是 5.5.14 版。

下载扩展名为 msi 的安装包文件,在 Windows 操作系统上双击文件图标即可运行,并在本地操作系统安装 MySQL 数据库。在安装过程中可以设置 MySQL 服务的端口号(默认值为 3306)、root 用户的访问密码、MySQL 数据库使用的字符集(默认值是 latin1,此字符集不支持中文,在存入中文信息时会出现乱码,所以应将字符集改为 utf8)。安装结束后,MySQL 数据库会自动开始运行。可以在 Windows 操作系统中执行"计算机管理"→"服务和应用程序"→"服务"命令查看它的运行状态,暂停或启动 MySQL 服务,如图 12.1 所示。

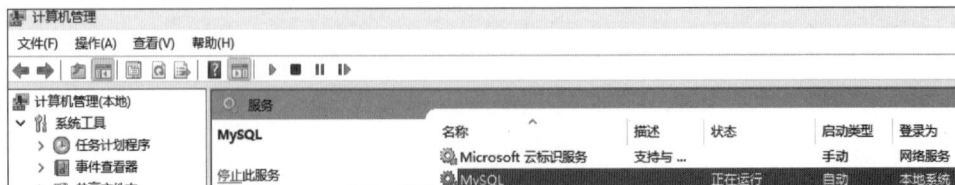

图 12.1　查看 MySQL 的运行状态

MySQL 数据库本身并没有为 Windows 系统提供基于图形界面的数据库管理软件,只能在"命令提示符"中输入命令来操作数据库,这种方式效率低下。可以使用第三方开发的软件来操作 MySQL 以提高数据库访问效率。最常用的访问数据库的第三方软件是 Navicat。

Navicat 是由香港卓软数码科技有限公司开发的一系列访问各种数据库的图形界面应用程序,其中 Navicat for MySQL 用于访问本地或网络远端的 MySQL 数据库。

Navicat 是一款收费的商业软件,它提供了试用 14 天的免费试用版,下载并安装 Navicat for MySQL 后启动软件,如图 12.2 所示。

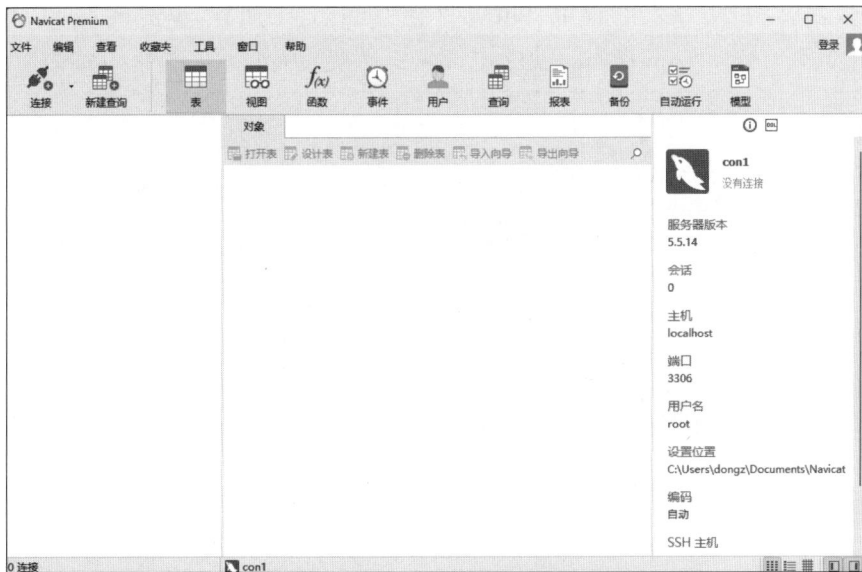

图 12.2　Navicat for MySQL 运行界面

若系统已安装了 MySQL 数据库,则可以单击 Navicat 运行界面左上角的"连接"图标,建立一个和数据库的连接,如图 12.3 所示。

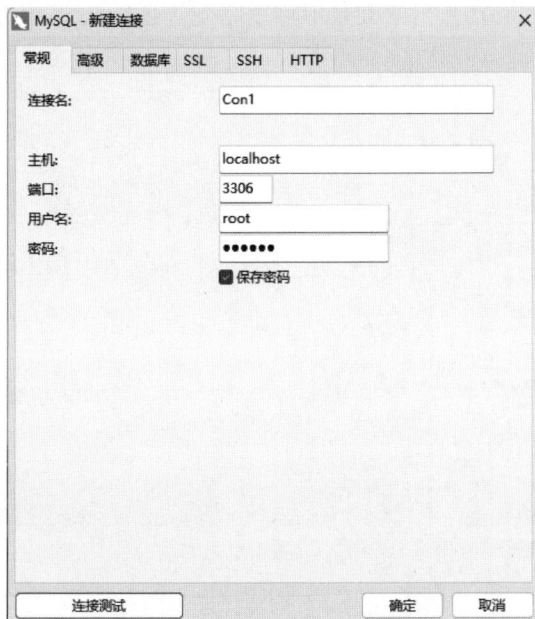

图 12.3　建立和 MySQL 数据库的连接

图 12.4　"连接成功"对话框

在图 12.3 所示的窗口中输入相关信息，创建一个名为 Con1 的连接。"用户名"选项填入 MySQL 的根用户名 root，"密码"选项填入在安装 MySQL 时为 root 用户设定的密码。然后单击"连接测试"按钮，若弹出"连接成功"对话框，则成功创建了和数据库的连接，如图 12.4 所示；否则，请检查输入的信息是否正确。

连接成功后，在 Navicat 界面中将出现一个表示连接的图标，单击该图标后可以看到 MySQL 中所有的数据库，如图 12.5 所示。

图 12.5　通过"连接"图标观察 MySQL 中的数据库

右击该连接图标，然后在弹出的菜单中可以完成新建数据库、新建查询、运行 SQL 文件等操作，如图 12.6 所示。

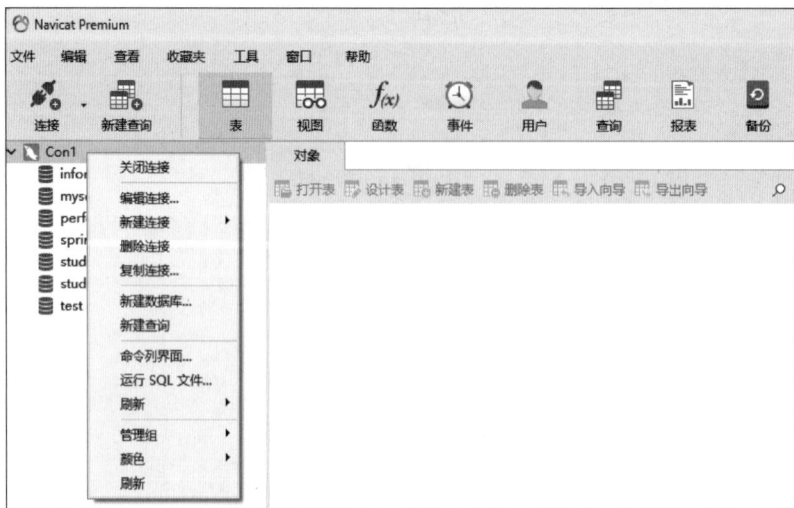

图 12.6　执行"新建数据库"等操作

单击"新建数据库"菜单项,将弹出"新建数据库"对话框,创建一个名为 StudentMess 的数据库,在新建数据库时,为了能让数据库保存中文信息,应将数据库的字符集设定为 utf8,如图 12.7 所示。

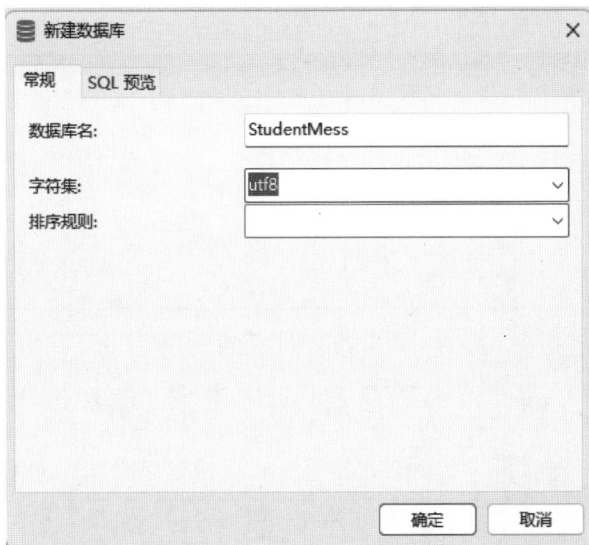

图 12.7 新建一个数据库

单击"新建数据库"对话框中的"确定"按钮,完成数据库的创建。观察 Navicat 主窗口,发现新建的数据库已出现在连接 Con1 中,且数据库名称不区分大小写字符。

下一步就可以在数据库中创建存储数据的关系表。双击数据库的名称打开数据库,右击数据库中的选项"表",在弹出的菜单中单击"新建表"菜单项,打开"新建表"窗体,如图 12.8 所示。

图 12.8 在 Navicat 中新建关系表

在数据库 StudentMess 中创建一个关系表,表的结构如图 12.9 所示。数据库中的数据类型 char 表示字符串。

如图 12.9 所示,关系表结构设计完成后,单击"保存"图标,将弹出"表名"对话框,在"输入表名"文本框中输入 message 后单击"确定"按钮完成表的命名,如图 12.10 所示。

双击数据库 StudentMess 中的选项"表",可以看到,其中出现了名为 message 的关系

图 12.9　设计表结构

图 12.10　命名关系表

表。双击表名打开该表，并向其中插入 4 条记录，每插入一条记录后，单击窗体下方的"＋"图标即可开始插入下一条记录。如想删除已插入的记录，可以选中该记录，并单击窗体下方的"－"图标，如图 12.11 所示。

图 12.11　向 message 表中插入 4 条记录

到此为止，已经学习了使用 Navicat 操作 MySQL 数据库的基本方法。从 12.2 节开始将介绍怎样使用 Java 程序访问数据库。

12.2　JDBC

不同的数据库都提供 API（应用程序接口）供编程者使用，程序调用 API 访问数据库。由于不同数据库的 API 各不相同，因此访问数据库的应用程序难以在不同的数据库之间移植。

Java 的 JDBC 技术解决了应用程序在不同数据库间的移植问题,使程序具备了跨数据库的能力。

JDBC 全名为 Java Database Connectivity,由使用 Java 语言编写的一组类和接口组成,位于程序和数据库之间,为 Java 程序访问数据库提供了一组标准的 API。

Java 为不同的数据库开发了不同的 JDBC 驱动程序,JDBC 驱动程序是程序与数据库之间的转换层,负责将程序对 JDBC API 的调用转换为对数据库底层 API 的调用,如图 12.12 所示。

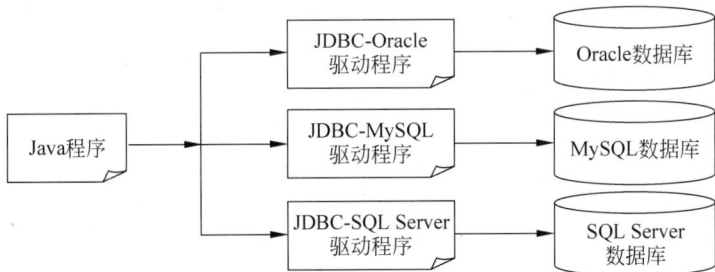

图 12.12 Java 程序使用 JDBC 访问数据库

可以登录 MySQL 的官网下载 MySQL 的 JDBC 驱动程序。单击 JDBC Driver for MySQL (Connector/J)选项后面的超链接 Download,进入下载页面。在下载页面中的 Select Operating System 下拉列表中选择 Platform Independent 选项即可下载独立于平台的 JDBC 驱动程序。

下载的是一个名为 mysql-connector-j-x. x. x 的 ZIP 格式的压缩文件,文件名中的 x 表示版本号的数字,目前最新版的 JDBC 驱动程序是 8.3.0 版,故文件名为 mysql connector-j-8.3.0。对该文件进行解压,在解压目录中得到一个名为 mysql-connector-j-8.3.0.jar 的文件,它是一个 Java 类包的存档文件,JDBC 驱动程序就在这个 JAR 包中。

为了使下载的 JDBC 驱动程序能被程序使用,还要在系统或程序中进行设置。下面分两种情况进行讨论。

(1) 如果读者没有使用编程软件,而是直接使用操作系统自带的记事本来编写 Java 程序,则需要把 JDBC 驱动程序的保存路径加入系统的 classpath 环境变量中。例如,如果程序压缩包 mysql-connector-j-8.3.0.jar 保存在子目录 D://JDBCDriver 中,则需要把字符串 "D://JDBCDrive-r/mysql-connector-j-8.3.0.jar"加入系统环境变量 classpath 中。这样设置是为了 JVM 可以在指定的位置找到 JDBC 驱动程序。

(2) 如果使用 Eclipse 或 IntelliJ IDEA 等编程环境编写 Java 程序,则只需要将 JDBC 驱动程序包加入程序类路径中即可。现以 Eclipse 为例说明设置过程。

第一步,在 Eclipse 中创建名为"Exp12_1"的 Java 工程,右击该工程,在弹出的菜单中选择 Properties 菜单项,打开工程的属性对话框,如图 12.13 所示。

第二步,选择属性对话框左部的 Java Build Path 选项,在对话框中部会出现一个选项卡窗体,单击选项卡 Libraries,选择选项卡窗体中的 Classpath,再单击选项卡窗体右部的 Add External JARs 向工程添加一个外部 JAR 文件,如图 12.14 所示。

第三步,在打开的文件搜索对话框中找到刚才解压得到的 JDBC 驱动程序包 mysql-connector-j-8.3.0.jar,然后单击文件搜索对话框中的"打开"按钮,如图 12.15 所示。

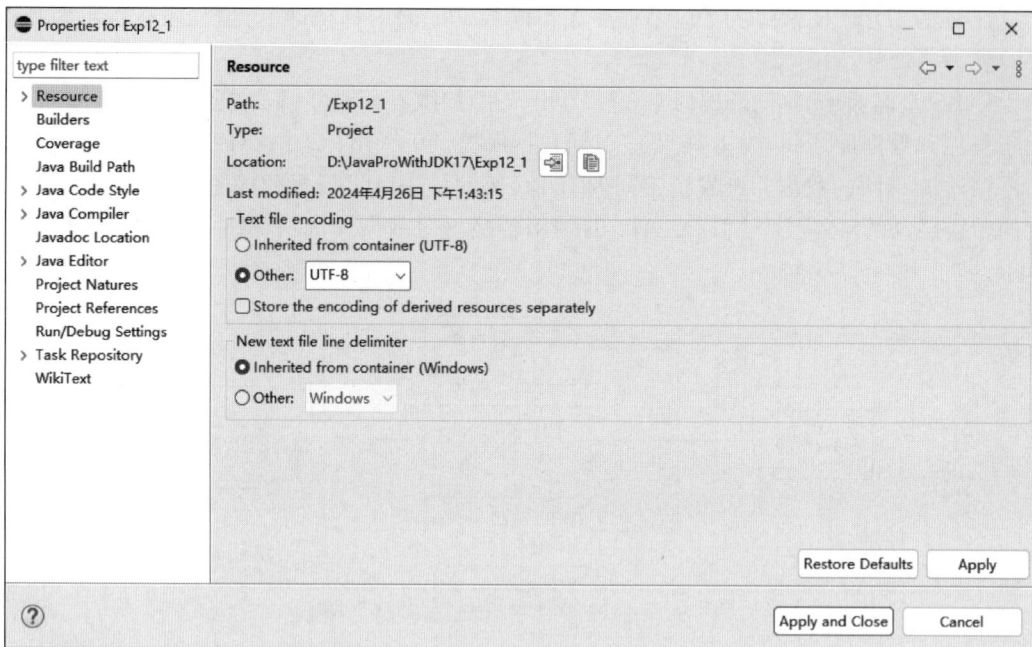

图 12.13　打开工程的属性对话框

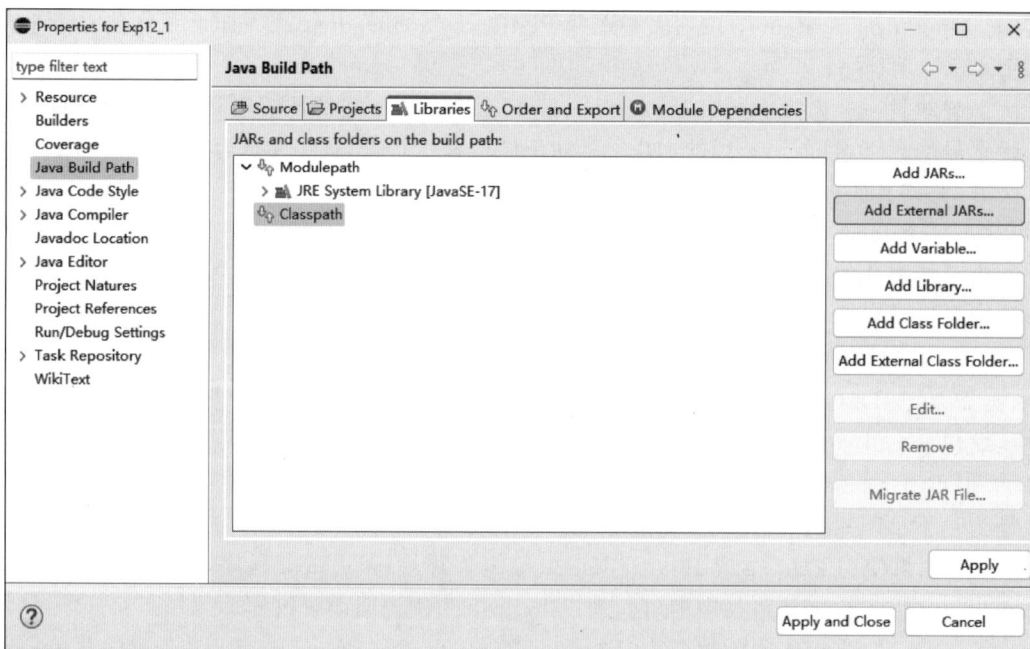

图 12.14　在 Java Build Path 中添加外部 JAR 文件

　　第四步，此时可以看到，JAR 文件 mysql-connector-j-8.3.0.jar 出现在工程属性对话框中间的选项卡窗体中。单击属性对话框下面的 Apply and Close 按钮，应用设置结果并关闭属性对话框，如图 12.16 所示。

　　经过以上四步设置，此 Java 工程已可以使用 JDBC 驱动程序连接数据库。

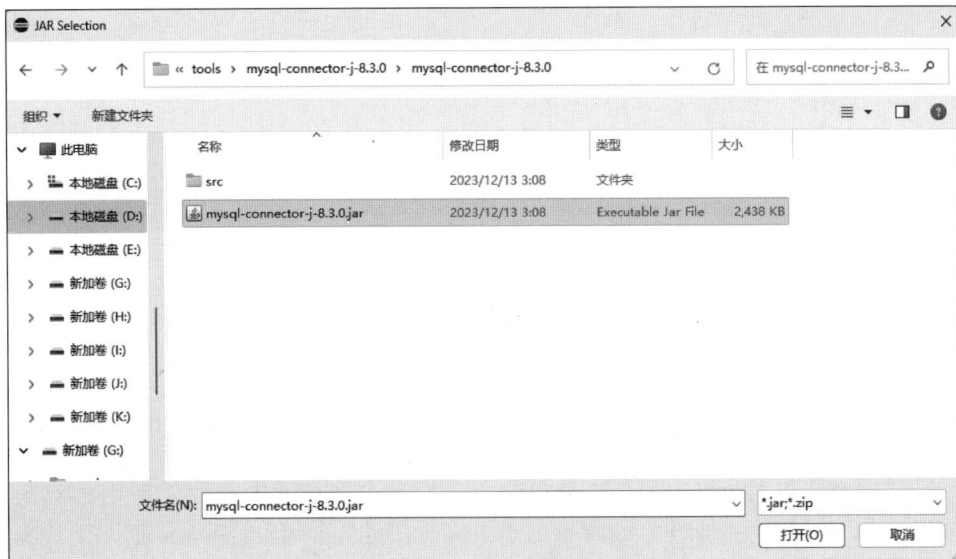

图 12.15　向工程添加 JDBC 驱动程序包

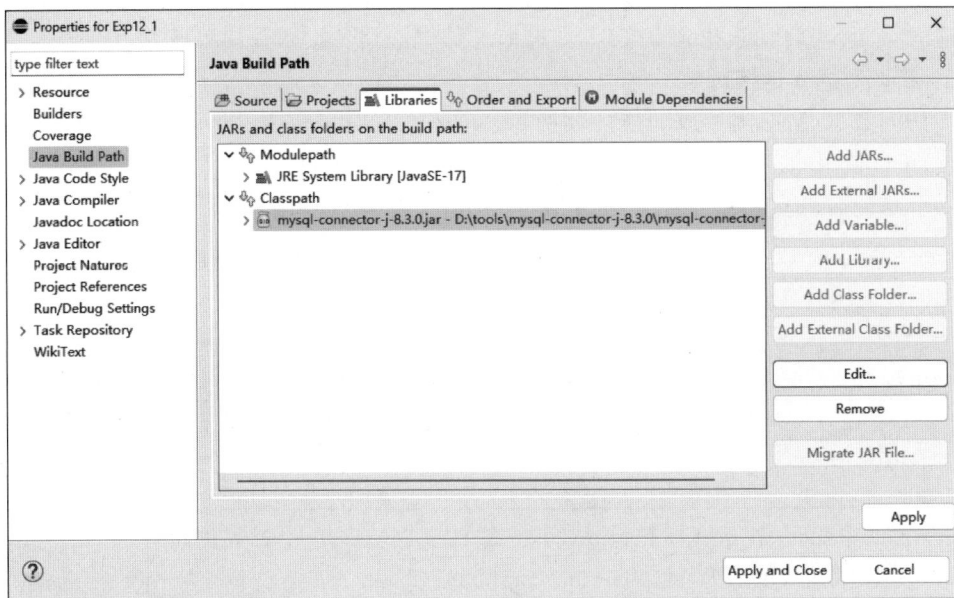

图 12.16　在项目中应用设置并关闭属性对话框

12.3　连接数据库

应用程序要访问数据库需要进行以下两步操作。

1. 加载 JDBC 驱动程序

JDBC 驱动程序在 5.0 版本之前(包括 5.0 版),其实现类是 com. mysql. jdbc. Driver; 5.0 版本之后,它的实现类变成了 com. mysql. cj. jdbc. Driver。这两个类都是接口 java. sql. Driver 的实现类。目前本书中使用的是 8.0 版的驱动程序,所以其实现类为 com. mysql. cj. jdbc. Driver。可以使用如下语句加载 JDBC 驱动程序。

```
try {
    Class.forName("com.mysql.cj.jdbc.Driver");
}
catch(Exception e) {
    System.out.println(e.getMessage());
}
```

在如上这段语句中，调用元类（Class）的静态方法 forName()将 JDBC 驱动程序 com.mysql.cj.jdbc.Driver 加载到内存空间。

由于 4.0 版本以后的 JDBC 都采用 SPI（Service Provider Interface）机制（是 JDK 提供的一种针对接口的服务提供者自动加载机制）自动加载驱动程序，因此也可以不写上面这段程序代码。

JDBC 遵循面向接口的编程原理，规定各种数据库的驱动程序必须是接口 java.sql.Driver 的实现类。不同的数据库厂商则针对 java.sql.Driver 接口提供了不同的驱动程序实现类。其中，MySQL 数据库的实现类即为 com.mysql.cj.jdbc.Driver。这个实现类的名字被写在驱动程序包（mysql-connector-j-8.3.0.jar）里子目录\META-INF\services 中的名为 java.sql.Driver 的文件里（和接口 java.sql.Driver 同名的文件）。当应用程序需要访问数据库时，JDK 将自动查找到该文件，并按照文件中的类名找到并加载该类。

2. 获取数据库连接对象

要访问数据库，必须要成功连接数据库。java.sql.Connection 类的实例表示和数据库的连接，可以调用 java.sql.DriverManager 类的静态方法 getConnection()连接数据库，此方法返回一个 Connection 类的对象。getConnection()方法有两个常用的版本，如表 12.1 所示。

表 12.1　DriverManager 类的静态方法 getConnection()及其功能描述

方　　法	功　能　描　述
public static Connection getConnection (String url)	此方法尝试建立到给定数据库的连接，并返回一个表示连接的 Connection 对象。参数 url 是表示数据库 URL 的字符串
public static Connection getConnection (String url, String user, String password)	此方法尝试建立到给定数据库的连接，并返回一个表示连接的 Connection 对象。参数 url 是表示数据库 URL 的字符串，参数 user 是连接数据库的用户名，参数 password 是用户密码

表 12.1 中第一个 getConnection()方法的参数 url 是代表数据库 URL 的字符串。MySQL 数据库的 URL 为 jdbc:mysql://ip:3306/databaseName?user=root&password=123456&useSSL=true，其中 ip 表示数据库所在主机的 IP 地址，如 192.168.100.1；3306 是 MySQL 服务默认的端口号；databaseName 是要访问的数据库的名字；问号后面的 user 和 password 代表访问数据库的用户名和密码。也可以使用表 12.1 中的第二个 getConnection()方法，将用户名和密码作为单独的参数，此时的 URL 字符串为"jdbc:mysql://ip:3306/databaseName?useSSL=true"。

12.4　Statement

Connection（连接）对象的方法 createStatement()可以创建 java.sql.Statement 的实例。Statement 类型的实例用于执行访问数据库的 SQL 语句。createStatement()方法有 3

个重载版本，如表12.2所示。

表 12.2　Connection 类的 createStatement()方法及其功能描述

方　法	功　能　描　述
Statement createStatement()	创建一个语句(Statement)对象，该对象可以将 SQL 语句发送到数据库
Statement createStatement(int resultSetType, int resultSetConcurrency)	创建一个语句对象，并指定该对象执行数据库查询操作时返回的结果集对象(ResultSet 对象)的类型和并发性
Statement createStatement(int resultSetType, int resultSetConcurrency,int resultSetHoldability)	创建一个语句对象，并指定该对象执行数据库查询操作时返回的结果集对象(ResultSet 对象)的类型、并发性和可保持性

Statement 实例在执行数据库查询语句时，将返回一个结果集对象(ResultSet 对象)，查询的结果被封装在结果集对象中。结果集对象使用一个游标访问查询结果中的每一条记录。这个游标的初始位置位于查询结果集中第一条记录的前面。游标的移动方式决定了结果集对象的类型。createStatement()方法的参数 resultSetType 用于指定结果集对象的类型，共有 3 种不同的取值，如表 12.3 所示。

表 12.3　参数 resultSetType 的取值及其功能描述

参数 resultSetType 的取值	功能描述
ResultSet. TYPE_FORWARD_ONLY	仅支持游标在结果集中向前移动，不支持向后移动、随机访问记录等操作
ResultSet. TYPE_SCROLL_INSENSITIVE	支持游标在结果集中向前、向后移动及随机访问结果集中的记录，支持结果集对象执行 first()和 last()方法将游标移动到第一行和最后一行。使用缓存保存结果集中的记录，对数据库中数据的变化不敏感。如果数据库中的数据发生变化，则这种变化不会反映在结果集中
ResultSet. TYPE_SCROLL_SENSITIVE	支持游标在结果集中向前、向后移动及随机访问结果集中的记录，支持结果集对象执行 first()和 last()方法将游标移动到第一行和最后一行。对数据库中数据的变化是敏感的。如果数据库中的数据发生变化，则这种变化会反映在结果集中

createStatement()方法的参数 resultSetConcurrency 用于指定结果集的并发性，有两个取值，如表 12.4 所示。

表 12.4　参数 resultSetConcurrency 的取值及其功能描述

参数 resultSetConcurrency 的取值	功能描述
ResultSet. CONCUR_READ_ONLY	表示结果集中的数据是只读的，不能修改
ResultSet. CONCUR_UPDATABLE	可以修改结果集中的数据，并使用修改后的结果集更新数据库

createStatement()方法的参数 resultSetHoldability 用于指定结果集的可保持性，有两种不同的取值，如表 12.5 所示。

表 12.5　参数 resultSetHoldability 的取值及其功能描述

参数 resultSetHoldability 的取值	功　能　描　述
ResultSet. HOLD_CURSORS_OVER_COMMIT	在事务提交或回滚后，结果集仍可使用
ResultSet. CLOSE_CURSORS_AT_COMMIT	在事务提交或回滚后，结果集被关闭

表 12.5 中提到的事务是一种保护数据库中数据完整性、正确性的机制。将在本章后续内容中介绍。

Statement 准确地说是一个接口类型，Connection 对象的 createStatement()方法创建的是它的实现类对象。Statement 接口提供了 3 个执行 SQL 语句的方法及其功能描述，如表 12.6 所示。

表 12.6 **Statement 的执行 SQL 语句的方法及其功能描述**

方 法	功 能 描 述
boolean execute(String sql)	此方法执行给定的 SQL 语句 sql。此方法既可以执行数据库查询语句，也可以执行更新语句
ResultSet executeQuery（String sql）	此方法执行给定的查询类型的 SQL 语句 sql，并返回一个包含查询结果的结果集（ResultSet）对象
int executeUpdate(String sql)	执行给定的 SQL 语句 sql，该语句可以是 INSERT、UPDATE 或 DELETE 这些用于更新数据库的语句。方法的返回值为此 SQL 语句更新的数据库表中记录的数目

表 12.6 中的 execute()方法的返回值是 boolean 类型，如果此方法执行的是数据库查询语句，则返回值为 true，查询所得的结果集保存在 Statement 实例中，可以用 Statement 实例调用 getResultSet()方法获取结果集对象；当 execute()方法的返回值为 false 时，此方法执行的是数据库更新语句。

12.5 使用 ResultSet 保存检索数据库的结果集

Statement 的 executeQuery()和 execute()方法在执行了查询数据库的 SQL 语句之后，将返回一个 ResultSet 实例，其中封装查询结果。

ResultSet 也是一个接口，它的实例称为结果集。结果集中可能包含多个数据行，每一行对应一条从数据库检索出的记录，ResultSet 对象维护一个指向当前行的游标。游标的初始位置指向结果集中第一行的前面的位置。ResultSet 对象执行 next()方法使游标移动到下一行，如果结果集中的下一行有记录，那么 next()方法返回 true；否则，如果游标已经位于结果集中的最后一行，则当执行 next()方法时，方法返回 false。

在默认的情况下，ResultSet 对象中的游标只能从前向后移动，因此，使用这个游标只能从第一行到最后一行遍历结果集一次。

如 12.4 节所示，可在创建 Statement 对象时指定结果集游标的类型。例如，若 con 是一个有效的 Connection 对象，则下面的两条语句创建了一个游标可以在结果集中滚动，并且可以更新数据库的结果集对象。

```
Statement stmt = con.createStatement(ResultSet.TYPE_SCROLL_INSENSITIVE,
                   ResultSet.CONCUR_UPDATABLE);
ResultSet rs = stmt.executeQuery("SELECT a, b FROM TABLE2");
```

那么怎样读取保存在 ResultSet 对象中的数据呢？ResultSet 接口提供了一系列使用字段名称（数据行上的列名称）读取字段值的方法，如表 12.7 所示。

表 12.7　**ResultSet 接口中常用的用字段名称读取字段值的方法及其功能描述**

方　　法	功　能　描　述
boolean getBoolean(String columnLabel)	返回 ResultSet 当前行中指定列上的 boolean 型的值
byte getByte(String columnLabel)	返回 ResultSet 当前行中指定列上的 byte 型的值
Date getDate(String columnLabel)	返回 ResultSet 当前行指定列上的 Date 类型的对象
double getDouble(String columnLabel)	返回 ResultSet 当前行中指定列上的列的 double 型的值
float getFloat(String columnLabel)	返回 ResultSet 当前行中指定列上的 float 型的值
int getInt(String columnLabel)	返回 ResultSet 当前行中指定列上的 int 型的值
long getLong(String columnLabel)	返回 ResultSet 当前行中指定列上的 long 型的值
short getShort(String columnLabel)	返回 ResultSet 当前行中指定列上的 short 型的值
String getString(String columnLabel)	返回 ResultSet 当前行中指定列上的 String 对象

表 12.7 中所有的方法都有一个 String 型参数 columnLabel,其中保存指定列的名称。当发生了数据库访问错误时,这些方法将抛出 SQLException 型的异常。

除可以通过字段名称读取记录中指定字段的值,也可以使用字段的索引读取记录中指定字段的值。什么是字段的索引呢? 1 条记录里包含多个字段,最左边的字段的索引值为 1,从左向右依次递增。即一行记录中从左向右第 1 列字段的索引值为 1,第 2 列的索引值为 2,以此类推。表 12.8 列出了 ResultSet 提供的使用索引值读取结果集当前行(记录)中各个列(字段)的方法。

表 12.8　**ResultSet 接口中常用的用字段索引读取字段值的方法及其功能描述**

方　　法	功　能　描　述
boolean getBoolean(int columnIndex)	返回 ResultSet 当前行中指定列上的 boolean 型的值
byte getByte(int columnIndex)	返回 ResultSet 当前行中指定列上的 byte 型的值
Date getDate(int columnIndex)	返回 ResultSet 当前行指定列上的 Date 类型的对象
double getDouble(int columnIndex)	返回 ResultSet 当前行中指定列上的列的 double 型的值
float getFloat(int columnIndex)	返回 ResultSet 当前行中指定列上的 float 型的值
int getInt(int columnIndex)	返回 ResultSet 当前行中指定列上的 int 型的值
long getLong(int columnIndex)	返回 ResultSet 当前行中指定列上的 long 型的值
short getShort(int columnIndex)	返回 ResultSet 当前行中指定列上的 short 型的值
String getString(int columnIndex)	返回 ResultSet 当前行中指定列上的 String 对象

表 12.8 中方法的整型参数 columnIndex 用于指定要读取的列的索引值。当发生了数据库访问错误时,这些方法将抛出 SQLException 型的异常。

【例 12.1】 检索并输出数据库表中的全部记录。

本例检索 12.1 节中创建的数据库 StudentMess 中的 message 表,并将检索结果在控制台输出。程序代码如下:

```
//DBUtil 类
import java.sql.Connection;
import java.sql.DriverManager;
import java.sql.SQLException;

public class DBUtil {
    public static ConnectiongetConnection() {
        try {
            Class.forName("com.mysql.cj.jdbc.Driver");
```

```
            }
        catch(Exception e) {
            System.out.println(e.getMessage());
        }
        Connection con = null;
        String uri = "jdbc:mysql://localhost:3306/studentmess?user = root&password = 123456&
                useSSL = true";
        try {
            con = DriverManager.getConnection(uri);
        }
        catch(SQLException e) {
            System.out.println(e.getMessage());
        }
        return con;
    }
}
//Test 类
import java.sql.Connection;
import java.sql.ResultSet;
import java.sql.SQLException;
import java.sql.Statement;

public class Test {
    public static void main(String[] args) {
        Connection con;
        con = DBUtil.getConnection();
        try {
            Statement sta = con.createStatement();
            //ResultSet rs = sta.executeQuery("SELECT * FROM message");
            boolean b = sta.execute("SELECT * FROM message");
            ResultSet rs = null;
            if(b == true) {
                rs = sta.getResultSet();
            }
            System.out.printf("%4s%4s%4s%10s\n","Id","姓名","性别","系部");
            while(rs.next()) {
                String id = rs.getString(1);
                String name = rs.getString(2);
                String sex = rs.getString("sex");
                String department = rs.getString("department");
                System.out.printf("%4s%4s%4s%10s\n",id,name,sex,department);
            }
            rs.close();
            sta.close();
            con.close();
        }
        catch(Exception e) {
            System.out.println(e.getMessage());
        }
    }
}
```

程序中创建了一个连接数据库的工具类 DBUtil 类，类的静态方法 getConnection() 用来连接数据库，并返回连接对象。

类 Test 的 main()方法中调用 Statement 对象的 execute()方法检索 message 表中的所有记录,并在控制台输出了检索结果。例 12.1 程序的运行结果如图 12.17 所示。

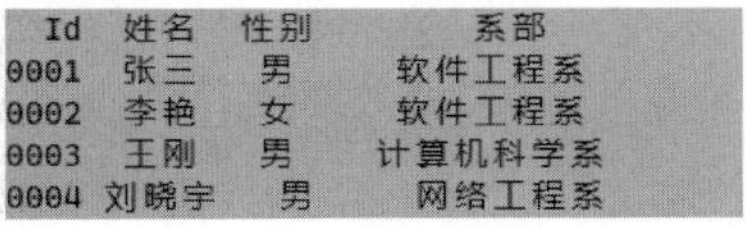

图 12.17　例 12.1 程序的运行结果

12.6　操作 ResultSet 的游标

除表 12.7 和表 12.8 中介绍的用于读取数据的方法之外,ResultSet 接口还提供一些操作游标的方法。表 12.9 列出了其中常用的几个。

表 12.9　ResultSet 接口中常用的操作游标的方法及其功能描述

方　　法	功 能 描 述
boolean first()	将结果集的游标移动到此 ResultSet 对象中的第一行。如果游标位于有效行上,则为 true;如果结果集中没有行,则为 false
boolean last()	将游标移动到此 ResultSet 对象中的最后一行。如果游标位于有效行上,则为 true;如果结果集中没有行,则为 false
boolean isFirst()	判断游标是否在此 ResultSet 对象的第一行上。如果光标位于第一行,则为 true;否则为 false
boolean isLast()	判断游标是否位于此 ResultSet 对象的最后一行。如果光标位于最后一行,则为 true;否则为 false
boolean previous()	将游标移动到此 ResultSet 对象中的前一行。如果光标现在位于有效行上,则为 true;如果光标位于第一行之前,则为 false
boolean isBeforeFirst()	判断游标是否在此 ResultSet 对象的第一行之前。如果光标在第一行之前,则为 true;如果光标位于任何其他位置或结果集不包含行,则为 false
boolean isAfterLast()	判断游标是否在此 ResultSet 对象中的最后一行之后。如果光标在最后一行之后,则为 true;如果光标位于任何其他位置或结果集不包含行,则为 false
int getRow()	此方法返回当前行号,结果集第 1 行是行号 1,第 2 行是行号 2,以此类推;如果没有当前行,则为 0

如果想使用表 12.9 中的这些方法操作结果集中的游标,则必须创建游标可以滚动的结果集。

【例 12.2】　判断查询结果集是否为空,输出结果集中包含记录的条数。

程序代码如下:

```
//DBUtil类,此类的代码和例12.1相同
//Test类
import java.sql.Connection;
import java.sql.DriverManager;
import java.sql.ResultSet;
import java.sql.Statement;

public class Test {
    public static void main(String[] args) {
```

```
Connection con = DBUtil.getConnection();
try {
    Statementsta = con.createStatement(ResultSet.TYPE_SCROLL_INSENSITIVE,
            ResultSet.CONCUR_READ_ONLY);
    ResultSet rs = sta.executeQuery("SELECT * FROM message");
    if(rs.first() == true) {
        rs.last();
        int num = rs.getRow();
        System.out.println("查询所得的结果集为非空,其中包含" + num + "条记录");
    }
    else
        System.out.println("查询所得的结果集为空");
    rs.close();
    sta.close();
    con.close();
}
catch(Exception e) {
    System.out.println(e.getMessage());
}
    }
}
```

在如上程序中,在创建 Statement 对象时指明结果集为游标可滚动的、只读的类型。

有很多办法可以判断结果集是否为空,在如上程序中调用了结果集对象的 first()方法,该方法使结果集中的游标移动到结果集的第一行,指向结果集中的第一条记录。如果结果集中有记录,则该方法返回 true;否则该方法返回 false。所以可以用该方法判断结果集是否为空。

如果结果集为非空,则先调用结果集的 last()方法将游标移动到最后一行,再调用 getRow()方法返回行号。此行号就是结果集的行数。

例 12.2 程序的运行结果如图 12.18 所示。

查询所得的结果集为非空，其中包含4条记录

图 12.18　例 12.2 程序的运行结果

12.7　条件查询

可以调用 Statement 的 executeQuery()方法对数据库进行条件查询。executeQuery() 方法用于执行查询类型的 SQL 语句。

【例 12.3】 使用 Statement 的 executeQuery()方法对数据库进行条件查询。

程序代码如下:

```
//DBUtil 类
import java.sql.Connection;
import java.sql.DriverManager;
import java.sql.SQLException;

public class DBUtil {
    public static Connection getConnection() {
        try {
```

```
            Class.forName("com.mysql.cj.jdbc.Driver");
        }
        catch(Exception e) {
            System.out.println(e.getMessage());
        }
        Connection con = null;
        String uri = "jdbc:mysql://localhost:3306/studentmess?useSSL = true";
        String user = "root";
        String password = "123456";
        try {
            con = DriverManager.getConnection(uri,user,password);
        }
        catch(SQLException e) {
            System.out.println(e.getMessage());
        }
        return con;
    }
}
//主类 Test
import java.sql.Connection;
import java.sql.ResultSet;
import java.sql.SQLException;
import java.sql.Statement;

public class Test {
    public static void main(String[] args) {
        Connection con = DBUtil.getConnection();
        try {
            Statement sta = con.createStatement(ResultSet.TYPE_SCROLL_INSENSITIVE,
                    ResultSet.CONCUR_READ_ONLY);
            String sql = "SELECT * FROM message WHERE name = '王刚'";
            ResultSet rs = sta.executeQuery(sql);
            if(rs.first()) {
                rs.previous();
                while(rs.next()) {
                    System.out.println("学生王刚所在的系部是" + rs.getString(4));
                }
            }
            else
                System.out.println("没有名叫王刚的学生。");
            rs.close();
            sta.close();
            con.close();
        }
        catch(Exception e) {
            System.out.println(e.getMessage());
        }
    }
}
```

本例中的 DBUtil 类使用 DriverManager 带有 3 个参数的 getConnection()获取数据库连接对象。

Test 类的 main()方法中使用 Statement 的 executeQuery()方法执行 SQL 的条件查询

语句"SELECT ＊ FROM message WHERE name＝'王刚'"。

例 12.3 程序的运行结果如图 12.19 所示。

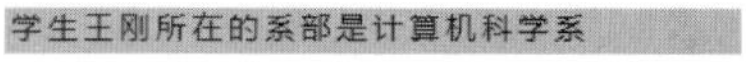

学生王刚所在的系部是计算机科学系

图 12.19　例 12.3 程序的运行结果

12.8　更新数据库

Statement 的 executeUpdate()方法可以执行更新数据库的 SQL 语句。该方法返回数据库中被更新记录的条数。

【例 12.4】　使用 Statement 的 executeUpdate()方法执行向数据库表中插入记录、修改记录和删除记录。

程序代码如下：

```java
//DBUtil 类。此类的代码和例 12.3 完全相同
//Test 类
import java.sql.Connection;
import java.sql.ResultSet;
import java.sql.Statement;

public class Test {

    public static void main(String[] args) {
        Connection con = DBUtil.getConnection();
        try {
            Statement sta = con.createStatement();
            String sql1 = "SELECT ＊ FROM message";
            String sql2 = "INSERT INTO message VALUE('1005','曹雄','男','软件工程系')";
            String sql3 = "UPDATE message SET name = '王冬梅', sex = '女'," +
            "department = '计算机科学系' WHERE id = '0003'";
            String sql4 = "DELETE FROM message WHERE department = '网络工程系'";
            ResultSet rs = sta.executeQuery(sql1);
            System.out.println("数据库的初始状态如下所示: ");
            System.out.printf("％5s％5s％5s％10s\n", "学号","姓名","性别","系部");
            while(rs.next()) {
                String id = rs.getString(1);
                String name = rs.getString(2);
                String sex = rs.getString(3);
                String department = rs.getString(4);
                System.out.printf("％5s％5s％5s％10s\n", id,name,sex,department);

            }
            sta.executeUpdate(sql2);
            sta.executeUpdate(sql3);
            System.out.println("插入和修改记录之后,数据库的状态如下所示: ");
            rs = sta.executeQuery(sql1);
            System.out.printf("％5s％5s％5s％10s\n", "学号","姓名","性别","系部");
            while(rs.next()) {
                String id = rs.getString(1);
                String name = rs.getString(2);
                String sex = rs.getString(3);
```

```
        String department = rs.getString(4);
        System.out.printf("%5s%5s%5s%10s\n", id,name,sex,department);
    }
    sta.executeUpdate(sql4);
    System.out.println("删除了记录之后,数据库的状态如下所示: ");
    rs = sta.executeQuery(sql1);
    System.out.printf("%5s%5s%5s%10s\n", "学号","姓名","性别","系部");
    while(rs.next()) {
        String id = rs.getString(1);
        String name = rs.getString(2);
        String sex = rs.getString(3);
        String department = rs.getString(4);
        System.out.printf("%5s%5s%5s%10s\n", id,name,sex,department);
    }
    rs.close();
    sta.close();
    con.close();
}
catch(Exception e) {
    System.out.println(e.getMessage());
}
    }
}
```

在如上程序中先检索表 message,并显示它的初始状态,然后执行了一条插入记录的 SQL 语句和一条修改记录的 SQL 语句,再显示表 message 的内容,接着执行一条删除记录的 SQL 语句,最后检索并显示表 message 的内容。例 12.4 程序的运行结果如图 12.20 所示。

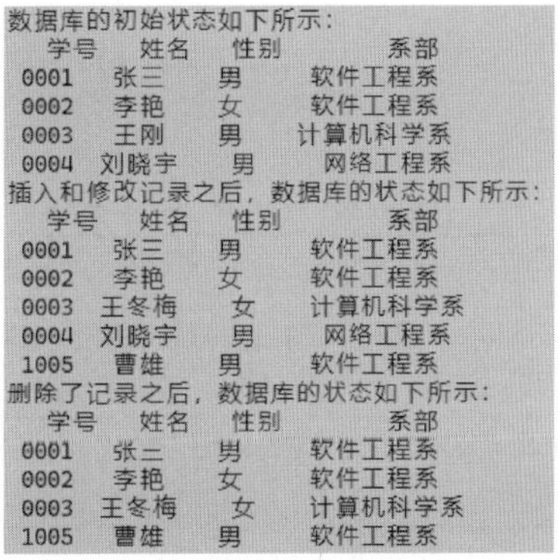

图 12.20 例 12.4 程序的运行结果

12.9 PreparedStatement

Statement 对象只能执行不带参数的 SQL 语句,它每次把 SQL 语句发送到数据库时,数据库都要对这条 SQL 语句进行编译,然后再运行。有些 SQL 语句的结构完全一样,只是处理的具体数据不同。请看如下两条 SQL 语句。

```
"SELECT * FROM message WHERE name = '张三'"
"SELECT * FROM message WHERE name = '李四'"
```

以上两条 SQL 语句具有完全相同的结构,当 Statement 对象调用 execute() 或 executeQuery()方法执行它们时,数据库系统每次都要先编译,再执行。如果需要同时执行很多这种结构相同的 SQL 语句,由于每次都要进行编译,因此会导致 SQL 语句的执行效率低下。为了提高执行效率,可以使用 PreparedStatement。

PreparedStatement 也是 JDBC 提供的一个用于执行 SQL 语句的接口类型,和 Statement 接口不同的是,PreparedStatement 接口的实例可以表示一条带参数的 SQL 语句。这种 SQL 语句中可以包含由"?"表示的占位符,每个占位符代表一个参数。数据库系统会对这种带参数的 SQL 语句进行预编译,每次执行前只需要为每个占位符赋予特定的值即可。这种做法提高了 SQL 语句的运行效率。

可以使用连接（Connection）对象的 prepareStatement()方法为预编译 SQL 语句创建一个 PreparedStatement 实例，然后再调用 PreparedStatement 接口的 setXxx()方法（setXxx()方法中的 Xxx 是占位符，它可以是 Int、Short、Long、Double、Float 和 String 等关键字之一）为 SQL 语句中的占位符赋值。例如：

```
PreparedStatement psta = con.prepareStatement("SELECT * FROM message WHERE "
                        + "nameLIKE ? AND department = ? ");
psta.setString(1,"张%");
psta.setString(2, "软件工程系");
```

在如上语句片段中，先为 SQL 语句"SELECT * FROM message WHERE name LIKE ? AN-D department ＝ ? "创建了一个 PreparedStatement 型实例 psta，然后，在语句执行之前再调用 PreparedStatement 接口中的 setXxx()方法为 SQL 语句中的两个占位符赋值。由于占位符的类型是字符串，因此此语句片段中调用的是 setString()方法。setXxx()方法有两个参数，第一个参数是占位符在 SQL 语句中的索引值，SQL 语句中从左向右的第一个占位符的索引值为 1，第二个占位符的索引值为 2，以此类推。

PreparedStatement 接口中声明了一些给占位符赋值的 setXxx()方法，如表 12.10 所示。

表 12.10　PreparedStatement 接口中常用的给占位符赋值的 setXxx()方法及其功能描述

方　　法	功　能　描　述
void setBoolean(int parameterIndex, boolean x)	此方法将 SQL 语句中索引值为 parameterIndex 处的 boolean 型参数（占位符）赋值为指定值 x
void setByte(int parameterIndex, byte x)	此方法将 SQL 语句中索引值为 parameterIndex 处的 byte 型参数（占位符）赋值为指定值 x
void setShort(int parameterIndex, short x)	此方法将 SQL 语句中索引值为 parameterIndex 处的 short 型参数（占位符）赋值为指定值 x
void setInt(int parameterIndex, int x)	此方法将 SQL 语句中索引值为 parameterIndex 处的 int 型参数（占位符）赋值为指定值 x
void setLong(int parameterIndex, long x)	此方法将 SQL 语句中索引值为 parameterIndex 处的 long 型参数（占位符）赋值为指定值 x
void setFloat(int parameterIndex, float x)	此方法将 SQL 语句中索引值为 parameterIndex 处的 float 型参数（占位符）赋值为指定值 x
void setDouble(int parameterIndex, double x)	此方法将 SQL 语句中索引值为 parameterIndex 处的 double 型参数（占位符）赋值为指定值 x
void setString(int parameterIndex, String x)	此方法将 SQL 语句中索引值为 parameterIndex 处的 String 型参数（占位符）赋值为指定字符串 x
void setDate(int parameterIndex, Date x)	此方法将 SQL 语句中索引值为 parameterIndex 处的 Date 型参数（占位符）赋值为指定对象 x
void setTime(int parameterIndex, Time x)	此方法将 SQL 语句中索引值为 parameterIndex 处的 Time 型参数（占位符）赋值为指定对象 x

使用表 12.10 中的方法为 SQL 语句中的参数赋值后，就可以将该 SQL 语句发送给数据库执行。PreparedStatement 中也提供了用于执行预编译 SQL 语句的三个方法，如表 12.6 所示，在此不再赘述。

【例 12.5】 使用 PreparedStatement 执行预编译SQL 语句。

先向数据库 StudentMess 的 message 表中添加两条记录。message 表目前的状态如图 12.21 所示。

创建程序检索并输出数据库的 message 表中所有软件工程系姓张的学生信息。程序代码如下：

id	name	sex	department
0001	张三	男	软件工程系
0002	李艳	女	软件工程系
0003	王刚	男	计算机科学系
0004	刘晓宇	男	网络工程系
0005	张竹君	女	软件工程系
0006	张咏梅	女	软件工程系

图 12.21 message 表目前的状态

```java
//DBUtil 类的代码和例 12.4 完全相同
//主类 Test 的代码如下
import java.sql.Connection;
import java.sql.PreparedStatement;
import java.sql.ResultSet;

public class Test {
    public static void main(String[] args) {
        Connection con = DBUtil.getConnection();
        try {
            PreparedStatement psta = con.prepareStatement("SELECT * FROM message WH ERE name
                    LIKE ? AND department = ? ");
            psta.setString(1,"张 %");
            psta.setString(2, "软件工程系");
            ResultSet rs = psta.executeQuery();
            System.out.printf(" % 4s % 4s % 4s % 10s\n", "id","姓名","性别","系部");
            while(rs.next()) {
                String id = rs.getString(1);
                String name = rs.getString(2);
                String sex = rs.getString(3);
                String department = rs.getString(4);
                System.out.printf(" % 4s % 4s % 4s % 10s\n", id,name,sex,department);
            }
            rs.close();
            psta.close();
            con.close();
        }
        catch(Exception e) {
            System.out.println(e.getMessage());
        }
    }
}
```

在如上程序中先为 SQL 语句"SELECT * FROM message WHERE name LIKE ? AND department ＝ ?"创建了一个 PreparedStatement 实例。在创建 PreparedStatement 实例时，连接对象的 prepareStatement()方法会将这条 SQL 语句交给数据库进行预编译，然后将编译好的 SQL 语句返回给 PreparedStatement 的实例。以后当使用此 PreparedStatement 实例执行相同结构的 SQL 语句时，数据库就不需再编译了，而只需给 SQL 语句中的参数传入具体的值即可。

例 12.5 程序的运行结果如图 12.22 所示。

```
  id 姓名  性别      系部
0001 张三   男     软件工程系
0005 张竹君  女     软件工程系
0006 张咏梅  女     软件工程系
```

图 12.22 例 12.5 程序的运行结果

12.10　事务

程序中有时需要一次性执行多条 SQL 语句,但这些 SQL 语句中有可能存在非法的语句,如插入了主键重复的记录。此时,程序将会在执行非法 SQL 语句的地方中断执行,而数据库此时已不再是执行程序之前的状态。也就是说,数据库的状态被这个程序破坏了。

id	name	sex	department
0001	张三	男	软件工程系
0002	李艳	女	软件工程系
0003	王刚	男	计算机科学系
0004	刘晓宇	男	网络工程系
0005	张竹君	女	软件工程系
0006	张咏梅	女	软件工程系

图 12.23　在程序执行前表 message 的状态

【**例 12.6**】　执行非法的 SQL 语句将破坏数据库的状态。

在程序执行之前,数据库中表 message 的状态如图 12.23 所示。

程序代码如下:

```java
//DBUtil 类和例 12.5 中的 DBUtil 类完全相同,请自行参考
//程序主类 Test 的代码如下
import java.sql.Connection;
import java.sql.PreparedStatement;

public class Test {
    public static void main(String[] args) {
        Connection con = DBUtil.getConnection();
        try {
            Stringsql = "INSERT INTO message VALUE(?,?,?,?) ";
            PreparedStatement ps = con.prepareStatement(sql);
            ps.setString(1,"0007");
            ps.setString(2, "李志强");
            ps.setString(3, "男");
            ps.setString(4, "计算机科学系");
            ps.executeUpdate();
            ps.setString(1,"0007");
            ps.setString(2, "侯云中");
            ps.setString(3, "男");
            ps.setString(4, "计算机科学系");
            ps.executeUpdate();
            ps.close();
            con.close();
        }
        catch(Exception e) {
            System.out.println(e.getMessage());
        }
    }
}
```

程序很简单,就是向 message 表中插入两条记录。但是在设置占位符的值时,两条记录的"id"字段的值都被设置为"0007"。字段"id"是表 message 的主键,MySQL 要求一个关系表中不能包含主键相同的记录。所以程序运行出现了异常,如图 12.24 所示。

```
Duplicate entry '0007' for key 'PRIMARY'
```

图 12.24　例 12.6 程序的运行结果

进一步观察到,此时数据库中表 message 的状态也发生了变化,如图 12.25 所示。

id	name	sex	department
0001	张三	男	软件工程系
0002	李艳	女	软件工程系
0003	王刚	男	计算机科学系
0004	刘晓宇	男	网络工程系
0005	张竹君	女	软件工程系
0006	张咏梅	女	软件工程系
0007	李志强	男	计算机科学系

图 12.25　程序执行后表 message 的状态

从图 12.25 可知,表 message 的状态虽然发生了变化,但没有插入两条记录,而是只插入了一条记录。这给程序运行带来了不确定性,是不希望发生的事。

我们所希望的是:如果访问数据库的程序发生了运行时异常,那么数据库应保持程序执行前的状态。JDBC 提供了事务机制来实现这个目标。JDBC 的 Connection 接口提供了几个方法,以实现事务机制,如表 12.11 所示。

表 12.11　Connection 接口中和事务相关的几个方法及其功能描述

方　　法	功　能　描　述
void setAutoCommit(boolean autoCommit)	此方法将此连接的自动提交模式设置为给定状态。如果方法的参数值为 true,则使该连接对象进入自动提交模式,在此模式下,后续的每条 SQL 语句都将作为一个单独的事务执行和提交;如果此方法的参数值为 false,则该连接对象进入非自动提交模式,在这种模式下,它后续的 SQL 语句被分组为一个事务,这个事务通过调用方法 commit()提交,或调用方法 rollback()而终止。默认情况下,新连接处于自动提交模式
void commit()	此方法用于提交事务。使本事务(自上次提交/回滚以来所有执行的 SQL 语句)导致数据库状态发生的改变持久化。只有在禁用了自动提交模式时,才应使用此方法
void rollback()	此方法使数据库回滚到执行此事务之前的状态。只有在禁用了自动提交模式时才应使用此方法

JDBC 实现事务机制由以下几步操作构成。

(1) 调用 Connection 对象的 setAutoCommit(false)方法使该连接对象进入“非自动提交模式”。这一步实质上是开启了一个事务。

(2) 使用 Connection 对象获取 Statement 或 PreparedStatement 对象执行事务中的 SQL 语句。

(3) 执行完事务中所有的 SQL 语句后,调用 Connection 对象的 commit()方法提交事务。

(4) 如果在事务中的 SQL 语句发生了运行时异常,则在处理异常时调用 Connection 对象的 rollback()方法回滚事务,使数据库保持执行此事务之前的状态。

【例 12.7】　使用事务机制使程序执行了非法 SQL 语句时,保持数据库的状态不变。

先将数据库恢复到图 12.23 所示的状态,再使用如下代码操作数据库。

```
//DBUtil 类的代码和例 12.6 中完全相同,不再重复罗列
//程序主类 Test 的代码如下
```

```java
import java.sql.Connection;
import java.sql.PreparedStatement;
import java.sql.SQLException;

public class Test {
    public static void main(String[] args) {
        Connection con = DBUtil.getConnection();
        Stringsql = "INSERT INTO message VALUE(?,?,?,?) ";
        PreparedStatement ps = null;
        try {
            ps = con.prepareStatement(sql);
            con.setAutoCommit(false);               //开启事务
            ps.setString(1,"0007");
            ps.setString(2, "李志强");
            ps.setString(3, "男");
            ps.setString(4, "计算机科学系");
            ps.executeUpdate();
            ps.setString(1,"0007");
            ps.setString(2, "侯云中");
            ps.setString(3, "男");
            ps.setString(4, "计算机科学系");
            ps.executeUpdate();
            con.commit();                           //提交事务
        }
        catch(Exception e) {
            if(con!= null) {
                try{
                    System.out.println("发生运行时异常,事务回滚");
                    con.rollback();                 //事务回滚
                }
                catch(SQLException e1) {
                    System.out.println(e1.getMessage());
                }
            }
        }
        finally{
            try {
                if(con!= null) {
                    ps.close();
                    con.close();
                }
            }
            catch(Exception e) {
                System.out.println(e.getMessage());
            }
        }
    }
}
```

　　程序在执行 SQL 语句前调用 Connection 对象的 setAutoCommit(false)方法开启事务,在事务中所有的 SQL 语句执行完之后,调用 Connection 对象的 commit()方法提交事务;如果程序发生了运行时异常,则调用连接对象的 rollback()方法回滚事务。

　　例 12.7 程序的运行结果如图 12.26 所示。

发生运行时异常，事务回滚

图 12.26　例 12.7 程序的运行结果

此时通过观察发现，数据库中表 message 保持原来的状态不变，如图 12.23 所示。

读者可以修改程序，将如下程序片段中的第一条语句改为"ps.setString(1,"0008");"，然后再执行程序。由于此时已经消除了程序中的运行时异常，因此程序中的事务被正确提交，数据库的 message 表中被成功插入了两条记录。

```
ps.setString(1,"0007");
ps.setString(2, "侯云中");
ps.setString(3, "男");
```

12.11　小结

MySQL 是一款免费的网络数据库，12.1 节介绍了 MySQL 数据库的下载和安装过程。

MySQL 数据库本身并没有提供基于图形界面的数据库操作软件，可使用第三方软件 Navicat For MySQL 去操作 MySQL 数据库。

Java 使用 JDBC 访问数据库。JDBC 为不同类型的数据库提供了统一的接口，供 Java 程序使用。

JDBC 中的 Connection 实例代表和数据库的连接；使用此 Connection 对象获取 Statement 或 PreparedStatement 的实例，然后使用 Statement 或 PreparedStatement 实例即可以执行方法数据库的 SQL 语句。

JDBC 中的 Connection、Statement 和 PreparedStatement 都是接口类型，程序中可以调用 JDBC 提供的方法透明地获取其下层实现类的对象。这种做法可以使 JDBC 非常易于扩充，是面向对象的"面向接口编程"和"面向抽象编程"理念在实际应用中的最好体现。

JDBC 的事务机制可以避免由于非法的 SQL 语句导致程序发生运行时异常的时候数据库中保存的数据不被破坏。

第13章
图形用户界面应用程序

目前很多主流的计算机操作系统都是基于图形用户界面的,如 Windows、macOS 等,GUI 是人机交互的接口,使人机交互变得简单、形象。

Java 语言具有开发跨平台的 GUI 程序的能力,使用 Java 语言开发的 GUI 程序能在所有安装了 JVM 的基于图形用户界面的操作系统上运行。

13.1 AWT 和 Swing

JDK 提供了 AWT 包和 Swing 包用来创建 GUI 程序,AWT 包称为抽象窗口工具包,是 Sun 公司最早推出的用来开发 GUI 程序的类库。有了 AWT 包就可以开发一款功能完整的 GUI 程序了,但是这样的 GUI 程序移植到不同平台上时可能会出现界面显示不一致的问题,这是因为 AWT 组件是调用本地平台提供的 API 显示出来的。为了解决这个问题,Sun 公司又在 AWT 的基础上推出了 Swing 组件包,Swing 包称为轻型组件包,和 AWT 组件使用本地平台 API 显示不同,Swing 组件都是直接用 Java 程序代码画出来的。这样做的好处是,无论在什么平台上显示 Swing 组件,其效果都是一样的。也就是说,Swing 组件真正实现了 GUI 程序的跨平台特性。但是并不能单独使用 Swing 组件包来实现一个功能完整的 GUI 程序,程序的很多功能必须借助 AWT 包中的类来实现。AWT 组件和 Swing 组件的关系如图 13.1 所示。

在图 13.1 中,所有虚线框之外的类都是 AWT 包中的类,如 Container、Window、Frame 等;所有虚线框以内的、以大写字母 J 开头的类都是 Swing 包中的类,如 JComponent、JPanel、JButton 等。

Component 类是 AWT 包和 Swing 包中所有组件类的父类。它的子类分为两大类:容器类和组件类。

容器是用来放置其他组件的组件对象,Container 是所有容器的父类,它是 Component 的子类,所以一个容器本身也是一个组件。Window 是 Container 的子类,Frame 和 Dialog 是 Window 的子类,Frame 是 AWT 包中的框架窗体类,Dialog 是 AWT 包中的对话框类;JFrame 和 JDialog 分别是 Frame 和 Dialog 的子类,它们是 Swing 包中的框架窗体类和对话框类。

Swing 包中的 JComponent 类是 Container 的子类,由 JComponent 类派生出一系列组件类,如 JButton、JTextField、JPanel、JLabel 等,它们是按钮、文本输入域、面板、标签等常用的窗体界面组件。

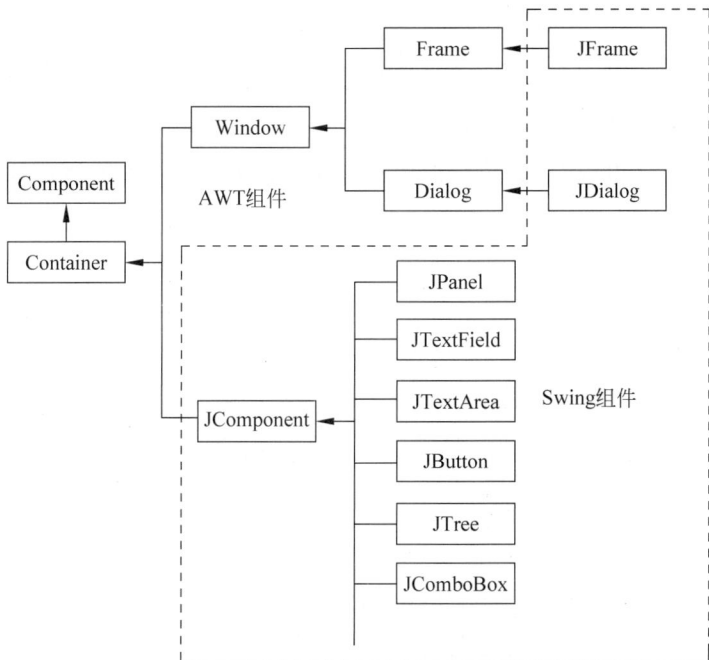

图 13.1 AWT 组件和 Swing 组件的关系

在编写 GUI 程序时,可以直接创建这些组件类的对象,也可以使用继承技术从这些类派生出子类,再使用子类对象作为程序中的 GUI 组件。

13.2 JFrame

JFrame 表示 GUI 程序运行的顶层窗体——框架窗体。JFrame 具有标题和边框,它不能被放置在其他容器组件中,它的父窗体只能是系统的桌面,如图 13.2 所示。

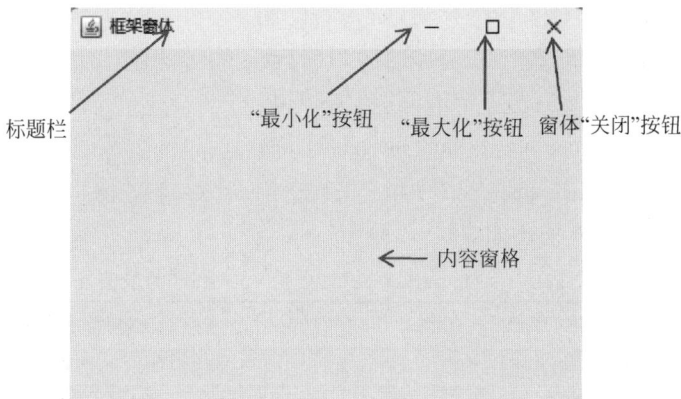

图 13.2 一个 JFrame 窗体

表 13.1 列出了 JFrame 类的两个常用的构造方法及其功能描述。

表 13.1　JFrame 类的两个常用的构造方法及其功能描述

方　　法	功　能　描　述
public JFrame()	构造一个标题为空的框架窗体对象
public JFrame(String title)	构造一个标题为 title 的框架窗体对象

　　创建了 JFrame 对象之后，就可以调用它的成员方法设置框架窗体自身的位置和大小，向窗体的内容窗格中加入其他组件，并显示它自己。这些方法如表 13.2 所示。

表 13.2　JFrame 类的常用方法及其功能描述

方　　法	功　能　描　述
public void setTitle(String title)	用于设置窗体的标题
public void setSize(int width, int height)	将此窗体的宽度设置为 width，高度设置为 height。单位是像素点
public void setLocation(int x, int y)	用来设置窗体的位置。将窗体左上角的坐标设置为(x,y)。其中(x,y)是父窗体坐标系中的坐标点，单位是像素点
public void setBounds(int x, int y, int width, int height)	将此框架窗体的左上角坐标设置为(x,y)，并将窗体的宽度设置为 width，高度设置为 height
public Component add(Component comp)	将组件 comp 添加到当前框架窗体的内容窗格中
public void setLayout(LayoutManager manager)	设置此框架窗体的布局。参数 manager 是某种布局管理器的实例
public void setVisible(boolean b)	根据参数 b 的值显示或隐藏此窗体。b 如果为 true，则显示窗体；b 如果为 false，则隐藏窗体
public void validate()	用于验证此窗体容器的布局，如果窗体布局发生变化，如程序向窗体中添加了新的组件，则验证结果无效，此时窗体会被重绘。即如果窗体布局发生变化，应调用此方法使窗体重绘
public void pack()	使此窗口的大小适合其子组件的首选大小和布局

　　任何图形界面组件都有自己的坐标系，坐标系的原点位于组件的左上角，x 轴的方向是从左向右，y 轴的方向是从上向下。JFrame 类的 setLocation(int x, int y)方法将自身左上角的坐标设置为父窗体坐标系中坐标为(x,y)的位置。

　　除表 13.2 列出的几个方法之外，JFrame 类还有一个较常用的方法，即 setDefaultCloseOperation()，此方法的方法签名如下：

```
public void setDefaultCloseOperation(int operation);
```

　　方法 setDefaultCloseOperation()用于设置用户关闭窗体时的行为特性。参数 operation 的取值及其功能描述如表 13.3 所示。

表 13.3　setDefaultCloseOperation()方法参数 operation 的取值及其功能描述

参数 operation 的取值	功　能　描　述
JFrame.DO_NOTHING_ON_CLOSE	用户关闭窗体时不要做任何事情
JFrame.HIDE_ON_CLOSE	用户关闭窗体时自动隐藏窗体
JFrame.DISPOSE_ON_CLOSE	用户关闭窗体时释放窗体所占用的资源
JFrame.EXIT_ON_CLOSE	用户关闭窗体时结束当前程序的运行

　　如果不调用 setDefaultCloseOperation()方法进行设置，则默认情况下，该值被设置为 JFrame.HIDE_ON_CLOSE。因为 JFrame 窗体通常作为应用程序主窗体，而用户关闭主

窗体就相当于要结束程序的运行,所以很多时候都需要调用 setDefaultCloseOperation()方法,并把方法参数设置为 JFrame.EXIT_ON_CLOSE。

【例 13.1】 创建并显示一个 JFrame 窗体。

本例创建一个 JFrame 窗体,然后在窗体的内容窗格中添加一个标签。程序代码如下:

```
import javax.swing.JFrame;
import javax.swing.JLabel;
public class Test {
    public static void main(String[] args) {
        JFrame jf = new JFrame();
        JLabel jb = new JLabel("内容窗格",JLabel.CENTER);
        jf.add(jb);
        jf.setTitle("程序主窗体");
        jf.setLocation(200, 200);
        jf.setSize(300,200);
        jf.setDefaultCloseOperation(JFrame.EXIT_ON_CLOSE);
        jf.setVisible(true);
    }
}
```

例 13.1 程序的运行结果如图 13.3 所示。

图 13.3 例 13.1 程序的运行结果

13.3 常用组件

本节介绍几种常用的图形用户界面组件。

13.3.1 JLabel

JLabel 对象表示的组件称为标签。标签上可以显示文本、图像,也可以同时显示两者。JLabel 对象无法获得键盘焦点,所以在程序运行时,用户无法使用键盘修改标签上的文本内容。JLabel 类的构造方法及其功能描述如表 13.4 所示。

表 13.4 JLabel 类的构造方法及其功能描述

方　法	功 能 描 述
public JLabel()	创建一个空的标签对象
public JLabel(String text)	使用指定的文本 text 创建一个 JLabel 实例
public JLabel(Icon image)	使用指定的图标 image 创建一个 JLabel 实例

续表

方　　法	功 能 描 述
public JLabel(String text,int horizontalAlignment)	使用指定的文本 text 和水平对齐方式创建 JLabel 实例。参数 horizontalAlignment 指定标签的水平对齐方式,取值为 JLabel. LEFT、JLabel. CENTER、JLabel. RIGHT 之一。
public JLabel(Icon image,int horizontalAlignment)	使用指定的图标 image 水平对齐方式创建一个 JLabel 实例
public JLabel (String text, Icon icon,int horizontalAlignment)	使用指定的文本、图标和水平对齐方式创建 JLabel 实例

表 13.5 列出了 JLabel 类的常用方法及其功能描述。

表 13.5　JLabel 类的常用方法及其功能描述

方　　法	功 能 描 述
public String getText()	返回标签上显示的文本字符串
public void setText(String text)	设置标签上显示的单行文本
public Icon getIcon()	返回标签上显示的图标对象
public void setIcon(Icon icon)	设置标签上现实的图标
public void setHorizontalAlignment(int alignment)	设置标签内容的水平对其方式

13.3.2　JButton

JButton 是 Swing 包中的按钮类,表 13.6 列出了 JButton 类的常用的构造方法及其功能描述。

表 13.6　JButton 类的常用的构造方法及其功能描述

方　　法	功 能 描 述
public JButton()	创建一个空的按钮对象
public JButton(String text)	创建一个带有文本 text 的按钮
public JButton(Icon icon)	创建一个带有图标 icon 的按钮
public JButton (String text, Icon icon)	创建带有初始文本 text 和图标 icon 的按钮,文本出现在图标的右边

表 13.7 列出了 JButton 类中的常用方法及其功能描述。

表 13.7　JButton 类中的常用方法及其功能描述

方　　法	功 能 描 述
public String getText()	返回按钮上显示的文本
public void setText(String text)	设置按钮上显示的文本
public Icon getIcon()	返回按钮上显示的图标对象
public void setIcon(Icon defaultIcon)	设置按钮上显示的图标
public void addActionListener(ActionListener l)	在按钮上注册 ActionEvent 事件的监听器对象

用户单击按钮将触发 ActionEvent 事件,JButton 的方法 addActionListener (ActionListener l)用来注册 ActionEvent 事件的处理器。关于事件处理的知识将在 13.6

节中介绍。

13.3.3 JTextField

JTextField 是 Swing 包中的单行文本输入域组件,用来接收用户输入的信息。表 13.8 列出了 JTextField 类的两个常用构造方法及其功能描述。

表 13.8 JTextField 类的两个常用构造方法及其功能描述

方 法	功 能 描 述
public JTextField()	创建一个列数为 0 的文本输入域
public JTextField(int columns)	创建一个列数为 columns 的文本输入域

表 13.9 列出了 JTextField 类中的常用方法及其功能描述。

表 13.9 JTextField 类中的常用方法及其功能描述

方 法	功 能 描 述
public String getText()	返回此 JTextField 中包含的文本,若 JTextField 中没有文本,则抛出一个 NullPointerException 类型的异常
public void setText(String t)	将此 JTextField 中的文本设定为参数 t,如果参数 t 为 null,则删除 JTextField 中原有的文本内容
public int getColumns()	返回此 JTextField 的列数
public void setColumns(int columns)	将此 JTextField 的列数设置为 columns 列
public void addActionListener (ActionListener l)	将 JTextField 上发生的 ActionEvent 事件的监听器注册为 l
public void setEditable(boolean b)	设置 JTextField 的编辑状态。如果参数 b 的值为 true,则此组件被设置为可编辑状态;若参数 b 的值为 false,则此组件为不可编辑状态

当用户将光标定位到此 JTextField 上并按 Enter 键时,将触发一个 ActionEvent 事件,JTextField 的 addActionListener(ActionListener l)方法将此事件的监听器注册为对象 l。关于事件处理的知识将在 13.6 节中介绍。

13.3.4 JTextArea

JTextArea 是 Swing 包提供的多行文本输入区组件,用户可以在该组件中输入多行文本信息。表 13.10 列出了 JTextArea 类的两个常用构造方法及其功能描述。

表 13.10 JTextArea 类的两个常用构造方法及其功能描述

方 法	功 能 描 述
public JTextArea()	创建一个 0 行、0 列的 JTextArea 组件
public JTextArea(int rows,int columns)	创建一个 rows 行、columns 列的 JTextArea 组件

表 13.11 列出了几个 JTextArea 类的常用方法及其功能描述。

表 13.11 JTextArea 类的常用方法及其功能描述

方 法	功 能 描 述
public String getText()	返回此 JTextArea 中包含的文本。如果 JTextArea 中没有文本,则方法抛出 NullPointerException 类型的异常

续表

方　　法	功 能 描 述
public void setText(String t)	将 JTextArea 中的文本设置为 t。如果参数 t 为 null,则删除组件中原有的文本内容
public void insert(String str, int pos)	在 JTextArea 的指定位置 pos 处,插入文本 str。参数 pos 是从 JTextArea 开始位置处的偏移值,单位是字符
public void append(String str)	将给定的文本 str 追加到组件中文档的末尾
public int getRows()	返回 JTextArea 的行数
public int getColumns()	返回 JTextArea 的列数
public void setRows(int rows)	将此 JTextArea 的行数设置为 rows
public void setColumns(int columns)	将此 JTextArea 的列数设置为 columns
public void setEditable(boolean b)	设置此 JTextArea 组件的编辑状态。若参数 b 的值为 true,则组件被设置成可编辑状态;若参数 b 的值为 false,则组件被设置成不可编辑状态

用户在 JTextArea 中输入的文本有可能超出预设的范围,此时可将此组件放置到一个带滚动条的面板组件中,如下所示:

```
JTextArea jt = new JTextArea(10,30)
JScrollPane js = new JScrollPane(jt);
```

JScrollPane 是一种带滚动条的面板组件,如上语句片段将一个 JTextArea 组件 jt 放置到一个 JScrollPane 面板中,相当于给 JTextArea 组件加上了滚动条。

13.3.5　JPasswordField

JPasswordField 是 Swing 包组件——密码输入框,用户可以使用此组件输入密码。JPasswordField 类的常用构造方法及其功能描述如表 13.12 所示。

表 13.12　JPasswordField 类的常用构造方法及其功能描述

方　　法	功 能 描 述
public JPasswordField()	创建一个空的密码输入框
public JPasswordField(int columns)	创建一个指定列数的密码输入框。参数 columns 是密码框的列数

表 13.13 列出了 JPasswordField 类中的常用方法及其功能描述。

表 13.13　JPasswordField 类中的常用方法及其功能描述

方　　法	功 能 描 述
public char[] getPassword()	返回用户在密码框中输入的密码
public void setEchoChar(char c)	将 JPasswordField 中的回显字符设置为 c

密码输入框中不能直接显示用户输入的密码,表 13.13 中的方法 setEchoChar(char c) 将其中的回显字符设置为 c。

13.3.6　JComboBox

JComboBox 是 Swing 组件下拉列表(或称组合框),用户可以在下拉列表中选择一个选项。它是一个泛型类,可以在创建下拉列表时指定其中包含的选项的数据类型。表 13.14 列出了 JComboBox 类的常用构造方法及其功能描述。

表 13.14 **JComboBox** 类的常用构造方法及其功能描述

方 法	功 能 描 述
public JComboBox()	创建一个空的下拉列表
public JComboBox（Object []items）	创建一个下拉列表,其中包含指定数组 items 中的元素。默认情况下,数组中的第一个项将被选中

JComboBox 类提供的常用方法及其功能描述如表 13.15 所示。

表 13.15 **JComboBox** 类的常用方法及其功能描述

方 法	功 能 描 述
public void addItem(Object anObject)	将一个选项添加到下拉列表中
public void insertItemAt(Object anObject,int index)	在下拉列表中指定索引 index 处插入一个新的选项
public int getSelectedIndex()	返回用户选中的选项的索引。如果用户没有选中任何选项,则返回-1
public Object getSelectedItem()	返回用户选中的选项
public void setSelectedIndex(int anIndex)	用来选定索引 anIndex 处的选项
public void setSelectedItem（Object anObject)	将下拉列表中的选项 anObject 设置为当前选中的选项。如果 anObject 不在列表的选项中,则不会更改当前的选项
public void addActionListener（ActionListener l）	注册下拉列表上触发的 ActionEvent 事件的事件监听器
public void addItemListener（ItemListeneraListener）	当下拉列表中的选项发生变化时,将触发一个 ItemEvent 事件,此方法注册此事件的监听器对象

13.3.7　JCheckBox

JCheckBox 是 Swing 包提供的组件——复选框。用户可以选中复选框中的一个或多个选项。表 13.16 列出了 JCheckBox 类的常用构造方法及其功能描述。

表 13.16　**JCheckBox** 类的常用构造方法及其功能描述

方 法	功 能 描 述
public JCheckBox()	创建一个空的复选框按钮
public JCheckBox(String text)	创建一个带有文本的复选框。参数 text 是复选框中显示的文本
public JCheckBox(Icon icon)	创建一个带有图标的复选框。参数 icon 是复选框中显示的图标
public JCheckBox（String text，Icon icon）	使用指定的文本 text 和图标 icon 创建一个复选框

表 13.17 列出了 JCheckBox 类的常用方法及其功能描述。

表 13.17　**JCheckBox** 类的常用方法及其功能描述

方 法	功 能 描 述
public String getText()	返回复选按钮上显示的文本
public void setText(String text)	设置复选按钮上显示的文本
public Icon getIcon()	返回复选按钮上显示的图标对象

续表

方　　法	功　能　描　述
public void setIcon(Icon defaultIcon)	设置复选按钮上显示的图标对象
public boolean isSelected()	返回复选按钮的状态,如果被选中,则为 true;否则为 false

13.3.8　JRadioButton

JRadioButton 是 Swing 包中的组件——单选按钮。表 13.18 列出了 JRadioButton 类常用的构造方法及其功能描述。

表 13.18　**JRadioButton 类常用的构造方法及其功能描述**

方　　法	功　能　描　述
public JRadioButton()	创建一个空的单选按钮对象
public JRadioButton(String text)	使用指定的文本创建一个单选按钮。参数 text 是单选按钮上显示的字符串
public JRadioButton(Icon icon)	创建一个显示图像的单选按钮。参数 icon 是单选按钮上显示的图标对象
public JRadioButton(String text, Icon icon)	创建一个带有文本和图像的单选按钮。参数 text 是单选按钮上的文本,参数 icon 指定按钮上显示的图像

表 13.19 列出了 JRadioButton 类的常用方法及其功能描述。

表 13.19　**JRadioButton 类的常用方法及其功能描述**

方　　法	功　能　描　述
public String getText()	返回单选按钮上显示的文本
public void setText(String text)	设置单选按钮上显示的文本
public Icon getIcon()	返回单选按钮上显示的图标对象
public void setIcon(Icon defaultIcon)	设置单选按钮上显示的图标对象
public boolean isSelected()	返回单选按钮的状态,如果被选中,则为 true;否则为 false

JRadiuButton 类必须和 ButtonGroup 类的对象一起使用。ButtonGroup 类的对象称为按钮组,可以使用 ButtonGroup 类的方法 add()将多个单选按钮加入一个按钮组中,这时当其中一个按钮被选中时,其他按钮就会自动进入未被选中的状态。

13.3.9　JPanel

JPanel 是 Swing 包中的一个组件——面板。面板是一个容器型组件,可以将其他的组件放置在一个面板中;同时,面板也可以作为一个组件放置到其他容器中,例如,可以将一个放置了组件的面板再放置到其他面板中或放置到一个框架窗体(JFrame)中。表 13.20 列出了 JPanel 类的常用构造方法及其功能描述。

表 13.20　**JPanel 类的常用构造方法及其功能描述**

方　　法	功　能　描　述
public JPanel()	创建一个新的面板对象
public JPanel(LayoutManager layout)	使用指定的布局管理器创建一个新的面板

表 13.20 中的第二个构造方法在创建面板的同时,使用一个布局管理器对象指定该面板的布局。关于布局管理器的知识将在 13.4 节中进行介绍。表 13.21 列出了 JPanel 类的常用方法及其功能描述。

表 13.21　JPanel 类的常用方法及其功能描述

方　　法	功　能　描　述
public Component add(Component comp)	将指定的组件 comp 添加到面板中
public void setSize(int width,int height)	将面板的宽度设置为 width,高度设置为 height,单位是像素点
public void setLayout(LayoutManager manager)	设置面板的布局,参数 manager 是某种类型布局管理器实例
public void addFocusListener (FocusListener l)	用来注册面板上焦点事件(FocusEvent)的监听器。即将对象 l 添加到此面板的焦点事件监听器队列中
protected void paintComponent (Graphics g)	用来绘制面板的方法,当面板的布局发生变化时,JVM 会自动调用此方法重绘面板,由于方法的访问权限为保护型(protected),因此程序中不能直接调用此方法绘制面板,如果想调用此方法重绘面板,则应该用面板对象的 repaint()方法间接调用此方法。程序虽然不能直接调用此方法,但是可以重写此方法,并将绘图语句写在此方法中
public void repaint()	程序可以通过调用此方法重绘当前面板
public int getWidth()	返回面板的宽度
public int getHeight()	返回面板的高度
public Color getBackground()	返回面板的背景颜色。返回值是 java.awt.Color 类型的对象,表示颜色
public void setBackground(Color bg)	用于设置此面板的背景色
public Graphics getGraphics()	返回面板上的 Graphics 对象,每个组件上都有一个 Graphics 对象,用于在组件上绘制图形

【例 13.2】 创建一个用于注册个人信息的窗体。

程序代码如下:

```
//MainFrame 类
import java.awt.GridLayout;
import javax.swing.ButtonGroup;
import javax.swing.JButton;
import javax.swing.JCheckBox;
import javax.swing.JComboBox;
import javax.swing.JFrame;
import javax.swing.JLabel;
import javax.swing.JPanel;
import javax.swing.JPasswordField;
import javax.swing.JRadioButton;
import javax.swing.JScrollPane;
import javax.swing.JTextArea;
import javax.swing.JTextField;

public class MainFrame extends JFrame {
    JTextField userName;
    JPasswordField passWord;
    JRadioButton man,woman;
    JCheckBox hobby1,hobby2,hobby3;
    JComboBox < String > department;
    JTextArea introduction;
    JButton jbs,jbc;
    public MainFrame() {
```

```
                userName = new JTextField(12);
                passWord = new JPasswordField(12);
                JPanel jp1 = new JPanel();
                jp1.setSize(100, 10);
                jp1.add(newJLabel("姓名"));
                jp1.add(userName);
                JPanel jp2 = new JPanel();
                jp2.setSize(100, 10);
                jp2.add(newJLabel("密码"));
                jp2.add(passWord);
                JPanel jp3 = new JPanel();
                jp3.setSize(100, 10);
                jp3.add(new JLabel("性别"));
                ButtonGroup bg = new ButtonGroup();
                man = newJRadioButton("男");
                woman = newJRadioButton("女");
                bg.add(man);
                bg.add(woman);
                jp3.add(man);
                jp3.add(woman);
                JPanel jp4 = new JPanel();
                jp4.setSize(100, 10);
                jp4.add(newJLabel("爱好"));
                hobby1 = newJCheckBox("音乐");
                hobby2 = newJCheckBox("体育");
                hobby3 = newJCheckBox("棋牌");
                jp4.add(hobby1);
                jp4.add(hobby2);
                jp4.add(hobby3);
                JLabel jl = new JLabel("简介");
                introduction = new JTextArea();
                JScrollPane js = new JScrollPane(introduction);
                JPanel jp5 = new JPanel();
                jbs = new JButton("提交");
                jbc = new JButton("重置");
                jp5.add(jbs);
                jp5.add(jbc);
                this.setLayout(new GridLayout(7,1));
                this.add(jp1);
                this.add(jp2);
                this.add(jp3);
                this.add(jp4);
                this.add(jl);
                this.add(js);
                this.add(jp5);
                this.setLocation(200,200);
                this.pack();
                this.setDefaultCloseOperation(JFrame.EXIT_ON_CLOSE);
                this.setVisible(true);
        }
}
//Test 类
public class Test {
    public static void main(String[] args) {
        new MainFrame();
    }
}
```

如上程序构建了一个用户注册的 GUI，其中使用网格型布局管理器（GridLayout）将主窗体设置为 7 行 1 列的布局,关于布局管理器的知识将在 14.1 节中介绍。例 13.2 程序的运行结果如图 13.4 所示。

面板不仅可以作为放置其他组件的容器,也可以用作绘制图形的画布。用户可以在面板上绘制各种几何图形。当把面板用作画布使用时,用户是在面板坐标系下来绘制图形的,面板坐标系的原点位于面板的左上角,X 轴的方向为水平向右,Y 轴的方向是垂直向。

在一个面板上绘图时,首先应获取面板上的 Graphics 对象,Graphics 是 JDK 中用于绘制图形的抽象类,任何一个 GUI 组件上都有一个 Graphics 对象,如果想在该组件上绘图,首先应该获取该对象。JPanel 类的 getGraphics() 方法可以获取一个面板对象上的 Graphics 对象。JPanel 类的 paintComponent(Graphics g) 方法的参数就是该面板对象上的 Graphics 对象,所以在 paintComponent (Graphics g) 方法中可以直接使用参数对象绘制图形。表 13.22 列出了 Graphics 类的常用方法及其功能描述。

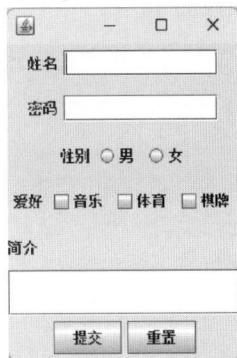

图 13.4 例 13.2 程序的运行结果

表 13.22 Graphics 类的常用方法及其功能描述

方 法	功 能 描 述
public abstract void setColor (Color c)	将绘图的颜色设置为对象 c 所表示的颜色
public abstract void drawLine(int x1,int y1,int x2,int y2)	使用当前颜色在此面板坐标系中的点(x1,y1)和(x2,y2)之间绘制一条直线
public void drawRect (int x,int y,int width,int hcight)	绘制一个矩形。参数 x 和 y 是矩形的左上角坐标,参数 width 和 height 指定矩形的宽和高
public abstract void drawOval(int x,int y,int width,int height)	绘制一个椭圆。参数 x 和 y 是椭圆外接矩形的左上角坐标,参数 width 和 height 是椭圆外接矩形的宽和高,如果 width 和 height 相等,则绘制的是一个圆形
public void draw3DRect(int x,int y, int width, int height, boolean raised)	绘制一个 3D 效果的矩形。参数 x 和 y 是矩形的左上角坐标,参数 width 和 height 指定矩形的宽和高。如果参数 raised 的值为 true,则矩形具有凸起的 3D 效果;如果 raised 的值为 false,则矩形具有凹下的 3D 效果
public abstract void fillRect (int x,int y,int width,int height)	绘制一个有填充颜色的矩形,参数 x 和 y 是矩形的左上角坐标,参数 width 和 height 指定矩形的宽和高。填充的颜色是当前使用的绘图颜色
public void fill3DRect (int x,int y, int width, int height, boolean raised):	绘制一个有填充颜色的 3D 矩形。参数 x 和 y 是矩形的左上角坐标,参数 width 和 height 指定矩形的宽和高。如果参数 raised 的值为 true,则矩形具有凸起的 3D 效果;如果 raised 的值为 false,则矩形具有凹下的 3D 效果。填充的颜色是当前使用的绘图颜色
public abstract void fillOval (int x,int y,int width,int height)	绘制一个有填充颜色的椭圆。参数 x 和 y 是椭圆外接矩形的左上角坐标,参数 width 和 height 是椭圆外接矩形的宽和高,如果 width 和 height 相等,则绘制的是一个有填充颜色的圆形。填充的颜色是当前使用的绘图颜色
public abstract void drawPolygon (int[] xPoints,int[] yPoints,int nPoints)	绘制一个闭合多边形。参数 nPoints 是多边形的顶点数目;参数 xPoints 和 yPoints 是存放多边形的顶点 x 坐标和 y 坐标的数组

【例 13.3】 在面板上绘制几何图形。

本例的程序在面板上绘制了一个具有 3D 效果的矩形和一个有填充颜色的圆形。程序
代码如下：

```java
//MyPanel 类
import java.awt.Color;
import java.awt.Graphics;
import javax.swing.JPanel;

public class MyPanel extends JPanel {
    @Override
    protected void paintComponent(Graphics g) {
        int width;
        width = getWidth();
        this.setBackground(Color.white);
        g.setColor(Color.red);
        g.draw3DRect(5, 5, width/2 - 10, width/2 - 10, true);
        g.setColor(Color.blue);
        g.fillOval(width/2 + 5, 5, width/2 - 10, width/2 - 10);
    }
}
//程序主类 Test 类
import javax.swing.JFrame;

public class Test {
    public static void main(String[] args) {
        JFrame jf = new JFrame();
        MyPanel jp = new MyPanel();
        jf.add(jp);
        jf.setLocation(100,100);
        jf.setSize(400,300);
        jf.setDefaultCloseOperation(JFrame.EXIT_ON_CLOSE);
        jf.setVisible(true);
    }
}
```

例 13.3 程序的运行结果如图 13.5 所示。

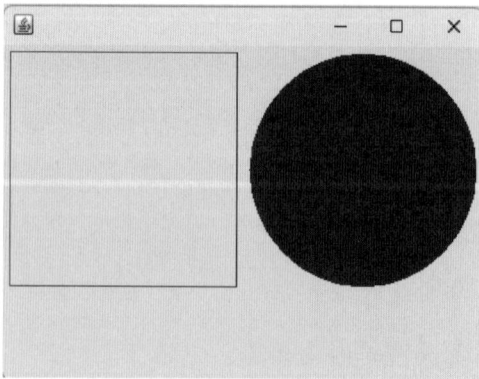

图 13.5 例 13.3 程序的运行结果

13.4 布局管理器

布局管理器是容器型组件的一个属性,所有的容器型组件都有一个 setLayout()方法用来指定容器的布局。本节介绍几种常用的布局管理器。

13.4.1 FlowLayout 型布局

FlowLayout 型布局将组件按从左到右、从上到下的顺序放置到容器中。FlowLayout 是 JPanel 的默认布局。FlowLayout 类是 java.awt 包中的类,表 13.23 列出了 FlowLayout 类的构造方法及其功能描述。

表 13.23 FlowLayout 类的构造方法及其功能描述

方 法	功 能 描 述
public FlowLayout()	创建一个 FlowLayout 对象,它具有居中对齐方式和默认的 5 个像素点的水平和垂直间隙
public FlowLayout(int align)	使用指定的对齐方式和默认的 5 个像素点的水平和垂直间隙构建一个 FlowLayout 对象。参数 align 用于指定组件在容器中的对齐方式
public FlowLayout(int align,int hgap,int vgap)	使用指示的对齐方式以及指定的水平和垂直间隙创建一个 FlowLayout 对象。参数 align 用于指定组件在容器中的对齐方式;参数 hgap 指定组件之间以及组件与容器边界之间的水平间隙,单位是像素点;参数 vgap 指定组件之间以及组件与容器边界之间的垂直间隙

FlowLayout 类构造方法中的参数 align 用于指定组件在容器中的对齐方式,它的取值及其功能描述如表 13.24 所示。

表 13.24 FlowLayout 类构造方法中的参数 align 的取值及其功能描述

参数 align 的取值	功 能 描 述
FlowLayout.LEFT	指定容器中的组件左对齐
FlowLayout.CENTER	指定容器中的组件居中对齐
FlowLayout.RIGHT	指定容器中的组件右对齐

表 13.25 列出了 FlowLayout 类的常用方法及其功能描述。

表 13.25 FlowLayout 类的常用方法及其功能描述

方 法	功 能 描 述
public int getAlignment()	返回此 FlowLayout 布局的对齐方式
public void setAlignment(int align)	设置此 FlowLayout 布局的对齐方式
public int getHgap()	返回容器的组件之间以及组件与容器边框之间的水平间隙
public int getVgap()	返回容器的组件之间以及组件与容器边框之间的垂直间隙
public void setHgap(int hgap)	将组件之间以及组件与容器边界之间的水平间隙设置为 hgap 个像素点
public void setVgap(int vgap)	将组件之间以及组件与容器边界之间的垂直间隙设置为 vgap 个像素点

【**例 13.4**】　使用 FlowLayout 型布局将组件放置在容器中。

程序代码如下：

```java
//Test 类
import java.awt.FlowLayout;
import javax.swing.JButton;
import javax.swing.JFrame;
import javax.swing.JPanel;

public class Test {
    public static void main(String[] args) {
        JFrame frame = new JFrame("FlowLayout 型布局");
        frame.setDefaultCloseOperation(JFrame.EXIT_ON_CLOSE);
        FlowLayout layout = new FlowLayout(FlowLayout.CENTER, 5, 5);
        JPanel panel = new JPanel(layout);
        for (int i = 0; i < 10; i++) {
            panel.add(new JButton("Button " + i));
        }
        frame.add(panel);
        frame.setSize(500, 150);
        frame.setVisible(true);
    }
}
```

如上程序把面板的布局设置为 FlowLayout 型（可以不设置，因为面板的默认布局就是 FlowLayout 型）。然后向其中添加 9 个按钮。例 13.4 程序的运行结果如图 13.6 所示。

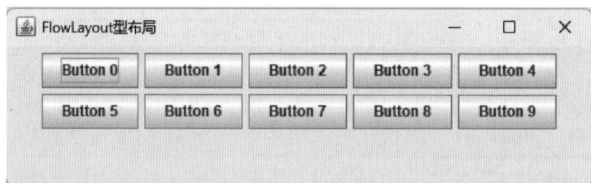

图 13.6　例 13.4 程序的运行结果

从图 13.5 所示的运行结果可以看出，在 FlowLayout 型布局的容器中，每个组件的大小是由组件自身决定的，即可以容纳该组件上的文本或图像的最佳尺寸。当用鼠标拖动窗体边缘，改变容器的形状时，容器中每个组件的大小不变，但它们在容器中的相对位置将发生变化。

13.4.2　BorderLayout 型布局

BorderLayout 型布局将容器分成北、南、东、西和中心 5 个区域，每个区域最多可以包含一个组件。BorderLayout 是 JFrame 容器的默认布局。BorderLayout 类的构造方法及其功能描述如表 13.26 所示。

表 13.26　BorderLayout 类的构造方法及其功能描述

方　　法	功　能　描　述
public BorderLayout()	创建一个 BorderLayout 布局管理器对象。默认组件之间没有间隙
public BorderLayout(int hgap,int vgap)	使用指定的水平间隙 hgap 和垂直间隙 vgap 构造一个 BorderLayout 布局管理器对象

表 13.27 列出了 BorderLayout 类的常用方法及其功能描述。

表 13.27　**BorderLayout 类的常用方法及其功能描述**

方　　法	功　能　描　述
public int getHgap()	返回容器的组件之间的水平间隙
public int getVgap()	返回容器的组件之间的垂直间隙
public void setHgap(int hgap)	将组件之间的水平间隙设置为 hgap 个像素点
public void setVgap(int vgap)	将组件之间的垂直间隙设置为 vgap 个像素点

被设置为 BorderLayout 型布局的容器可以调用带两个参数的 add()方法向容器中添加组件。add()方法的方法签名如下：

```java
public Component add(String name, Component comp);
```

或

```java
public Component add(Component comp, String name );
```

add()方法的参数 name 指定组件添加的区域,其取值是 BorderLayout 类中定义的一个常量,如表 13.28 所示。

表 13.28　**add()方法的 name 参数的取值及其功能描述**

name 参数的取值	功　能　描　述
BorderLayout.CENTER	将组件添加到容器的中心区域
BorderLayout.NORTH	将组件添加到容器的北区(上面的区域)
BorderLayout.SOUTH	将组件添加到容器的南区(下面的区域)
BorderLayout.EAST	将组件添加到容器的东区(右面的区域)
BorderLayout.WEST	将组件添加到容器的西区(左面的区域)

带一个参数的 add(comp)方法将组件默认地添加到 BorderLayout 型容器的中心区域。

【例 13.5】　使用 BorderLayout 型布局将组件放置在容器中。

程序代码如下：

```java
//Test 类
import java.awt.BorderLayout;
import javax.swing.JButton;
import javax.swing.JFrame;
import javax.swing.JPanel;
public class Test {
    public static void main(String[] args) {
        JFrame jf = new JFrame("BorderLayout 型布局");
        JPanel jp = new JPanel();
        jp.setLayout(new BorderLayout(5,5));
        jp.add(new JButton("北区"),BorderLayout.NORTH);
        jp.add(new JButton("南区"),BorderLayout.SOUTH);
        jp.add(new JButton("中区"),BorderLayout.CENTER);
        jp.add(BorderLayout.EAST,new JButton("东区"));
        jp.add(BorderLayout.WEST,new JButton("西区"));
        jf.add(jp);
        jf.setLocation(100, 100);
        jf.setSize(300, 300);
        jf.setDefaultCloseOperation(JFrame.EXIT_ON_CLOSE);
        jf.setVisible(true);
    }
}
```

如上程序将面板的布局设置为 BorderLayout，然后向其中添加 5 个按钮组件。例 13.5 程序的运行结果如图 13.7 所示。

图 13.7　例 13.5 程序的运行结果

13.4.3　GridLayout 型布局

GridLayout 布局管理器将容器划分成若干行和若干列的网格状布局，然后按照从左向右、从上向下的顺序将组件添加到每一个矩形网格中。和 FlowLayout 和 BorderLayout 一样，GridLayout 也是在 java.awt 包中定义的。表 13.29 列出了 GridLayout 类的构造方法及其功能描述。

表 13.29　GridLayout 类的构造方法及其功能描述

方　　法	功　能　描　述
public GridLayout()	创建一个 1 行 1 列的 GridLayout 对象
public GridLayout(int rows,int cols)	创建一个 rows 行 cols 列的 GridLayout 布局管理器对象。这种布局中所有的组件都具有相同的大小
public GridLayout(int rows,int cols,int hgap,int vgap)	使用指定的行数、列数、水平间隙和垂直间隙创建一个 GridLayout 对象。参数 rows 和 cols 指定行数和列出；参数 hgap 和 vgap 指定组件之间的水平间隙和垂直间隙

表 13.29 中的第 2 个和第 3 个构造方法的行数和列数都可以为 0，但不能同时为 0。若其中的一个参数为 0，例如，若参数 rows 的值为 0，则网格中布局的行数不固定，而列数由参数 cols 指定。行数根据放置在容器中的组件个数和容器的列数来确定，假设放置到容器中的组件个数为 10，指定的列数为 3，则行数为 4。GridLayout 类的常用方法及其功能描述如表 13.30 所示。

表 13.30　GridLayout 类的常用方法及其功能描述

方　　法	功　能　描　述
public int getRows()	返回网格状布局的行数
public int getColumns()	返回网格状布局的列数
public int getHgap()	返回容器中组件之间的水平间距
public int getVgap()	返回容器中组件之间的垂直间距
public void setColumns(int cols)	将此布局中的列数设置为参数 cols 指定的值

方 法	功 能 描 述
public void setRows(int rows)	将此布局中的行数设置为参数 rows 指定的值
public void setHgap(int hgap)	将组件之间的水平间距设置为参数 hgap 指定的值
public void setVgap(int vgap)	将组件之间的垂直间距设置为参数 vgap 指定的值

【例 13.6】 使用 GridLayout 型布局将组件放置在容器中。

程序代码如下：

```java
//Test 类
import java.awt.GridLayout;
import javax.swing.JButton;
import javax.swing.JFrame;
import javax.swing.JPanel;

public class Test {
    public static void main(String[] args) {
        JFrame frame = new JFrame("GridLayout 型布局");
        frame.setDefaultCloseOperation(JFrame.EXIT_ON_CLOSE);
        GridLayout layout = new GridLayout(3, 3, 5, 5);
        JPanel panel = new JPanel(layout);
        for (int i = 0; i < 9; i++) {
            panel.add(new JButton("Button " + i));
        }
        frame.add(panel);
        frame.setSize(500, 150);
        frame.setVisible(true);
    }
}
```

如上程序使用一个 3 行 3 列的 GridLayout 型布局管理器对象设置面板的布局，然后向该面板中添加了 9 个按钮组件。例 13.6 程序的运行结果如图 13.8 所示。

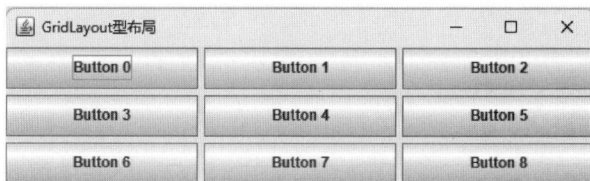

图 13.8 例 13.6 程序的运行结果

读者可以用鼠标拉动图 13.8 中窗体的边缘改变窗体的大小和形状，并观察窗体中组件状态发生的变化。

13.4.4 将容器的布局设置为 null

可以将容器的布局设置为 null，此时由于没有为窗体指定布局类型，因此放置在窗体中的组件需要进行绝对定位。AWT 和 Swing 包中的每种组件都有 setLocation()、setSize() 和 setBounds() 方法，这些方法可以将组件定位到父窗体坐标系中的某个特定位置，并精确地设定组件的大小。

绝对定位组件的大小和位置不会随着容器形状的改变而发生变化，当需要精确地控制组件的位置和大小，且容器窗体的大小和形状不会发生变化时，比较适合采用这种布局方式。

【例 13.7】 在布局类型为 null 的窗体中放置组件。

程序代码如下：

```java
//Test 类
import javax.swing.JFrame;
import javax.swing.JLabel;
import javax.swing.JPanel;
import javax.swing.JPasswordField;
import javax.swing.JTextField;
public class Test {
    public static void main(String[] args) {
        JFrame jf = new JFrame("将窗体的布局设置为 null");
        JPanel jp = new JPanel();
        jp.setLayout(null);
        JLabel jl1 = new JLabel("姓名");
        JLabel jl2 = new JLabel("密码");
        JTextField jt = new JTextField();
        JPasswordField jpw = new JPasswordField();
        jp.add(jl1);
        jp.add(jt);
        jp.add(jl2);
        jp.add(jpw);
        jl1.setLocation(20, 10);
        jl1.setSize(30, 30);
        jt.setLocation(55,10);
        jt.setSize(100, 30);
        jl2.setLocation(20, 50);
        jl2.setSize(30, 30);
        jpw.setLocation(55,50);
        jpw.setSize(100, 30);
        jf.add(jp);
        jf.setLocation(100, 100);
        jf.setSize(320,140);
        jf.setResizable(false);
        jf.setDefaultCloseOperation(JFrame.EXIT_ON_CLOSE);
        jf.setVisible(true);
    }
}
```

如上程序先将面板 jp 的布局设置为 null，然后向其中放置了两个标签（一个文本输入域和一个密码输入域），再对每个组件进行了绝对定位。setResizable()方法用来设置框架窗体的大小能否被用户调整，方法参数如果为 true，则在程序运行时用户可以调整窗体的大小；参数值如果为 false，则窗体的大小和形状被设置为不可改变。例 13.7 程序的运行结果如图 13.9 所示。

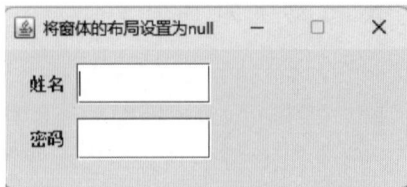

图 13.9　例 13.7 程序的运行结果

13.5 为框架窗体添加菜单

程序的主窗体通常都带有菜单。给框架窗体添加菜单需实现以下几步操作。

（1）创建菜单栏对象，并调用 JFrame 类的 setJMenuBar( )方法将其设置为框架窗体的菜单栏。Swing 包中的 JMenuBar 类表示菜单栏。

（2）创建菜单对象，并使用 JMenuBar 类的 add( )方法，把它添加到菜单栏上。JMenu 类是 Swing 包中的菜单对象。

（3）创建菜单项，调用 JMenu 类的 add( )方法，把它添加到菜单上。Swing 包中的 JMenuItem 类表示菜单项。

JMenuBar 类只有一个不带参数的构造方法；表 13.31 和表 13.32 分别列出了 JMenu 类和 JMenuItem 类的常用构造方法及其功能描述。

表 13.31　JMenu 类的常用构造方法及其功能描述

方　　法	功　能　描　述
public JMenu( )	创建一个不带任何文本和图像的菜单对象
public JMenu(String s)	创建一个带有文本的菜单对象。参数 s 是菜单上显示的文本

表 13.32　JMenuItem 类的常用构造方法及其功能描述

方　　法	功　能　描　述
public JMenuItem( )	创建没有设置文本或图标的菜单项
public JMenuItem(String text)	创建一个显示文本的菜单项。参数 text 是菜单项上显示的文本
public JMenuItem(Icon icon)	使用指定图标创建一个菜单项。参数 icon 是菜单项上显示的图标
public JMenuItem（String text，Icon icon）	使用指定的文本和图标创建一个菜单项。参数 text 是菜单项上显示的文本，参数 icon 是菜单项上显示的图标

表 13.33、表 13.34 和表 13.35 分别列出了 JMenuBar、JMenu 和 JMenuItem 类的常用方法及其功能描述。

表 13.33　JMenuBar 类的常用方法及其功能描述

方　　法	功　能　描　述
public JMenu add(JMenu c)	将指定的菜单追加到菜单栏的末尾。参数 c 是要添加的菜单对象
public JMenu getMenu(int index)	返回菜单栏中指定位置的菜单对象。整型参数 index 给出菜单栏中的位置，其中 0 是第一个位置

表 13.34　JMenu 类的常用方法及其功能描述

方　　法	功　能　描　述
public JMenuItem add(JMenuItem menuItem)	将菜单项 menuItem 追加到此菜单的末尾
public void addSeparator( )	在菜单末尾添加一个水平分隔符
public JMenuItem getItem（int pos）	返回指定位置处的 JMenuItem 对象，整型参数 pos 指定菜单项所在的位置
public int getItemCount( )	返回菜单上包含的项数，包括分隔符
public JMenuItem insert（JMenuItem mi，int pos）	在指定的位置插入一个菜单项。参数 mi 是要插入的菜单项，整型参数 pos 指定菜单项的插入位置

续表

方　　法	功 能 描 述
public void insertSeparator(int index)	在指定位置插入一个水平分隔符。参数 index 是插入菜单分隔符的位置
public boolean isSelected()	如果菜单当前已被选中，则返回 true；否则返回 false。被选中的菜单将被高亮显示
public void remove(int pos)	从此菜单中删除索引 pos 处的菜单项

表 13.35　JMenuItem 类的常用方法及其功能描述

方　　法	功 能 描 述
public void addActionListener (ActionListener l)	用户单击此菜单项会触发一个 ActionEvent 事件。此方法把对象 l 添加到此事件的监听器队列中。这一步操作称为注册监听器
public void setText(String text)	设置菜单项上显示的文本
public void setIcon(Icon defaultIcon)	设置菜单项上显示的图标

【例 13.8】 为框架窗体添加菜单。

程序代码如下：

```java
import javax.swing.ImageIcon;
import javax.swing.JFrame;
import javax.swing.JMenu;
import javax.swing.JMenuBar;
import javax.swing.JMenuItem;
import javax.swing.JPopupMenu;
public class Test {
    public static void main(String[] args) {
        JFrame jf = new JFrame("演示窗体菜单");
        JMenuBar jmb = new JMenuBar();
        JMenu jm = new JMenu("文件");
        ImageIcon icon1 = new ImageIcon("create.png");
        ImageIcon icon2 = new ImageIcon("open.png");
        ImageIcon icon3 = new ImageIcon("save.png");
        ImageIcon icon4 = new ImageIcon("delete.png");
        ImageIcon icon5 = new ImageIcon("stop.png");
        ImageIcon icon6 = new ImageIcon("pdf.png");
        ImageIcon icon7 = new ImageIcon("image.png");
        JMenuItem jt1 = new JMenuItem("新建", icon1);
        JMenu jt2 = new JMenu("打开");
        JMenuItem jt3 = new JMenuItem("保存", icon3);
        JMenuItem jt4 = new JMenuItem("删除", icon4);
        JMenuItem jt5 = new JMenuItem("退出", icon5);
        JMenuItem jt6 = new JMenuItem("PDF 文件", icon6);
        JMenuItem jt7 = new JMenuItem("图像文件", icon7);
        jt2.add(jt6);
        jt2.add(jt7);
        jm.add(jt1);
        jm.add(jt2);
        jm.add(jt3);
        jm.add(jt4);
        jm.addSeparator();
        jm.add(jt5);
        jmb.add(jm);
        jf.setJMenuBar(jmb);
        jf.setLocation(100, 100);
        jf.setSize(300, 200);
        jf.setDefaultCloseOperation(JFrame.EXIT_ON_CLOSE);
```

```
        jf.setVisible(true);
    }
}
```

例 13.8 程序的运行结果如图 13.10 所示。

图 13.10 例 13.8 程序的运行结果

13.6 事件处理

Java GUI 应用程序是事件驱动的。程序开始运行后就停靠在程序的主窗体上。用户的某些行为会触发窗体组件事件,例如,用户用鼠标单击窗体界面上的按钮的行为将触发按钮上的 ActionEvent 事件;用户在文本输入域中输入文本时,将触发文本输入域中的文档(Document)对象上的 DocumentEvent 事件,当用户在文本输入域中输入了文本之后,按Enter 键时,将触发文本输入域对象的 ActionEvent 事件;当用户在面板上移动鼠标时,将触发面板上的 MouseMotionEvent 事件。程序可以捕获并处理这些事件,这种对事件的处理行为将导致程序一步步地向前执行,这就是事件驱动。

13.6.1 Java 的事件驱动机制

Java 语言 GUI 程序的事件驱动机制中有两个重要的角色——事件源对象和事件监听器对象。

事件源对象是发生事件的 GUI 组件。例如,当用户用鼠标单击按钮时,按钮组件上将发生一个 ActionEvent 事件,这个按钮组件就是此事件的事件源对象;而当用户在面板上移动鼠标时,面板组件是 MouseMotionEvent 事件的事件源对象。

程序中处理某个事件的对象是此事件的监听器对象。例如,可以让包含按钮的面板组件处理按钮上发生的 ActionEvent 事件,则这个面板对象就是此事件的监听器对象。程序中任意类的对象只要完成以下两步操作,就可以成为某个特定事件的监听器。

(1) 实现特定的事件监听器接口。JDK 为每种事件提供了相应的事件监听器接口,监听器接口中定义了处理事件的方法。例如,ActionEvent 事件的监听器接口是 ActionListener,其中定义的事件处理方法是 actionPerformed()。一个类实现事件监听器接口就是将事件处理方法添加到类中。所以一个类若想成为 ActionEvent 事件的监听器,就要先实现ActionListener 接口。

(2) 在事件源对象上注册监听器。每个事件源对象上都针对特定事件维护一个事件监听器列表,并且提供一个 addXxxListener(XXXListener l)方法用于将对象 l 添加到 XxxEvent 事件的监听器列表中,这一步操作称为注册监听器。例如,可以调用按钮对象的 addActionListener(ActionListener l)方法将一个实现了 ActionListener 接口的类的对象 l 注册为按钮上发生的 ActionEvent 事件的监听器对象。

完成了以上两步操作后,一旦程序在运行过程中用户触发了事件,JVM 将自动调用在事件源对象上注册的所有监听器对象的事件处理方法来处理该事件。例如,当用户单击按钮时,在按钮上注册的所有监听器对象的 actionPerformed()方法都会被 JVM 调用来处理这个 ActionEvent 事件。Java 中的 GUI 事件驱动机制如图 13.11 所示,其中的序号表示实现事件驱动的步骤。

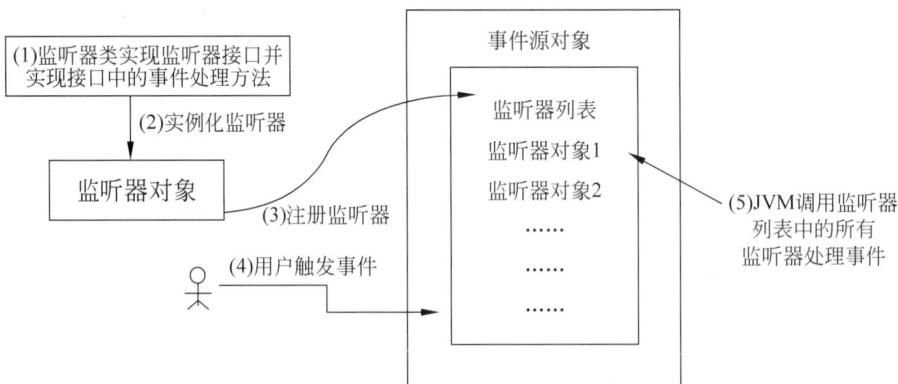

图 13.11　Java 中的 GUI 事件驱动机制

13.6.2　处理 ActionEvent 事件

ActionEvent 是最常见的 GUI 组件事件,当用户使用鼠标单击界面上的按钮或菜单项以及当光标位于文本输入组件中时用户按键盘上的 Enter 键等行为都会触发 ActionEvent 事件。ActionEvent 事件的监听器接口是 ActionListener,ActionListener 接口中定义的事件处理方法是 actionPerformed(),此方法的方法签名如下:

```
public void actionPerformed(ActionEvent e);
```

ActionEvent 类定义在 java.awt.event 包中,它的常用方法及其功能描述如表 13.36 所示。

表 13.36　ActionEvent 类的常用方法及其功能描述

方　　　法	功　能　描　述
public Object getSource()	返回发生此事件的事件源对象
public String getActionCommand()	返回与此事件关联的命令字符串
public long getWhen()	返回此事件发生的时间

表 13.36 中的 getActionCommand()方法返回与此 ActionEvent 事件相关联的命令字符串。Swing 包中可以触发 ActionEvent 事件的常用组件,包括按钮(JButton)、菜单项(JMenuItem)、文本输入域(JTextField)、复选框(JCheckBox)、单选按钮(JRadioButton)和下拉列表(JComboBox)等。

对于按钮对象而言,默认情况下,它的 ActionEvent 事件的命令字符串是按钮上显示的文本。

对于菜单项而言,默认情况下,它的 ActionEvent 事件的命令字符串是该菜单项上显示的文本。

文本输入域组件中触发的 ActionEvent 事件的命令字符串是用户在该文本输入域中输入的文本。

复选框组件中触发的 ActionEvent 事件的命令字符串是被选中的选项的字符串表示。

单选按钮组件中触发的 ActionEvent 事件的命令字符串是被选中的单选按钮上的文本。

对于下拉列表组件而言,默认情况下,它的 ActionEvent 事件的命令字符串是 "comboBoxChanged"。

以上这几种组件都可以调用它们的成员方法 setActionCommand(String actionCommand) 重新设置在其上发生 ActionEvent 事件的命令字符串。

【例 13.9】 处理 ActionEvent 事件。

程序代码如下:

```java
//MainFrame 类
import java.awt.event.ActionEvent;
import java.awt.event.ActionListener;
import java.util.Arrays;
import java.util.HashSet;
import java.util.Set;
import javax.swing.JButton;
import javax.swing.JFrame;
import javax.swing.JPanel;
import javax.swing.JTextField;

public class MainFrame extends JFrame implements ActionListener {
    private JPanel jp;
    private JTextField jt1,jt2;
    private JButton jb;
    public MainFrame() {
        super("ActionEvent 实例");
        jp = new JPanel();
        jt1 = new JTextField(10);
        jt2 = new JTextField(15);
        jt2.setEditable(false);
        jb = new JButton("计算");
        jp.add(jt1);
        jp.add(jb);
        jp.add(jt2);
        add(jp);
        jt1.addActionListener(this);
        jb.addActionListener(this);
        setLocation(100,100);
        setSize(400,100);
        setDefaultCloseOperation(JFrame.EXIT_ON_CLOSE);
        setVisible(true);
```

```
        }
        @Override
        public void actionPerformed(ActionEvent e) {
            String str = jt1.getText();
            String[] expression = str.split("\\p{Blank}");
            double result = 0;
            double op1;
            double op2;
            if(expression.length!= 3)
                jt2.setText("输入的表达式格式不正确");
            else {
                try {
                    op1 = Double.parseDouble(expression[0]);
                    op2 = Double.parseDouble(expression[2]);
                }
                catch(NumberFormatException e1) {
                    jt2.setText("输入了非法的操作数");
                    return;
                }
                char operator = expression[1].charAt(0);
                if(isOperator(operator)) {
                    switch(operator) {
                    case '+':result = op1 + op2;break;
                    case '-':result = op1 - op2;break;
                    case '*':result = op1 * op2;break;
                    case '/':result = op1/op2; result = ((int)(result * 100))/100.0; break;
                    }
                    jt2.setText(op1 + " " + operator + " " + op2 + " = " + result);
                }
                else
                    jt2.setText("运算符输入错误");
            }

        }
        public boolean isOperator(char op) {
            Character[] operators = {'+','-','*','/'};
            boolean con = (Arrays.asList(operators)).contains(op);
            return con;
        }
    }
    //主类 Test
    public class Test {
        public static void main(String[] args) {
            new MainFrame();
        }
    }
```

程序的界面上显示了两个文本框，中间有一个按钮。用户可以在左侧的文本框中输入一个简单的算术运算表达式，表达式中有两个操作数和一个运算符，操作数和运算符之间必须以空格分开。用户完成表达式输入后按 Enter 键或使用鼠标单击"计算"按钮触发一个

ActionEvent 事件；程序使用框架窗体类（MainFrame）的对象作为该事件的监听器，MainFrame 类实现了 ActionListener 接口并实现了接口中定义的事件处理方法 actionPerformed()。该方法计算出表达式的值并把计算结果显示在右侧的文本框中。例 13.9 程序的运行结果如图 13.12 所示。

图 13.12　例 13.9 程序的运行结果

例 13.9 中 MainFrame 类的成员方法 isOperator() 用来判断参数 op 是否是一个合法的运算符。方法中定义了一个包含加、减、乘、除、取余 5 个运算符的字符对象数组，然后判断参数字符型 op 是否在数组中，并返回判断结果。

13.6.3　处理 ItemEvent 事件

在 GUI 程序运行时，当用户在下拉列表、复选框、单选按钮等组件中选择选项时，将在这些组件上触发 ItemEvent 事件，这些组件中的 addItemListener() 方法用来注册 ItemEvent 事件的监听器。

ItemEvent 事件的监听器接口是 ItemListener，监听器接口中声明的事件处理方法是 itemStateChanged()，此方法的方法签名如下：

```
public void itemStateChanged(ItemEvent e);
```

【例 13.10】　处理 ItemEvent 事件。

程序代码如下：

```
import javax.swing.JCheckBox;
import javax.swing.JComboBox;
import javax.swing.JFrame;
import javax.swing.JLabel;
import javax.swing.JPanel;
import javax.swing.JTextField;

public class MainFrame extends JFrame{
    private JTextField jtop1;
    private JTextField jtop2;
    private JTextField jtResult;
    private JComboBox jc;
    Listener listener;
    public MainFrame() {
        super("ItemEvent 实例");
        jtop1 = new JTextField(6);
        jtop2 = new JTextField(6);
        jtResult = new JTextField(15);
        jc = new JComboBox();
        jc.addItem("请选择运算符");
        jc.addItem('+');
        jc.addItem('-');
        jc.addItem('*');
```

```
                jc.addItem('/');
                listener = new Listener();
                listener.setJComboBox(jc);
                listener.setJtop1(jtop1);
                listener.setJtop2(jtop2);
                listener.setJtresult(jtResult);
                jc.addItemListener(listener);

                JPanel jp = new JPanel();
                jp.add(new JLabel("操作数 1"));
                jp.add(jtop1);
                jp.add(jc);
                jp.add(new JLabel("操作数 2"));
                jp.add(jtop2);
                jp.add(new JLabel("运算结果"));
                jp.add(jtResult);

                this.add(jp);
                this.setLocation(100, 100);
                this.setSize(650, 200);
                this.setDefaultCloseOperation(JFrame.EXIT_ON_CLOSE);
                this.setVisible(true);
        }
}
//监听器类 Listener
import java.awt.event.ItemEvent;
import java.awt.event.ItemListener;
import javax.swing.JComboBox;
import javax.swing.JTextField;

public class Listener implements ItemListener {
        JTextField jtop1;
        JTextField jtop2;
        JTextField jtresult;
        JComboBox jComboBox;
        public void setJtop1(JTextField jtop1) {
                this.jtop1 = jtop1;
        }
        public void setJtop2(JTextField jtop2) {
                this.jtop2 = jtop2;
        }
        public void setJtresult(JTextField jtresult) {
                this.jtresult = jtresult;
        }
        public void setJComboBox(JComboBox jc) {
                jComboBox = jc;
        }
        public void itemStateChanged(ItemEvent e) {
                String ops1 = jtop1.getText();
                String ops2 = jtop2.getText();
                double opr1;
                double opr2;
                double res = 0;
                char opt = ' ';
```

```
        try{
            opr1 = Double.parseDouble(ops1);
            opr2 = Double.parseDouble(ops2);
        }
        catch(NumberFormatException e1) {
            jtresult.setText("操作数格式错误");
            return;
        }
        try {
            opt = (Character)jComboBox.getSelectedItem();
        }
        catch(ClassCastException e3) {
            jtresult.setText("运算符选择错误");
            return;
        }
        switch(opt) {
        case '+':res = opr1 + opr2;break;
        case '-':res = opr1 - opr2;break;
        case '*':res = opr1 * opr2;break;
        case '/':res = opr1/opr2;res = ((int)(res * 100))/100.0;break;
        }
        jtresult.setText(opr1 + " " + opt + " " + opr2 + " = " + res);
    }
}
//程序主类 Test
public class Test {
    public static void main(String[] args) {
        new MainFrame();
    }
}
```

和例 13.9 类似,本例也实现了一个二元算术运算的计算器,和例 13.9 的不同点是本例让用户使用一个下拉列表选择运算符。用户在下拉列表中选择运算符时将触发一个 ItemEvent 事件。程序中设计了一个类 Listener 作为监听器类,Listener 类实现了 ItemListener 接口,并对接口中声明的事件处理方法 itemStateChanged() 提供了具体实现。由于 Listener 和主窗体类 MainFrame 是两个独立的类,并且在处理事件时,Listener 类的 itemStateChanged() 方法要访问 MainFrame 类的成员(具体地说就是从 MainFrame 类的 JTextField 型组件成员 jtop1 和 jtop2 中提取用户输入的操作数,从 MainFrame 类的 JComboBox 型组件成员 jc 中提取用户选择的运算符,并将运算结果显示到 MainFrame 类的 JTextField 型组件 jtResult 中),因此在 Listener 类中设置了 3 个 JTextField 型引用变量和 1 个 JComboBox 型引用变量,并且在初始化 MainFrame 类窗体时,让它们引用 MainFrame 类的相应的组件成员。例 13.10 程序的运行结果如图 13.13 所示。

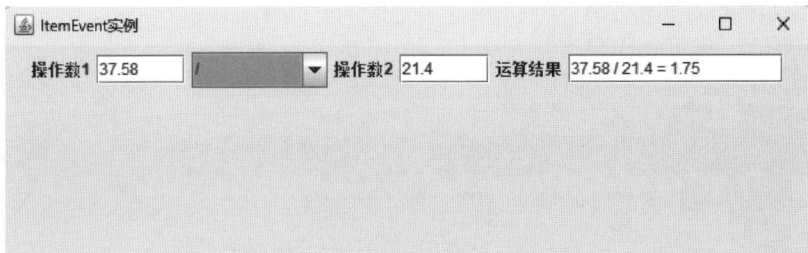

图 13.13 例 13.10 程序的运行结果

13.6.4 处理 DocumentEvent 事件

当用户在 Swing 组件 JTextArea 中输入文本、删除文本、插入文本或修改文本内容时，会在 JTextArea 组件中的 Document 对象上触发一个 DocumentEvent 事件。需要注意，此DocumentEvent 事件的事件源对象并不是 JTextArea 组件，而是 JTextArea 组件上的Document 对象，可以调用 JTextArea 组件的 getDocument()方法获取该对象。

DocumentEvent 事件的监听器接口是 DocumentListener，接口 DocumentListener 中声明了 3 个事件处理方法，如表 13.37 所示。

表 13.37 DocumentListener 接口中声明的事件处理方法及其功能描述

方　　法	功　能　描　述
void changedUpdate(DocumentEvent e)	当文档属性发生变化时，此方法会被调用
void insertUpdate(DocumentEvent e)	当用户插入文档内容时，会调用此方法对此 DocumentEvent 事件进行处理
void removeUpdate(DocumentEvent e)	当用户删除文档内容时，会调用此方法对此 DocumentEvent 事件进行处理

【例 13.11】 处理 DocumentEvent 事件。

程序代码如下：

```java
//主窗体类 MainFrame
import java.awt.Color;
import javax.swing.BorderFactory;
import javax.swing.JFrame;
import javax.swing.JPanel;
import javax.swing.JScrollPane;
import javax.swing.JTextArea;
import javax.swing.border.Border;
import javax.swing.event.DocumentEvent;
import javax.swing.event.DocumentListener;
import javax.swing.text.Document;

public class MainFrame extends JFrame {
    JTextArea jta1,jta2;
    public MainFrame() {
            super("处理 DocumentEvent");
        jta1 = new JTextArea(10,20);
        jta2 = new JTextArea(10,20);
        Border border = BorderFactory.createLineBorder(Color.black);
        jta1.setBorder(border);
        //jta2.setEditable(false);
        JPanel jp = new JPanel();
        jp.add(new JScrollPane(jta1));
        jp.add(new JScrollPane(jta2));

        this.add(jp);
        Document document = jta1.getDocument();

        document.addDocumentListener(new DocumentListener() {
```

```
        @Override
        public void changedUpdate(DocumentEvent arg0) {
            jta2.append("用户输入的文档内容: \n" + jta1.getText() + "\n");
        }

        @Override
        public void insertUpdate(DocumentEvent arg0) {
            jta2.append("用户正在插入文档内容\n");
            changedUpdate(arg0);
        }
        @Override
        public void removeUpdate(DocumentEvent arg0) {
            jta2.append("用户正在删除文档内容\n");
            changedUpdate(arg0);
        }

    });
    this.setLocation(100, 100);
    this.setSize(600, 300);
    this.setDefaultCloseOperation(JFrame.EXIT_ON_CLOSE);
    this.setVisible(true);
    }
}
//程序主类 Test
public class Test {
    public static void main(String[] args) {
        new MainFrame();
    }
}
```

如上程序在面板上放置了两个 JTextArea 组件,分别为 jta1 和 jta2,当用户在 jta1 组件上插入、删除文本时会触发一个 DocumentEvent 事件。

本程序将一个主窗体类 MainFrame 的匿名内部类的对象注册为 DocumentEvent 事件的监听器对象。使用匿名内部类对象作为监听器的优点是,在内部类中可以直接访问外嵌类 MainFrame 的所有成员组件。

程序给 JTextArea 组件 jta1 加上了线性边框,并且给组件 jta1 和 jta2 加上了滚动条。

程序监控用户在 jta1 中输入文本的操作,并将监控结果显示在组件 jta2 中。例 13.11 程序的运行结果如图 13.14 所示。

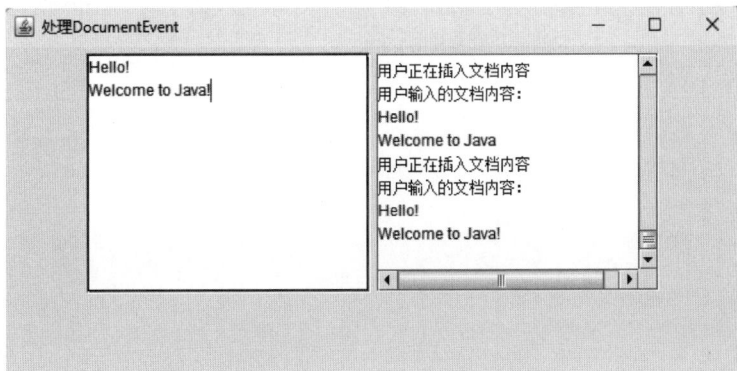

图 13.14　例 13.11 程序的运行结果

13.6.5 处理 MouseEvent 事件

在程序运行过程中,用户在 GUI 组件上操作鼠标时将触发 MouseEvent 事件。用于声明鼠标事件处理方法的监听器接口有两个,分别是 MouseListener 和 MouseMotionListener。表 13.38 和表 13.39 分别列出了 MouseListener 和 MouseMotionListener 接口中包含的事件处理方法及其功能描述。

表 13.38 MouseListener 接口中包含的事件处理方法及其功能描述

方　　法	功　能　描　述
void mouseClicked (MouseEvent e)	用户在组件上单击鼠标键时触发一个 MouseEvent 事件,JVM 调用监听器的此方法处理这个事件
void mousePressed (MouseEvent e)	用户在组件上按下鼠标键时触发一个 MouseEvent 事件,JVM 调用监听器的此方法处理这个事件
void mouseReleased (MouseEvent e)	用户在组件上释放被按下的鼠标键时触发一个 MouseEvent 事件,JVM 调用监听器的此方法处理这个事件
void mouseEntered (MouseEvent e)	当鼠标光标进入组件时触发一个 MouseEvent 事件,JVM 调用监听器的此方法处理这个事件
void mouseExited (MouseEvent e)	当鼠标光标退出组件时触发一个 MouseEvent 事件,JVM 调用监听器的此方法处理这个事件

表 13.39 MouseMotionListener 接口中包含的事件处理方法及其功能描述

方　　法	功　能　描　述
void mouseDragged (MouseEvent e)	当用户在组件上按下鼠标按键然后拖动时将触发 MouseMotionEvent 事件,JVM 调用此方法处理这个事件。此事件将继续传递到拖动产生的组件,直到用户释放鼠标按键
void mouseMoved (MouseEvent e)	当用户将鼠标光标移动到组件上但未按下任何按键时会触发 MouseMotionEvent 事件,JVM 调用此方法处理这个事件

表 13.40 列出了鼠标事件 MouseEvent 类的常用方法及其功能描述。

表 13.40 MouseEvent 类的常用方法及其功能描述

方　　法	功　能　描　述
public int getX()	返回发生事件时鼠标光标在源组件坐标系中的 x 坐标
public int getY()	返回发生事件时鼠标光标在源组件坐标系中的 y 坐标
public int getButton()	返回发生事件时,鼠标上被按下的键。返回值至少是以下 4 个常量之一:0(MouseEvent. NOBUTTON)、1(MouseEvent. BUTTON1)、2(MouseEvent. BUTTON2)、3(MouseEvent. BUTTON3)
public int getClickCount()	返回与此事件相关联的鼠标单击次数

【例 13.12】 处理 MouseEvent 事件。

本例程序的功能是在面板上拖动鼠标并在拖动轨迹上绘制线条。程序代码如下:

```
//MyPanel 类
import java.awt.Color;
import java.awt.Graphics;
import java.awt.event.MouseEvent;
import java.awt.event.MouseListener;
import java.awt.event.MouseMotionListener;
import javax.swing.JPanel;
```

```java
public class MyPanel extends JPanel implements MouseListener,MouseMotionListener{
    private int xStart;
    private int yStart;
    private int xEnd;
    private int yEnd;
    public MyPanel() {
        this.addMouseListener(this);
        this.addMouseMotionListener(this);
    }
    @Override
    public void mouseDragged(MouseEvent e) {
        xEnd = e.getX();
        yEnd = e.getY();
        this.repaint();
        xStart = xEnd;
        yStart = yEnd;
    }
    @Override
    public void mouseMoved(MouseEvent e) {
    }
    @Override
    public void mouseClicked(MouseEvent e) {
    }
    @Override
    public void mouseEntered(MouseEvent e) {
    }
    @Override
    public void mouseExited(MouseEvent e) {
    }
    @Override
    public void mousePressed(MouseEvent e) {
        xStart = e.getX();
        yStart = e.getY();
    }
    @Override
    public void mouseReleased(MouseEvent e) {
    }
    @Override
    protected void paintComponent(Graphics g) {
        g.setColor(Color.blue);
        g.drawLine(xStart, yStart, xEnd, yEnd);
    }
}
//程序主类 Test
import javax.swing.JFrame;

public class Test {
    public static void main(String[] args) {
        JFrame jf = new JFrame("处理鼠标事件");
        MyPanel jp = new MyPanel();
        jf.add(jp);
        jf.setLocation(200, 200);
        jf.setSize(400, 400);
        jf.setDefaultCloseOperation(JFrame.EXIT_ON_CLOSE);
        jf.setVisible(true);
    }
}
```

程序中的 MyPanel 类是 JPanel 的子类，并且实现了处理 MouseEvent 的接口 MouseListener 和 MouseMotionListener。在 MyPanel 类的构造方法中，将处理其上发生的鼠标事件的监听器设置为面板对象本身。

当用户在面板上按下鼠标按键时，JVM 将调用 mousePressed()方法，在 mousePressed()方法中记下鼠标按键被按下的坐标(xStart,yStart)。

当用户在面板上拖动鼠标时，JVM 将调用 mouseDragged()方法，在 mouseDragged()方法中先获取鼠标被拖动到的当前位置坐标(xEnd,yEnd)，然后调用面板对象的 repaint()方法重绘面板。repaint()将调用面板对象的 paintComponent()方法重绘面板。paintComponent()方法在(xStart,yStart)和(xEnd,yEnd)两点之间绘制一条蓝色连线。

也可以将绘制线段的语句放在 mouseDragged()方法中，此时应先调用面板对象的 getGraphics()方法获取面板对象上的 Graphics 对象。

例 13.12 程序的运行结果如图 13.15 所示。

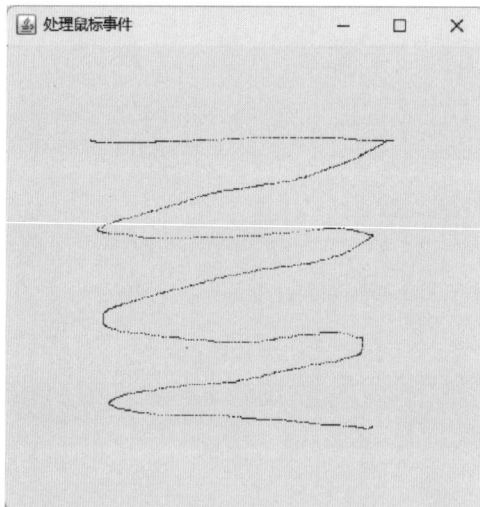

图 13.15　例 13.12 程序的运行结果

13.6.6　处理 KeyEvent 事件

用户在图形界面组件上按下、释放或单击键盘上的某个按键时，将在这个组件上触发 KeyEvent 事件。用于注册 KeyEvent 事件的监听器接口是 KeyListener。在 KeyListener 接口中声明了 3 个事件处理方法。表 13.41 列出了接口 KeyListener 中声明的事件处理方法及其功能描述，表 13.42 列出了 KeyEvent 类的常用方法及其功能描述。

表 13.41　KeyListener 中声明的事件处理方法及其功能描述

方　　法	功　能　描　述
void keyPressed(KeyEvent e)	处理键盘上的某个按键被用户按下的事件
void keyReleased(KeyEvent e)	当用户释放了某个被按下的键盘按键时，此方法会被调用处理这个事件
void keyTyped(KeyEvent e)	处理键盘上的某个按键被用户单击所触发的事件

表 13.42 KeyEvent 类的常用方法及其功能描述

方 法	功 能 描 述
public char getKeyChar()	返回用户按下、释放或单击的键盘按键上的 Unicode 字符。如果此按键不存在有效的 Unicode 字符,则返回常量 KeyEvent. CHAR_UNDEFINED
public int getKeyCode()	返回与此事件相关的键盘按键的 keyCode 值
public static String getKeyText (int keyCode)	返回触发此键盘事件的按键上显示的文本
public int getModifiers()	返回发生此键盘事件时同时按下的修饰键的掩码
public boolean isActionKey()	判断与此事件相关的按键是否是功能键。若是则返回 true,否则返回 false。通常,功能键不会激发 Unicode 字符,也不是修饰键

表 13.42 中的 getKeyCode()方法在处理 KEY_PRESSED(键盘按键被按下)和 KEY_RELEASED(键盘按键被释放)事件时,返回此按键的 keyCode 值。KeyEvent 类为键盘上的按键设置了相应的整型常量,用以区别不同的按键,这个整型常量就是键盘按键的 keyCode。在处理 KEY_TYPED 事件(单击事件)的 keyTyped(KeyEvent e)方法中调用此方法时,不管按的是什么按键,返回值都是 VK_UNDEFINED(0)。表 13.43 列出了一些常用的 keyCode 常量。

表 13.43 常用的 keyCode 常量

keyCode 常量	键 盘 按 键
VK_x	x 表示任一英文大写字母,VK_x 是键盘上的英文字母键 x 的 keyCode 常量。如 VK_A 是英文字母按键"A"的 keyCode 常量
VK_d	d 是 0~9 的一个数字字符,VK_d 是键盘上的数字按键 d 的 keyCode 常量。如 VK_5 是数字按键"5"的 keyCode 常量
VK_ADD	表示"+"按键的 keyCode 常量
VK_SUBTRACT	表示"−"按键的 keyCode 常量
VK_EQUALS	表示"="按键的 keyCode 常量
VK_ENTER	表示"Enter"按键的 keyCode 常量
VK_SPACE	表示空格键的 keyCode 常量
VK_ESCAPE	表示"Esc"按键的 keyCode 常量
VK_CAPS_LOCK	表示"Caps Lock"按键的 keyCode 常量
VK_BACK_SPACE	表示"Backspace"按键的 keyCode 常量
VK_CONTROL	表示"Ctrl"按键的 keyCode 常量
VK_SHIFT	表示"Shift"按键的 keyCode 常量
VK_ALT	表示"Alt"按键的 keyCode 常量
VK_UP	表示键盘上的"上箭头"按键的 keyCode 常量
VK_DOWN	表示键盘上的"下箭头"按键的 keyCode 常量
VK_LEFT	表示键盘上的"左箭头"按键的 keyCode 常量
VK_RIGHT	表示键盘上的"右箭头"按键的 keyCode 常量

表 13.42 中的 getModifiers()方法是 KeyEvent 类从它的父类 InputEvent 继承的一个方法,此方法返回在触发键盘事件时,用户同时按下的修饰键的掩码。键盘上的一些按键可以作为修饰键和其他按键一起组成组合按键,例如,Ctrl 按键、Shift 按键和 Alt 按键就经常和其他按键组成组合按键,如 Ctrl+C、Ctrl+V。InputEvent 类中定义了这些修饰键的掩

码常量。在处理 KeyEvent 事件时，可以使用方法 getModifiers()的返回值和这些掩码常量进行按位与运算，判断用户是否同时按下了这些修饰按键。表 13.44 列出了 InputEvent 类中定义的常用修饰键的掩码常量。

表 13.44　InputEvent 类中定义的常用修饰键的掩码常量

键 盘 按 键	掩 码 常 量
Ctrl 键	KeyEvent. CTRL_MASK
Alt 键	KeyEvent. ALT_MASK
Shift 键	KeyEvent. SHIFT_MASK

键盘上还有一类按键称为功能键，如 F1、F2 等。表 13.42 中的 isActionKey()方法用来判断触发此 KeyEvent 事件的按键是否为功能键。

【例 13.13】　处理面板上的 KeyEvent 事件。

本例程序可以在一个面板上连续输出用户按下的按键上的字符。程序代码如下：

```java
//MyPanel 类
import java.awt.Color;
import java.awt.Font;
import java.awt.Graphics;
import java.awt.event.KeyEvent;
import java.awt.event.KeyListener;
import javax.swing.JPanel;

public class MyPanel extends JPanel implements KeyListener {
    static int pressCount = 1;
    public MyPanel() {
        this.setFocusable(true);                //设置面板可以获得光标
        this.addKeyListener(this);              //将面板对象注册为 KeyEvent 事件的监听器
    }
    @Override
    public void keyPressed(KeyEvent e) {        //处理 KEY_PRESSED 事件
        Graphics g = this.getGraphics();        //获取面板上的 Graphics 对象
        Font font = new Font(Font.SERIF,Font.BOLD,40);  //创建字体对象
        g.setFont(font);                        //设置绘图字体
        g.setColor(Color.red);                  //设置绘图颜色
        char ch = e.getKeyChar();
        int code = e.getKeyCode();
        if((code!= KeyEvent.VK_CAPS_LOCK)&&(code!= KeyEvent.VK_BACK_SPACE)){
         String str = String.valueOf(ch);
         g.drawString(str, 30 * pressCount, 80);
         pressCount++;
         }
    }
    @Override
    public void keyReleased(KeyEvent e) {
    }
    @Override
    public void keyTyped(KeyEvent e) {
    }
}
//程序主类 Test 类
import javax.swing.JFrame;
```

```
public class Test {
    public static void main(String[] args) {
        JFrame jf = new JFrame("处理键盘事件");
        MyPanel panel = new MyPanel();
        jf.add(panel);
        jf.setLocation(200,200);
        jf.setSize(500, 400);
        jf.setDefaultCloseOperation(JFrame.EXIT_ON_CLOSE);
        jf.setVisible(true);
    }
}
```

例 13.13 程序的运行结果如图 13.16 所示。

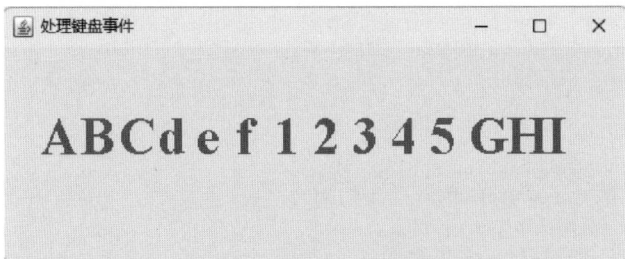

图 13.16　例 13.13 程序的运行结果

例 13.13 的程序中使用 Font 类来设置绘图字体。Font 类的构造方法使用字体名称、字型和字号 3 个参数创建一种字体对象。其中字体名称和字型使用了 Font 类中声明的常量 Font.SERIF 和 Font.BOLD。

【例 13.14】　用户在面板上使用组合键时，判断并获取组合键中的修饰键。

程序代码如下：

```
//MyPanel 类
import java.awt.event.KeyEvent;
import java.awt.event.KeyListener;
import javax.swing.JPanel;

public class MyPanel extends JPanel {
    public MyPanel() {
        this.addKeyListener(new KeyListener() {
            @Override
            public void keyPressed(KeyEvent arg0) {
                int mo = arg0.getModifiers();
                int ch = arg0.getKeyCode();
        if((mo&KeyEvent.CTRL_MASK)!= 0) {
            if(ch!= KeyEvent.VK_CONTROL)
                System.out.println("用户按下了组合键 Ctrl + " + KeyEvent.getKeyText(ch));
        }
        else if((mo&KeyEvent.SHIFT_MASK)!= 0){
            if(ch!= KeyEvent.VK_SHIFT)
                System.out.println("用户按下了组合键 Shift + " + KeyEvent.getKeyText(ch));
        }
        else if((mo&KeyEvent.ALT_MASK)!= 0) {
            if(ch!= KeyEvent.VK_ALT)
```

```
                System.out.println("用户按下了组合键 Alt + " + KeyEvent.getKeyText(ch));
            }
            else {
                System.out.println("用户按下了" + KeyEvent.getKeyText(ch) + "按键");
            }
            }
            @Override
            public void keyReleased(KeyEvent arg0) {
            }
            @Override
            public void keyTyped(KeyEvent arg0) {
            }
        });
    }
}
//程序主类 Test
import javax.swing.JFrame;

public class Test {
    public static void main(String[] args) {
        JFrame jf = new JFrame("组合键实例");
        MyPanel jp = new MyPanel();
        jp.setFocusable(true);
            jf.add(jp);
            jf.setLocation(200, 200);
            jf.setSize(200, 200);
            jf.setDefaultCloseOperation(JFrame.EXIT_ON_CLOSE);
            jf.setVisible(true);
    }
}
```

程序运行后显示一个面板，用户在面板中输入组合键 Ctrl＋T、Shift＋D 和 Alt＋A。例 13.14 程序的运行结果如图 13.17 所示。

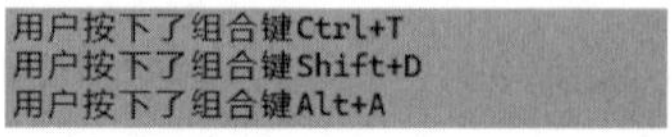

用户按下了组合键Ctrl+T
用户按下了组合键Shift+D
用户按下了组合键Alt+A

图 13.17　例 13.14 程序的运行结果

13.6.7　处理 WindowEvent 事件

在 GUI 程序运行时，用户打开窗体、最小化窗体、还原窗体、关闭窗体的行为将触发 WindowEvent 事件。WindowEvent 事件的监听器接口是 WindowListener，WindowListener 接口中声明了 7 个事件处理方法，如表 13.45 所示。

表 13.45　WindowListener 接口中的事件处理方法及其功能描述

方　　法	功　能　描　述
void windowOpened（WindowEvent e）	首次打开窗体时调用此方法处理 WINDOW_OPENED 事件
void windowActivated（WindowEvent e）	当窗体被激活时调用此方法处理 WINDOW_ACTIVATED 事件

方　　法	功　能　描　述
void windowDeactivated (WindowEvent e)	当窗体进入非激活状态时调用此方法处理 WINDOW_DEACTIVATED 事件
void windowIconified (WindowEvent e)	当窗体被最小化时调用此方法处理 WINDOW_ICONIFIED 事件
void windowDeiconified (WindowEvent e)	当窗体从最小化状态还原成正常状态时调用此方法处理 WINDOW_ DEICONIFIED 事件
void windowClosing (WindowEvent e)	当用户试图从窗体的系统菜单关闭窗体时调用此方法处理 WINDOW_ CLOSING 事件
void windowClosed (WindowEvent e)	当窗体被关闭时调用此方法处理 WINDOW_CLOSED 事件

表 13.45 中的 WINDOW_OPENED、WINDOW_ACTIVATED 、WINDOW_DEACTIVATED 、WINDOW_ICONIFIED、WINDOW_DEICONIFIED、WINDOW_CLOSING、WINDOW_CLOSED 是 WindowEvent 类中定义的 7 个整型常量，表示打开窗体、激活窗体、窗体进入非激活状态、窗体最小化、还原窗体、正在关闭窗体和窗体被关闭共 7 种不同的窗体事件。

【例 13.15】 处理 WindowEvent。

程序代码如下：

```java
//窗体类 MyFrame
import java.awt.event.WindowEvent;
import java.awt.event.WindowListener;
import javax.swing.JFrame;

public class MyFrame extends JFrame {
    public MyFrame() {
        super("WindowEvent 实例");
        this.setLocationRelativeTo(null);
        this.setSize(200, 200);
        this.setDefaultCloseOperation(JFrame.DISPOSE_ON_CLOSE);
        this.addWindowListener(new WindowListener() {
            @Override
            public void windowActivated(WindowEvent e) {
                System.out.println("激活窗体");
            }
            @Override
            public void windowClosed(WindowEvent e) {
                System.out.println("窗体已关闭");
            }
            @Override
            public void windowClosing(WindowEvent e) {
                System.out.println("窗体正在关闭");
            }
            @Override
            public void windowDeactivated(WindowEvent e) {
                System.out.println("窗体状态变成非活跃");
            }
            @Override
            public void windowDeiconified(WindowEvent e) {
```

```
                System.out.println("还原窗体");
            }
            @Override
            public void windowIconified(WindowEvent e) {
                System.out.println("窗体最小化");
            }
            @Override
            public void windowOpened(WindowEvent e) {
                System.out.println("打开窗体");
            }
        });
        this.setVisible(true);
    }
}
//程序主类 Test
public class Test {
    public static void main(String[] args) {
        new MyFrame();
    }
}
```

程序创建了一个框架窗体类 MyFrame,在 MyFrame 类的构造方法中将一个匿名内部类对象注册为此窗体的窗体事件监听器。当各种窗体事件被触发时,监听器在控制台输出相应的信息。

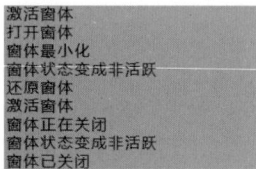

```
激活窗体
打开窗体
窗体最小化
窗体状态变成非活跃
还原窗体
激活窗体
窗体正在关闭
窗体状态变成非活跃
窗体已关闭
```

图 13.18　例 13.15 程序的
　　　　　运行结果

程序中的语句"this.setLocationRelativeTo(null);"使 this 引用的窗体显示在屏幕中央。例 13.15 程序的运行结果如图 13.18 所示。程序运行后会在屏幕上显示一个窗体,当用户进行最小化窗体、还原窗体和关闭窗体的操作后,在控制台将会显示相应的信息。

13.6.8　使用适配器类处理事件

前面几节中介绍的鼠标事件监听器接口 MouseListener 和 MouseMotionListener、键盘事件监听器接口 KeyListener 和窗体事件监听器接口 WindowListener 中都声明了多个事件处理方法。实现这些接口的监听类必须为接口中声明的所有事件处理方法提供具体实现,即使程序不想处理某些事件,也要为处理这些事件的方法提供默认的实现(空方法)。这种做法使程序中出现了许多冗余代码,既影响了编程效率,又容易出错。

Java 为这种包含多个方法的监听器接口提供了默认实现类,这些类被称为适配器类,它们实现了事件监听器接口,并为接口中的所有方法提供了默认实现(空方法)。适配器类的命名是有规律的,Xxxlistener 接口的适配器类被命名为 XxxAdapter。例如,MouseListener 接口的适配器类被命名为 MouseAdapter,KeyListener 接口的适配器类是 KeyAdapter,而 WindowListener 的适配器类是 WindowAdapter。

可以直接从适配器类派生某事件的监听器类。例如,可以创建 WindowListener 的子类作为处理 WindowEvent 的监听器类。这样做的好处是监听器类不需要实现监听器接口中声明的所有事件处理方法,而只要重写适配器类中处理某个特定事件的方法即可。

【**例 13.16**】　使用适配器类 WindowAdaper 处理窗体最小化和窗体被激活事件。

程序代码如下：

```java
//框架窗体类 MyFrame
import java.awt.event.WindowAdapter;
import java.awt.event.WindowEvent;
import javax.swing.JFrame;

public class MyFrame extends JFrame {
    public MyFrame() {
        super("使用 WindowAdaper 处理窗体事件");
        this.setLocationRelativeTo(null);
        this.setSize(200, 200);
        this.setDefaultCloseOperation(JFrame.EXIT_ON_CLOSE );
        this.addWindowListener(new WindowAdapter() {
            @Override
            public void windowActivated(WindowEvent e) {
                System.out.println("激活窗体");
            }
            @Override
            public void windowIconified(WindowEvent e) {
                System.out.println("窗体最小化");
            }
        });
        this.setVisible(true);
    }
}
//程序主类 Test
public class Test {
    public static void main(String[] args) {
        new MyFrame();
    }
}
```

程序中的监听器类依然是一个匿名内部类，只是这个匿名内部类并没有实现 WindowListener 接口，而是继承了 WindowAdaper 类。监听器类只重写了处理了窗体最小化事件和窗体被激活事件的事件处理方法，对于其他 5 种窗体事件，监听器不关注它们，所以也不需要重写它们的事件处理方法。

当用户运行程序显示主窗体时，触发了 WINDOW_ACTIVATED 事件；当用户最小化窗体时，触发了 WINDOW_ICONIFIED 事件；而当用户还原窗体时，将再次触发 WINDOW_ACTIVATED 事件。例 13.16 程序的运行结果如图 13.19 所示。

激活窗体
窗体最小化
激活窗体

图 13.19 例 13.16 程序的运行结果

13.7 编程实训

本节在例 8.13 的基础上实现了一个综合性较强的编程实例。

【例 13.17】 在例 8.13 中创建了一个 Shape 类家族，其中 Shape 类是表示图形的抽象基类，它的子类 Circle 和 Rectangle 分别表示圆形和矩形。

要求在此基础上创建一个 GUI 应用程序用于管理图形对象，程序主窗体如图 13.20 所示。

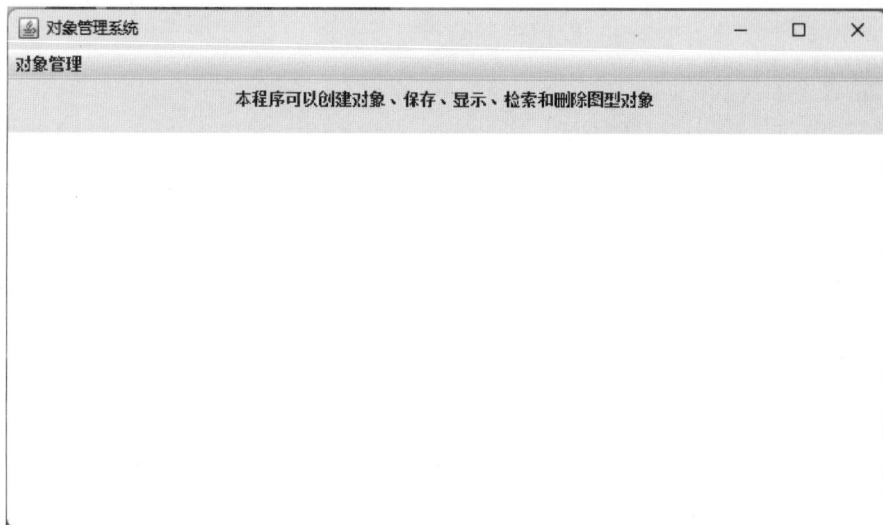

图 13.20　例 13.7 程序的运行界面

图 13.21　"对象管理"菜单

在程序主窗体中包含一个"对象管理"菜单、一个显示信息"本程序可以创建、保存、显示、检错和删除图形对象"的面板和一个多行文本输入域。"对象管理"菜单中存在"创建"和"检索"两个子菜单以及"显示""保存""删除"菜单项。"创建"和"检索"两个子菜单中又分别包含"圆"和"矩形"两个菜单项，如图 13.21 所示。

当用户执行菜单命令"创建"→"圆"时，在程序主界面上显示信息面板的位置上显示用于创建圆对象的面板，如图 13.22 所示；当用户执行菜单命令"创建"→"矩形"时，在程序主界面上显示信息面板的位置上显示用于创建矩形对象的面板，如图 13.23 所示。

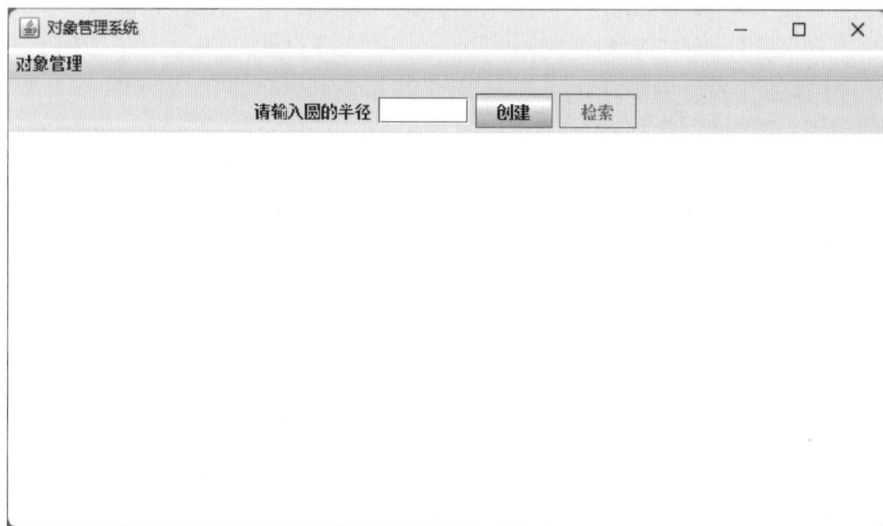

图 13.22　打开创建圆对象的面板

用户可在创建圆对象的面板上的单行文本框中输入圆的半径，然后单击"创建"按钮来

图 13.23 打开创建矩形对象的面板

创建一个圆形对象。例如,若用户在文本框中输入数字 10,则程序中创建一个半径为 10 的
Circle 类对象。用户也可以在创建矩形对象的面板上的两个单行文本框中输入矩形的宽和
高,然后单击"创建"按钮来创建一个矩形对象。例如,若用户在两个文本框中分别输入数字
10 和 15,则程序将创建一个宽为 10、高为 15 的 Rectangle 类对象。

当用户执行菜单命令"保存"时,程序将把先前创建的所有对象保存到一个磁盘文件中。

当用户执行菜单命令"显示"时,程序从磁盘文件中读取已保存的所有对象,并将它们的
信息显示到窗体下边的多行文本输入域中,如图 13.24 所示。

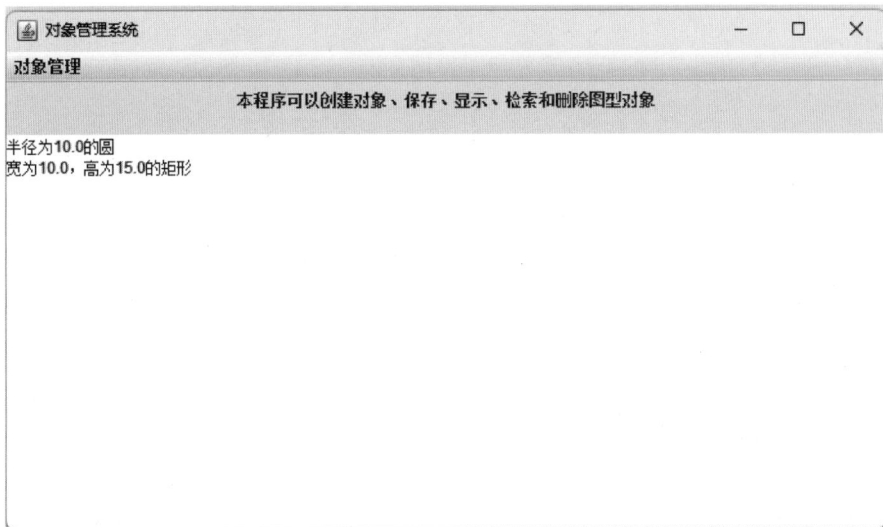

图 13.24 显示已保存的图形对象信息

当用户执行菜单命令"检索"→"圆"时,在程序主界面上显示用于检索圆对象的面板,如
图 13.25 所示;当用户执行菜单命令"检索"→"矩形"时,在程序主界面上显示用于检索矩
形对象的面板,如图 13.26 所示。

图 13.25 打开检索圆对象的面板

图 13.26 打开检索矩形对象的面板

用户可在检索圆对象的面板的单行文本输入域中输入圆的半径,从而检索文件中是否存在此对象,例如,若用户输入的半径为 10,则程序将检索文件中保存的所有图形对象,若存在半径为 10 的圆对象,则程序将检索结果显示在主窗体中的多行文本输入域中,如图 13.27 所示。同理,用户也可以使用检索矩形对象的面板来检索文件中是否存在特定的矩形对象。

当用户执行菜单命令"删除"时,程序先弹出一个对话框让用户确认是否要删除文件中保存的所有对象,若用户单击"是"按钮,则程序删除文件中保存的所有图形对象;若用户单击"否"按钮,则程序不进行任何操作,如图 13.28 所示。

设计思路:本例是一个综合性较强的设计题目,用到了继承、多态、对象序列化、集合类、GUI 等多种编程技术。其设计难点是怎样向磁盘文件保存对象? 可以使用 10.3.4 节

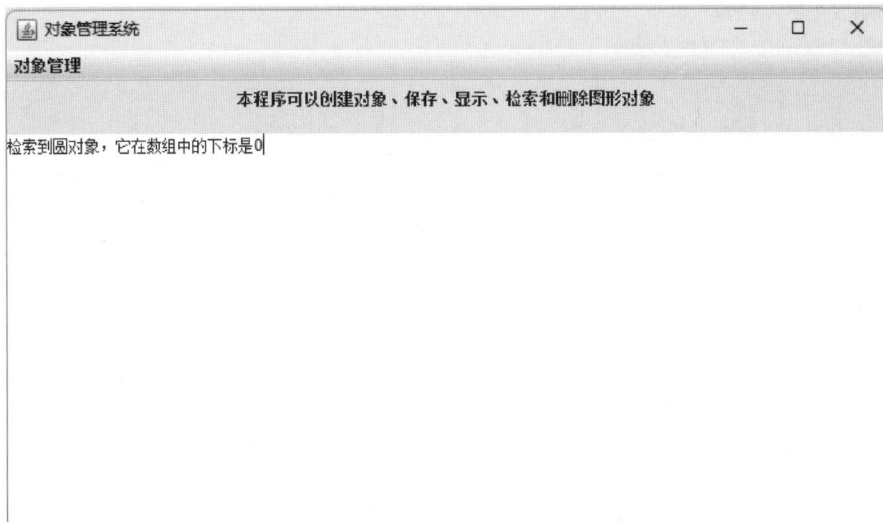

图 13.27 检索图形对象

中介绍的对象序列化技术将程序中创建的图形对象保存
到磁盘文件中。但是由于程序中创建的对象是属于不同
类型的且对象个数不确定,因此分别把程序创建的每个不
同类型的对象序列化到磁盘文件的做法是不可取的且是
难以实现的。解决方法是先把程序中创建的图形对象保
存到一个动态数组 ArrayList＜Shape＞中,由于 ArrayList

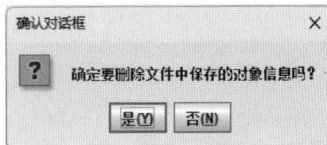

图 13.28 删除对象的确认对话框

＜Shape＞本身就是一个对象,因此可以将整个 ArrayList＜Shape＞数组作为一个对象序列
化到磁盘文件中。程序中设计两个静态方法 serialize()和 unserialize(),分别用来向磁盘文
件保存(序列化)数组对象和从磁盘文件中读取(反序列化)数组对象。程序代码如下:

```java
//Shape 类的程序代码和例 8.13 中的 Shape 类基本相同,在此不再罗列
//Circle 类中只有 toString()方法稍作修改,其他代码和例 8.13 中的 Circle 类相同
public class Circle extends Shape {
    private double radius;
public static final double PI = 3.1415926;
    …
    @Override
    public String toString(){
        return "半径为" + radius + "的圆";
    }
}
//Rectangle 类中只有 toString()方法稍作修改,其他代码和例 8.13 中的 Rectangle 类相同
public class Rectangle extends Shape {
    private double width;
    private double height;
    …
    @Override
    public String toString(){
        return "宽为" + width + ",高为" + height + "的矩形";
    }
}
```

```java
//程序主类 MainFrame
import java.awt.BorderLayout;
import java.awt.Dimension;
import java.awt.event.*;
import java.io.BufferedOutputStream;
import java.io.File;
import java.io.FileInputStream;
import java.io.FileNotFoundException;
import java.io.FileOutputStream;
import java.io.ObjectInputStream;
import java.io.ObjectOutputStream;
import java.util.ArrayList;
import javax.swing.*;
public class MainFrame extends JFrame implements ActionListener{
    public static ArrayList<Shape> shapes = new ArrayList<Shape>();
    public static File f = new File("d:\\obj.data");
    JMenuBar menuBar;
    JMenu menu;
    JMenu subMenu, subMenu2;
    JMenuItem showItem, saveItem, deleteItem, searchCircle, searchRect;
    JMenuItem createCircle, createRect;
    JTextArea textArea;
    CirclePanel circlePanel;
    RectPanel rectPanel;
    JPanel layerPane;
    JLabel label;
    public MainFrame() throws Exception {
        super("对象管理系统");
        if(f.length()!=0)
            unserialize();    //若磁盘文件为非空,则将其中保存的对象数组读取到 shapes 里
        System.out.println(shapes);
        menuBar = new JMenuBar();
        menu = new JMenu("对象管理");
        subMenu = new JMenu("创建");
        subMenu2 = new JMenu("检索");
        showItem = new JMenuItem("显示");
        saveItem = new JMenuItem("保存");
        deleteItem = new JMenuItem("删除");
        searchCircle = new JMenuItem("圆");
        searchRect = new JMenuItem("矩形");
        createCircle = new JMenuItem("圆");
        createRect = new JMenuItem("矩形");
        label = new JLabel("本程序可以创建对象、保存对象、显示对象、检索对象和删除图形对象");
        menu.add(subMenu);
        menu.add(showItem);
        menu.add(saveItem);
        menu.add(subMenu2);
        subMenu.add(createCircle);
        subMenu.add(createRect);
        subMenu2.add(searchCircle);
        subMenu2.add(searchRect);
        menu.add(deleteItem);
        menuBar.add(menu);
```

```
this.setJMenuBar(menuBar);
textArea = new JTextArea(10,30);
circlePanel = new CirclePanel();
rectPanel = new RectPanel();
circlePanel.setSize(new Dimension(700,40));
rectPanel.setPreferredSize(new Dimension(700,40));
layerPane = new JPanel();
layerPane.add(label);
layerPane.setPreferredSize(new Dimension(700,40));
add(layerPane,BorderLayout.NORTH);
add(textArea,BorderLayout.CENTER);
setLocation(50,50);
setSize(700,400);
createCircle.addActionListener(this);
createRect.addActionListener(this);
searchCircle.addActionListener(this);
searchRect.addActionListener(this);
saveItem.addActionListener(new ActionListener() {
    public void actionPerformed(ActionEvent e) {
        try {
        serialize(shapes);         //将 shapes 序列化到文件中
        }
        catch(Exception e1) {
        }
    }
});
showItem.addActionListener(new ActionListener() {
    public void actionPerformed(ActionEvent e) {
        textArea.setText(null);
        if(shapes!= null) {
            for(int i = 0;i < shapes.size();i++) {
                String str = shapes.get(i).toString() + "\n";
                textArea.append(str);
            }
        }
    }
});
deleteItem.addActionListener(new ActionListener() {
    public void actionPerformed(ActionEvent e) {
    int option = JOptionPane.showConfirmDialog(null, "确定要删除文件中保存的对象信
息吗?","确认对话框",JOptionPane.YES_NO_OPTION);         //显示确认对话框
        if(option == JOptionPane.YES_OPTION) {         //如果用户单击"是"按钮
        try {
            BufferedOutputStream bf = new BufferedOutputStream(new FileOutputStream(f));
                bf.write(new byte[0]);
                unserialize();
            } catch (Exception e1) {
                    e1.printStackTrace();
            }
        }
    }
});
this.setVisible(true);
this.setDefaultCloseOperation(JFrame.EXIT_ON_CLOSE);
```

```
        }
        public void actionPerformed(ActionEvent e) {
            if(e.getSource() == createCircle||e.getSource() == searchCircle) {
                layerPane.removeAll();
                layerPane.add(circlePanel);
                if(e.getSource() == createCircle) {
                    circlePanel.button.setEnabled(true);
                    circlePanel.button1.setEnabled(false);
                }
                else{
                    circlePanel.button.setEnabled(false);
                    circlePanel.button1.setEnabled(true);
                }
                layerPane.updateUI();
            }
            else if(e.getSource() == createRect||e.getSource() == searchRect) {
                layerPane.removeAll();
                layerPane.add(rectPanel);
                if(e.getSource() == createRect) {
                    rectPanel.button.setEnabled(true);
                    rectPanel.button1.setEnabled(false);
                }
                else {
                    rectPanel.button.setEnabled(false);
                    rectPanel.button1.setEnabled(true);
                }
                layerPane.updateUI();
            }
        }
        //以下是序列化对象数组的 serialize()方法
        public static void serialize(ArrayList<Shape> shapes) throws Exception{
            FileOutputStream out = new FileOutputStream(f);
            ObjectOutputStream oos = new ObjectOutputStream(out);
            oos.writeObject(shapes);
            oos.close();
        }
        //以下是反序列化对象数组的 unserialize()方法
        public static void unserialize() throws Exception {
            if(f.length() == 0) {
                shapes = new ArrayList<Shape>();
            }
            if(f.length()!= 0) {
                FileInputStream in = new FileInputStream(f);
                ObjectInputStream ois = new ObjectInputStream(in);
                shapes = (ArrayList<Shape>)ois.readObject();
                ois.close();
            }
        }
        public static void main(String[]args) throws Exception{    //程序主方法
            if(!f.exists())
                f.createNewFile();
            System.out.println(f.length());
            new MainFrame();
        }
```

```
classCirclePanel extends JPanel implements ActionListener{
    JTextField int1,int2;
    JButton button;
    JButton button1;
    CirclePanel(){
        //int1 = new JTextField(10);
        int2 = new JTextField(6);
        button = new JButton("创建");
        button1 = new JButton("检索");
        //add(new JLabel("请输入图形的颜色"));
        //add(int1);
        add(new JLabel("请输入圆的半径"));
        add(int2);
        add(button);
        add(button1);
        button.addActionListener(this);
        button1.addActionListener(this);
    }
    public void actionPerformed(ActionEvent e) {
        int i;
        if(e.getSource() == button){
            //String color = int1.getText();
            double radius = Double.parseDouble(int2.getText());
            Shape shape = new Circle(radius);
            shapes.add(shape);
            layerPane.removeAll();
            layerPane.add(label);
            layerPane.updateUI();
        }
        else if(e.getSource() == button1){
            //String color = int1.getText();
            double radius = Double.parseDouble(int2.getText());
            for(i = 0;i < shapes.size();i++){
                if(shapes.get(i) instanceof Circle){
                Circle circle = (Circle)shapes.get(i);
                if(circle.getRadius() == radius){
                    textArea.setText(null);
                    textArea.append("检索到圆对象,它在数组中的下标是" + i);
                    break;
                }
              }
            }
            if(i == shapes.size()){
                textArea.setText(null);
                textArea.append("没有检索到图形对象");
            }
            layerPane.removeAll();
            layerPane.add(label);
            layerPane.updateUI();
        }
    }
}
classRectPanel extends JPanel implements ActionListener{
```

```java
        JTextField int1,int2,int3;
        JButton button,button1;
        public RectPanel() {
            //int1 = new JTextField(10);
            int2 = new JTextField(6);
            int3 = new JTextField(6);
            button = new JButton("创建");
            button1 = new JButton("检索");
            //add(new JLabel("请输入图形的颜色"));
            //add(int1);
            add(new JLabel("请输入矩形的宽"));
            add(int2);
            add(new JLabel("请输入矩形的高"));
            add(int3);
            add(button);
            add(button1);
            button.addActionListener(this);
            button1.addActionListener(this);
        }
    public void actionPerformed(ActionEvent e) {
            int i;
        if(e.getSource() == button){
                //String color = int1.getText();
                double width = Double.parseDouble(int2.getText());
                double height = Double.parseDouble(int3.getText());
                Shape shape = new Rectangle(width,height);
                shapes.add(shape);
                System.out.println(shapes);
                layerPane.removeAll();
                layerPane.add(label);
                layerPane.updateUI();
        }
        else if(e.getSource() == button1){
                //String color = int1.getText();
                double width = Double.parseDouble(int2.getText());
                double height = Double.parseDouble(int3.getText());
            for(i = 0;i < shapes.size();i++){
                if(shapes.get(i) instanceof Rectangle){
                        Rectangle rect = (Rectangle)shapes.get(i);
                        if(rect.getWidth() == width
                            &&rect.getHeight() == height){
                         textArea.setText(null);
                        textArea.append("检索到此矩形,它在数组中的下标是" + i + "\n");
                        break;
                        }
                    }
                }
            if(i == shapes.size()){
                    textArea.setText(null);
                    textArea.append("没有检索到此矩形" + "\n");

            }
                layerPane.removeAll();
                layerPane.add(label);
```

```
                    layerPane.updateUI();
                }
            }
        }
    }
```

在如上程序中用一个名为 shapes 的 static 型数组（ArrayList＜Shape＞）保存用户创建的图形对象。当用户执行菜单命令"保存"时，调用 serialize(shapes)方法将对象数组序列化到磁盘文件中。

每次启动程序时，首先判断保存对象的磁盘文件是否为非空，若为非空，则调用 unserialize()方法将文件中保存的对象数组读取到 shapes 里。

serialize()和 unserialize()被设计为程序主类 MainFame 的两个静态方法。

为简单起见，程序中的创建圆对象面板和检索圆对象面板都使用 CirclePanel 类来实现；创建矩形对象面板和检索矩形对象面板都使用 RectPanel 类来实现，只是在 CirclePanel 和 RectPanel 用作创建对象的面板时，使其中的"创建"按钮可用，而使"检索"按钮不可用；当把它们用作检索对象的面板时，使其中的"检索"按钮可用，而使"创建"按钮不可用。

javax. swing 包中的 JOptionPane 类用来打开输入对话框、消息对话框和确认对话框。 JOptionPane 类的静态方法 showConfirmDialog()显示一个确认对话框，方法返回一个整数，当用户单击对话框中的"是"按钮时，对话框关闭，此方法返回整型常量 JOptionPane. YES_OPTION。

当用户执行菜单命令"显示"时，遍历 shapes 数组中的每个图形对象，并对该对象的 toString()方法进行多态调用，依次显示每个图形对象的相关信息。

13.8　小结

Java 使用 AWT 包和 Swing 包中的类开发 GUI 程序。这两个包中的类都是 Component 类的子类统称为组件类。组件类分成两部分：容器组件和普通组件。容器组件是用来放置组件的，常用的容器组件有 JFrame、JPanel 等，常用的普通组件有 JButton、 JTextField、JTextArea、JComboBox、JCheckBox 等。

布局管理器是容器组件对象的一个属性，用于设置容器的布局，常用的布局管理器有 FlowLayout、GridLayout 和 BorderLayout。JFrame 窗体的默认布局是 BorderLayout， JPanel 容器的默认布局是 FlowLayout。也可以将容器组件的布局设置为 null，在这种没有布局的容器中放置组件时，必须使用组件的 setLocation()、setSize()或 setBounds()方法设置组件在容器中的位置和大小。

在为窗体容器添加菜单时，应先创建 JMenuBar 类的对象，并把它设置为窗体的菜单栏；然后创建 JMenu 类的对象，并把它们添加到菜单栏上，JMenu 对象表示菜单；最后创建 JMenuItem 类对象，再把它们添加到菜单里，JMenuItem 对象表示菜单中的菜单项。

Java GUI 程序是以事件驱动的。用户在程序界面上的操作将触发组件上的组件事件，程序可以捕获并处理这些组件事件。在其上发生事件的组件称为事件源组件，处理事件的对象称为监听器。一个对象要想成为某事件的监听器，必须实现以下三步操作。第一步，必须实现这种事件的监听器接口,事件监听器接口中声明了处理这种事件的方法,实现监听器接口就是将事件处理方法添加到监听器类中;第二步,监听器类要为这些事件处理方法提供具体实现;第三步,在事件源对象上注册监听器,事件源对象针对其上发生的每种事件都维护一个监听器列表,注册监听器就是将监听器对象添加到事件源的监听器列表中。在 GUI 程序运行过程中,如果某个事件被触发,JVM 将调用在事件源上注册的每个监听器对象的事件处理方法来处理这个事件。常用的组件事件有 ActionEvent、ItemEvent、DocumentEvent、MouseEvent、KeyEvent、WindowEvent 等。

　　某些事件监听器接口中声明了多个事件处理方法。监听器类如果实现这个接口,就必须为其中的每个方法提供具体的实现(因为它们都是接口中的抽象方法)。即使监听器类只想处理其中的一个事件,也必须为其他事件处理方法提供默认实现(空方法)。这种做法影响编程效率且容易出错。Java 为这种监听器接口定义了适配器,适配器是一个实现了这个接口的类,在适配器类中为接口中的每个事件处理方法提供了默认实现。有了适配器类,就可以从它派生一个子类作为监听器类,因为适配器类已经为所有事件处理方法提供了默认实现,所以在监听器类中只需改写我们所关注的事件处理方法即可。

第**14**章

多线程

多线程编程技术可以使一个程序中的不同部分在计算机的处理器上并行运行,提高了程序的运行效率。本章介绍 Java 语言的多线程编程技术。

14.1 多线程概述

线程和进程的关系密切,在学习线程之前,应该先搞清楚什么是进程。

简单地说,进程是应用程序的一次运行。程序是一个静态的概念,而进程是程序的一次运行,是动态的。进程是操作系统进行资源分配的基本单位。程序开始运行时,操作系统会给它分配一块存储空间——进程空间,其中存放程序代码、程序中处理的数据、方法调用栈、动态内存区——堆等和程序运行相关的内容以及系统分配给进程的各种资源。

一个进程中包含一道或多道线程。一道线程是进程中程序执行的一道单一路径,用于完成某个特定的任务。线程是操作系统进行处理器调度的基本单位。一个进程中的多道线程可以并行运行,它们共享进程的资源。线程提供了一种程序并行运行的机制,提高了程序的运行效率。Java 语言内置了多线程编程功能。

线程从创建到消亡的过程称为线程的生命周期。生命周期中的线程包含以下几种状态。

新建状态:程序使用运算符 new 创建了线程对象,但在还没有调用 start()方法启动线程时,线程处于新建状态。

就绪状态:当线程对象调用 start()方法启动线程后,线程就进入就绪状态。处于就绪状态的线程并没有开始运行,而是等待系统为它分配处理器资源。一旦获得了处理器,线程就进入运行状态。

运行状态:当处于就绪状态的线程获得处理器时,就进入了运行状态,开始执行线程中的代码(包含在线程对象的 run()方法中的代码)。

阻塞状态:运行中的线程由于某种原因(如等待完成输入/输出操作、run()方法中执行了 sleep()方法等)可能进入阻塞状态。当使线程进入阻塞状态的因素解除后,线程将再次进入就绪状态,等待操作系统分配处理器资源。

死亡状态:当线程中的代码(线程对象的 run()方法)执行结束或其他线程调用 interrupt()方法中断了处于阻塞状态的线程时,线程就进入"死亡"状态。

处于生命周期中的线程总是在就绪、运行和阻塞状态中转换,直到进入死亡状态。

14.2 创建线程

Java 应用程序的主线程就是包含 main()方法的线程。在主线程中可以创建新的线程。Java 程序包含两种创建线程的方法,下面分别介绍它们。

14.2.1 使用 Thread 类创建新线程

线程类 Thread 是 java. lang 包中声明的类,所以在程序中可以直接使用它。表 14.1 列出了 Thread 类常用的构造方法及其功能描述。

表 14.1 Thread 类常用的构造方法及其功能描述

方　法	功 能 描 述
public Thread()	创建一个新的线程对象。线程默认的名字为"Thread-n",n 是一个整数
public Thread(Runnable target)	为对象 target 创建一个线程对象。参数 target 是一个 Runnable 接口实现类的实例
public Thread(Runnable target, String name)	为对象 target 创建一个线程对象。参数 target 是一个 Runnable 接口实现类的实例,参数 name 用来设置新线程的名字
public Thread(String name)	创建一个新的线程对象。参数 name 用来设置新线程的名字

在创建线程时,可以直接创建 Thread 类的对象;也可以先声明 Thread 类的子类定制自己的线程类,再创建子类的线程对象。表 14.2 列出了 Thread 类的常用方法及其功能描述。

表 14.2 Thread 类的常用方法及其功能描述

方　法	功 能 描 述
public void start()	启动一道新的线程,新线程执行线程对象的 run()方法
public void run()	新启动的线程执行的方法。所以应重写 Thread 派生类的 run()方法,并把希望线程执行的代码写在此方法中或写在 Runnable 接口的实现类的 run()方法中
public static Thread currentThread()	Thread 类的静态方法,返回执行此方法的当前线程对象
public long getId()	返回线程的 ID。线程 ID 是创建此线程时生成的正的长整数,用来唯一地标识一个线程
public final String getName()	返回此线程的名字
public final void setName(String name)	用于修改线程的名称
public final int getPriority()	返回此线程的优先级
public final void setPriority(int newPriority)	设置此线程的优先级
public static void sleep(long millis)	Thread 类的静态方法,使执行此方法的当前线程睡眠(暂停执行)millis 毫秒。进入睡眠状态的线程释放 CPU 资源进入阻塞状态,但仍然具有监控能力(所以能够被中断)且不释放它所占有的任何同步资源锁。执行了 sleep()方法的线程必须要捕获异常,因为其他线程有可能调用睡眠线程的 interrupt()方法,中断它的执行,interrupt()方法将导致 sleep()方法抛出 interruptedException 异常。所以睡眠线程必须有捕获异常的能力

方　法	功 能 描 述
public static void sleep（long millis,int nanos)	使执行此方法的当前线程睡眠（暂停执行）millis 毫秒＋nanos 纳秒
public final void join()	阻塞当前线程,并让调用此方法的线程优先执行,直到调用此方法的线程执行完毕才解除当前线程的阻塞状态,开始执行当前线程
public static void yield()	Thread 类的静态方法,作用是提醒系统调度器,当前线程愿意放弃处理器资源,将执行机会让给其他具有相同优先级或更高优先级的线程
public void interrupt()	对于一个正在运行的线程,此方法将设置线程的中断标记,但并不中断该线程的执行。对于一个处于阻塞状态的线程（由于调用了 sleep()等方法),调用此方法将向该线程抛出一个 interruptedException 异常,并清除该线程的中断标记（因为该线程已进入就绪状态,准备处理这个异常)
public boolean isInterrupted()	检测线程是否处于中断状态（设置了终端标记)。若是则返回 true,否则返回 false
public static boolean interrupted()	线程类的静态方法,检测当前线程是否处于中断状态（设置了终端标记)。若是则返回 true 并清除终端标记,否则返回 false

Thread 类中还声明了 3 个整型常量,分别为 MAX_PRIORITY、MIN_PRIORITY 和 NORM_PRIORITY,表示线程的最大优先级、最小优先级和默认优先级。优先级用于线程调度,理论上优先级越高的线程越容易获取处理器资源。

【例 14.1】 使用 Thread 类的派生类创建线程。

程序代码如下:

```java
//MyThread 类
public class MyThread extends Thread{
    @Override
    public void run() {
        for(int i = 0; i < 3 ;i++) {
            System.out.println("我是" + Thread.currentThread().getName());
            try {
                Thread.sleep(1000);
            } catch (InterruptedException e) {
            }
        }
    }
}
//程序主类 Test
public class Test {
    public static void main(String[] args) {
        Thread t1 = new MyThread();
        Thread t2 = new MyThread();
        t1.setName("线程 1");
        t2.setName("线程 2");
        t1.start();
        t2.start();
        for(int i = 0;i < 3;i++) {
            System.out.println("我是主线程");
```

```
        try {
            Thread.sleep(1000);
        } catch (InterruptedException e) {
            e.printStackTrace();
        }
        }
    }
}
```

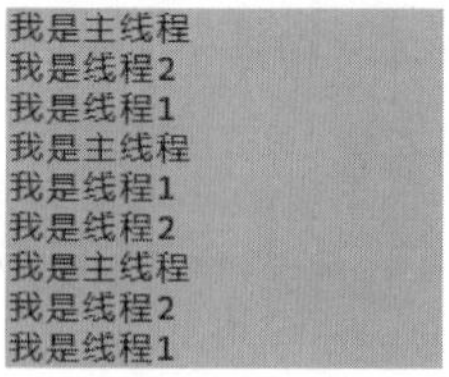

我是主线程
我是线程2
我是线程1
我是主线程
我是线程1
我是线程2
我是主线程
我是线程2
我是线程1

图 14.1　例 14.1 程序
的运行结果

程序创建了 Thread 类的子类 MyThread 类，并重写了 MyThread 类的 run()方法。在主线程运行的 main()方法中创建了 MyThread 类的两个对象 t1 和 t2，然后调用线程类的 start()方法启动了这两个线程。目前程序中共有 3 个运行的线程。3 个线程都每隔 1 秒向控制台输出一行字符串。例 14.1 程序的运行结果如图 14.1 所示。

需要注意，由于程序中 3 道线程是并行运行的，因此当再次运行程序时，它们在控制台输出字符串的顺序也许会和上次运行有所不同。

14.2.2　使用 Runnable 接口创建新线程

14.2.1 节介绍了使用 Thread 类的派生类创建新线程的方法，除此之外，还可以使用 Runnable 接口的实现类来创建新线程。

Runnable 接口中声明了抽象方法 run()，它是在线程中运行的方法。接口的实现类必须实现它，并把想要在新线程中运行的代码写在该方法里。

【例 14.2】　使用 Runnable 接口的实现类创建线程。

程序代码如下：

```
//NewTask 类
public class NewTask implements Runnable{
    @Override
    public void run() {
        for(int i = 0; i < 3 ; i++) {
            System.out.println("我是" + Thread.currentThread().getName());
            try {
                Thread.sleep(1000);
            } catch (InterruptedException e) {
            }
        }
    }
}
//程序主类 Test
public class Test {
    public static void main(String[] args) {
        Thread.currentThread().setName("主线程");
        Thread t1 = new Thread(new NewTask());
        Thread t2 = new Thread(new NewTask());
        t1.setName("线程 1");
        t2.setName("线程 2");
        t1.start();
        t2.start();
```

```
        for(int i = 0; i < 3; i++) {
            System.out.println("我是" + Thread.currentThread().getName());
            try {
                Thread.sleep(1000);
            } catch (InterruptedException e) {
                System.out.println(e.getMessage());
            }
        }
    }
}
```

图 14.2　例 14.2 程序的一次运行结果

本例实现了和例 14.1 相同的功能。程序中创建了 Runnable 接口的实现类 NewTask，NewTask 类实现了接口中的 run()方法。主线程使用 NewTask 类的对象创建了两个线程对象 t1 和 t2。例 14.2 程序的一次运行结果如图 14.2 所示。

14.3　线程同步

由于线程的并行性，因此当多道线程同时访问相同的资源时，有可能导致数据的不一致性和程序的错误行为。

【例 14.3】　演示机场售票厅用 3 个售票窗口并行售卖机票的过程。3 个售票窗口用 3 道线程来模拟。

程序代码如下：

```
//模拟机票的单例类 AirTickets
public class AirTickets {
    private int NumberOfTickets;                        //机票的数量
    private static AirTickets instance = new AirTickets(); //单例对象
    private AirTickets() {
        NumberOfTickets = 0;
    }
    public int getNumberOfTickets() {                   //获取机票数量
        return NumberOfTickets;
    }
    public void setNumberOfTickets(int numberOfTickets) {  //设置机票数量
        NumberOfTickets = numberOfTickets;
    }
    public static AirTickets getInstance() {            //获取单例对象
        return instance;
    }
}
//模拟售票窗口的 TicketWindow 类
public class TicketWindow implements Runnable {
    private AirTickets airTickets;
    public TicketWindow(AirTickets airTickets) {
        this.airTickets = airTickets;
    }
    boolean ticketing() {                          //此方法模拟售卖 1 张机票的过程
        int number;
        if((number = airTickets.getNumberOfTickets()) > 0) {
            airTickets.setNumberOfTickets(number - 1);     //机票总数减 1
```

```
                System.out.println(Thread.currentThread().getName() + "售出 1 张机票");
                return true;                                //若成功出售,则返回 true
            }
            else
                return false;                               //若机票已售完,则返回 false

        }
        @Override
        public void run() {
            int number;
            while(true) {
                if(ticketing() == true) {                   //调用 ticketing()方法售卖 1 张机票
                    try {
                        Thread.sleep(1000);                 //若售卖成功,则休息 1 秒
                    }
                    catch(InterruptedException e) {
                        e.printStackTrace();
                    }
                }
                else
                    break;                                  //若已无机票可售,则退出循环

            }
        }
}
//程序主类 Test
public class Test {

    public static void main(String[] args) {
        AirTickets.getInstance().setNumberOfTickets(10); //将机票总数设置为 10 张
        Thread t1 = new Thread(new TicketWindow(AirTickets.getInstance()));
        Thread t2 = new Thread(new TicketWindow(AirTickets.getInstance()));
        Thread t3 = new Thread(new TicketWindow(AirTickets.getInstance()));
        //如上 3 条语句创建 3 个线程对象
t1.setName("一号窗口");
        t2.setName("二号窗口");
        t3.setName("三号窗口");
        System.out.println("开始售票");
        t1.start();              //启动 t1 线程,开始在一号窗口售卖机票
        t2.start();              //启动 t2 线程,开始在二号窗口售卖机票
        t3.start();              //启动 t3 线程,开始在三号窗口售卖机票
    }
}
```

因为机票是多道线程的共享资源,所以将表示机票的 AirTickets 类设计成一个单例类。单例类指在程序运行过程中只能创建该类的一个对象。为了控制对象的数目,将构造方法的访问权限设置为 private,这样的设计使其他类无法创建这个类的对象,而只有这个类自己可以创建本类的对象。AirTickets 类中的私有的静态数据成员 instance 就是该类维护的单例对象。公有的静态成员方法 getInstance()用来向其他类提供这个单例对象。AirTickets 类中的实例数据成员 NumberOfTickets 用于存储机票的数量。

模拟售票窗口的 TicketWindow 类实现了 Runnable 接口,TicketWindow 类实现的 run()方法中使用一个 while 循环模拟一个窗口的售票过程,while 循环里首先调用 ticketing()方

法销售 1 张机票,如果售卖成功,则调用 sleep()方法使当前线程休息 1 秒,然后再去循环卖票;如果售卖失败,说明票已售完,则退出循环停止卖票。

TicketWindow 类的成员方法 ticketing()模拟窗口售卖 1 张机票的过程。ticketing()方法先从单例对象中读取机票的数目 number,然后判断如果 number 大于 0,则销售 1 张机票,再把机票总数减去 1。如果成功销售了 1 张机票,则 ticketing()方法返回 true,否则方法返回 false。

程序主线程中(Test 类的 main()方法)先把单例对象中的机票数目设置为 10,再使用 TicketWindow 类创建 3 道售票线程,最后启动 3 道线程开始售票。

例 14.3 程序的运行结果如图 14.3 所示。

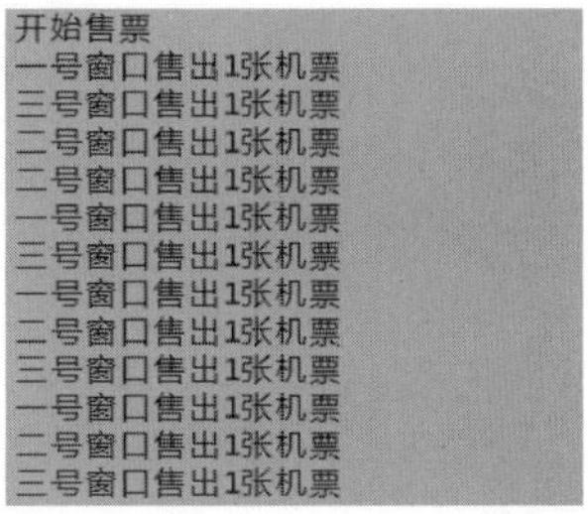

从程序的运行结果中可以看出,共售出了 12 张机票,而机票总数共只有 10 张。是什么原因导致程序运行结果出现了错误呢? 下面分析一下售票的过程。

程序中的 3 道线程并行售卖机票,当机票数目还剩 1 张时,3 道线程同时进入了 ticketing()方法,并且先后执行了语句"if((number = airTickets. getNumberOfTickets())> 0)",由于目前还有 1 张机票,因此 3 道线程执行这条 if 语句的结果都为 true,然后 t1 线程卖掉 1 张机票,使机票总数变为 0,由于此时 t2 和 t3 线程已经进入了 if 语句的真(true)分支,因此它们随后也各自卖掉了 1 张机票,导致卖掉的机票数目超过了机票的总数。

图 14.3　例 14.3 程序的运行结果

通过以上对售票过程的分析可知,在线程并行访问共享资源时,如果不加以控制,将出现数据的不一致性错误。那么怎样解决这个问题呢? Java 语言给出的解决方案是线程同步控制。

线程同步指当多个线程同时访问同一个资源时,为了保证多个线程按照某种特定的方式正确、有序地执行,避免产生数据一致性问题和死锁等程序错误,所进行的线程间的协作与同步控制。

Java 语言提供了多种实现线程同步控制的方法,本章中只介绍几种最常用的线程同步控制技术。

14.3.1　使用 synchronized 关键字实现线程同步控制

Java 实现线程同步控制的一种常用方法是用关键字 synchronized 修饰访问共享资源的方法或代码块。这种技术的本质是使用互斥锁来实现线程的同步控制。

1. 给方法加互斥锁

如果使用 synchronized 关键字修饰一个方法,相当于给方法加了一个互斥对象锁。此方法称为同步方法,因为只有获得该锁的线程才能进入该方法执行,未获得这个对象锁的线程进入等待该锁被释放的阻塞状态。这些处于阻塞状态的线程会被周期性地唤醒并尝试重新获取锁。如果把访问共享资源的方法使用 synchronized 关键字进行锁定,就可以保证在一个时刻只有一个线程可以访问该资源。这样就可以避免出现多个线程访问共享资源时的并发性问题。

【例 14.4】　改写例 14.3 中的程序,使用 synchronized 关键字修饰方法来控制线程同步。

通过分析例 14.3 的程序可知，机票对象 airTickets 是程序中的共享资源，3 道模拟售票窗口的线程都需要访问它。而 TicketWindow 类的成员方法 ticketing() 是用来访问机票对象 airTickets 的。例 14.3 程序中的错误正是由于 3 道线程同时进入了 ticketing() 方法所引起的。所以可以用关键字 synchronized 修饰该方法，以保证在同一时刻只有一道线程可以进入该方法。修改后的 ticketing() 方法如下：

```
synchronized boolean ticketing() {
    int number;
    if((number = airTickets.getNumberOfTickets())> 0) {
        airTickets.setNumberOfTickets(number - 1);
        System.out.println(Thread.currentThread().getName() + "售出 1 张机票");
        return true;
    }
    else
        return false;

}
```

执行修改之后的程序，运行结果如图 14.4 所示。

```
开始售票
二号窗口售出1张机票
一号窗口售出1张机票
三号窗口售出1张机票
二号窗口售出1张机票
三号窗口售出1张机票
一号窗口售出1张机票
二号窗口售出1张机票
一号窗口售出1张机票
三号窗口售出1张机票
一号窗口售出1张机票
二号窗口售出1张机票
三号窗口售出1张机票
```

图 14.4 使用 synchronized 修饰方法 ticketing() 之后的程序运行结果

从图 14.4 中可以看出，程序依然多卖了 2 张机票。也就是说同步方法并没有起到线程同步控制的作用。那么问题出在哪里呢？

我们知道关键字 synchronized 使用的是一种互斥对象锁，使用关键字 synchronized 修饰方法，相当于给实例方法中的 this 对象加锁，如果 3 道线程的 this 引用的是同一个对象，自然可以起到互斥访问该方法的作用；但如果 3 道线程中的 this 引用的不是同一个对象，则这个对象锁对方法的互斥访问是不起作用的，因为 3 道线程调用这个方法时，都可以获得该锁。

通过上面的分析就可以发现程序中的问题所在了，也就是主线程（Test 类的 main() 方法）中的以下 3 条语句存在问题：

```
Thread t1 = new Thread(new TicketWindow(AirTickets.getInstance()));
Thread t2 = new Thread(new TicketWindow(AirTickets.getInstance()));
Thread t3 = new Thread(new TicketWindow(AirTickets.getInstance()));
```

上面 3 条语句创建了 3 个线程对象 t1、t2 和 t3，发现这 3 个线程对象是使用 3 个不同的 TicketWindow 对象创建的，这导致 3 道线程方法中的 this 引用的不是同一个对象。而加在方法 ticketing() 上的关键字 synchronized 锁定的也不是同一个对象。

所以应该把这 3 条语句修改为以下 4 条语句：

```
TicketWindow ticketWindow = new TicketWindow(AirTickets.getInstance());
Thread t1 = new Thread(ticketWindow);
Thread t2 = new Thread(ticketWindow);
Thread t3 = new Thread(ticketWindow);
```

再次编译并运行程序，例 14.4 程序的运行结果如图 14.5 所示。

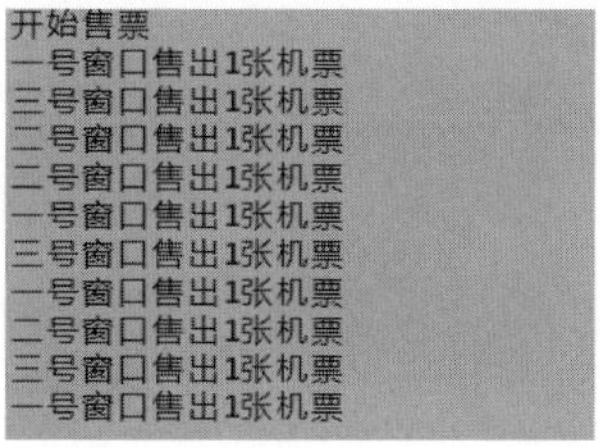

图 14.5　例 14.4 程序的运行结果

本例的完整程序代码如下：

```java
//机票类 AirTickets
public class AirTickets {                                    //单例机票类
    private int NumberOfTickets;
    private static AirTickets instance = new AirTickets();  //单例机票对象
    private AirTickets() {
        NumberOfTickets = 0;
    }
    public int getNumberOfTickets() {
        return NumberOfTickets;
    }
    public void setNumberOfTickets(int numberOfTickets) {
        NumberOfTickets = numberOfTickets;
    }
    public static AirTickets getInstance() {                 //返回单例机票对象
        return instance;
    }
}
//售票窗口类 TicketWindow
public class TicketWindow implements Runnable {
    private AirTickets airTickets;
    public TicketWindow(AirTickets airTickets) {
        this.airTickets = airTickets;
    }
    synchronized boolean ticketing() {
        int number;
        if((number = airTickets.getNumberOfTickets())> 0) {
            airTickets.setNumberOfTickets(number - 1);
            System.out.println(Thread.currentThread().getName() + "售出 1 张机票");
            return true;
        }
        else
            return false;

    }
    @Override
    public void run() {
        int number;
        while(true) {
            if(ticketing() == true) {
                try {
                    Thread.sleep(1000);
                }
                catch (InterruptedException e) {
```

```
                e.printStackTrace();
            }
        }
        else
            break;
    }
}
}
//程序主类 Test
public class Test {
public static void main(String[] args) {
    AirTickets.getInstance().setNumberOfTickets(10);
    TicketWindow ticketWindow = new TicketWindow(AirTickets.getInstance());
    Thread t1 = new Thread(ticketWindow);
    Thread t2 = new Thread(ticketWindow);
    Thread t3 = new Thread(ticketWindow);
    t1.setName("一号窗口");
    t2.setName("二号窗口");
    t3.setName("三号窗口");
    System.out.println("开始售票");
    t1.start();
    t2.start();
    t3.start();
}
}
```

2. 给代码块加锁

一个方法中除了访问共享资源的互斥代码，有可能还包含许多其他可以并行执行的代码。所以给整个方法加锁有可能会影响程序的执行效率。

除了修饰方法，还可以用 synchronized 关键字修饰代码块，这样的代码块被称为同步代码块。使用 synchronized 修饰代码块的语法格式如下：

```
synchronized(锁定的对象){
    …    //访问共享资源的语句
}
```

用关键字 synchronized 修饰代码块相当于给代码块加了互斥对象锁，只有获得该对象锁的线程才能执行代码块中的语句，其他没有获得这个对象锁的线程进入阻塞状态，等待该锁被释放。

下面用实例说明怎样用 synchronized 关键字修饰代码块，实现线程对共享资源的同步访问。

【**例 14.5**】 使用关键字 synchronized 修饰程序中的代码块，以实现线程的同步控制。

本例继续修改例 14.3 和例 14.4 中的程序，使用关键字 synchronized 对代码块加锁来实现对线程的同步访问。

通过对例 14.3 和例 14.4 中的程序进行分析可以发现，ticketing()方法中的 if 语句是用来访问共享资源 airTickets 的，所以可以使用关键字 synchronized 修饰这个代码块。修改后的 ticketing()方法如下：

```
boolean ticketing() {
    int number;
```

```
synchronized(airTickets) {
    if((number = airTickets.getNumberOfTickets())> 0) {
    airTickets.setNumberOfTickets(number - 1);
    System.out.println(Thread.currentThread().getName() + "售出 1 张机票");
    return true;
    }
    else
    return false;
    }
}
```

进一步分析程序,可以发现完全可以将方法 ticketing()中的代码合并到方法 run()中,这样做可以减少方法调用的次数,提高程序的运行效率。

修改后的完整程序代码如下:

```
//单例机票类 AirTickets
public class AirTickets {
    private int NumberOfTickets;
    private static AirTickets instance = new AirTickets();
    private AirTickets() {
        NumberOfTickets = 0;
    }
    public int getNumberOfTickets() {
        return NumberOfTickets;
    }
    public void setNumberOfTickets(int numberOfTickets) {
        NumberOfTickets = numberOfTickets;
    }
    public static AirTickets getInstance() {
        return instance;
    }
}
//售票窗口类 TicketWindow
public class TicketWindow implements Runnable {
    private AirTickets airTickets;
    public TicketWindow(AirTickets airTickets) {
        this.airTickets = airTickets;
    }
    @Override
    public void run() {
    int number;
    while(true) {
    synchronized(airTickets) {
            if((number = airTickets.getNumberOfTickets())> 0) {
            airTickets.setNumberOfTickets(number - 1);
            System.out.println(Thread.currentThread().getName() + "售出 1 张机票");
            try {
                Thread.sleep(1000);
            }
            catch (InterruptedException e) {
                e.printStackTrace();
            }
            }
        else
```

```
                break;
            }
        }
    }
}
//程序主类 Test
public class Test {
    public static void main(String[] args) {
        AirTickets.getInstance().setNumberOfTickets(10);
        TicketWindow ticketWindow = new TicketWindow(AirTickets.getInstance());
        Thread t1 = new Thread(ticketWindow);
        Thread t2 = new Thread(ticketWindow);
        Thread t3 = new Thread(ticketWindow);
        t1.setName("一号窗口");
        t2.setName("二号窗口");
        t3.setName("三号窗口");
        System.out.println("开始售票");
        t1.start();
        t2.start();
        t3.start();
    }
}
```

图 14.6　例 14.5 程序的运行结果

在 TicketWindow 的 run()方法中黑体字部分是用关键字 synchronized 修饰的代码块。synchronized 给单例对象 airTickets 加了互斥对象锁,只有获得该对象锁的线程才能进入这个代码块执行。其他道线程只能进入阻塞状态,等待这个对象锁被释放。这样就可以保证在同一时刻只有一道线程可以访问共享资源。例 14.5 程序的运行结果如图 14.6 所示。

在这个程序中被关键字 synchronized 加锁的是对象 airTickets,对象 airTickets 是被 3 道线程共享的单例对象,所以在一个时刻只有 1 道线程能获得这个对象锁。这就保证了只有 1 个线程可以进入被关键字 synchronized 锁定的同步语句块。

例 14.5 中被加锁的对象不一定非得是单例对象 airTickets,只要保证一个对象可以被所有线程共享,那么就可以对这个对象加锁以实现线程同步控制。例如,可以为 TicketWindow 类添加一个 Object 型的静态数据成员:

```
private static Object obj = new Object();
```

然后再使用 synchronized 关键字为对象 obj 加锁,也可以实现对 3 道线程的同步控制。

```
synchronized(obj) {
    if((number = airTickets.getNumberOfTickets())> 0) {
        airTickets.setNumberOfTickets(number - 1);
        System.out.println(Thread.currentThread().getName() + "售出 1 张机票");
        …
    }
}
```

14.3.2　使用 ReentrantLock 类实现线程同步控制

实现线程同步控制的另一种方法是使用 ReentrantLock 类的对象给代码块加锁。

ReentrantLock 类位于 java. util. concurrent. locks 包中，是 Lock 接口的实现类，称为可再入锁。它提供了和关键字 synchronized 相似的功能。表 14.3 列出了 ReentrantLock 类的常用方法及其功能描述。

表 14.3　ReentrantLock 类的常用方法及其功能描述

方　　法	功　能　描　述
public void lock()	用来获取锁(给代码块加锁)。如果锁没有被其他线程持有，则获取锁，方法立即返回，并将锁持有计数设置为 1。如果当前线程已经持有锁，则持有计数将增加 1，该方法立即返回。如果锁已经被其他线程持有，则当前线程进入阻塞状态，直到获取了锁为止，此时锁持有计数被设置为 1
public void unlock()	尝试释放此锁。如果当前线程是该锁的持有者，则锁持有计数递减 1。如果锁持有计数变为零，则锁被释放
public boolean tryLock()	尝试获取锁。如果锁没有被另一个线程持有，则获取锁，方法立即返回，返回值为 true，并将锁持有计数设置为 1；如果当前线程已经持有该锁，那么将持有计数增加 1，方法立即返回，返回值为 true；如果锁被其他线程持有，则此方法也将立即返回，且返回值为 false
public boolean tryLock(long timeout,TimeUnit unit)	尝试获取锁。如果在指定时间(timeout)内获取了该锁，则方法返回 true；否则方法返回 false。参数 timeout 表示指定的获取锁的时间间隔；参数 unit 是枚举类型 TimeUnit 的实例，表示所使用的时间单位

使用 ReentrantLock 对象只能为代码块加锁，加锁和解锁是通过调用 lock()方法、tryLock()和 unlock()方法显式进行的。对于多道线程来说，同一个时刻只能由 1 道线程获得该互斥锁。

已经持有锁的线程可以再次调用方法 lock()或 tryLock()获得该锁，所以 ReentrantLock 被称为可重入锁。针对每次调用 lock()或 tryLock()方法获得的锁，必须有相应的对 unlock()方法的调用以释放该锁。

【例 14.6】　使用 ReentrantLock 类实现线程同步控制。

本例针对例 14.3 中提出的机场售票系统，使用 ReentrantLock 类的对象实现线程同步控制。程序代码如下：

```java
//机票类 AirTickets 的代码和例 14.3 中的 AirTickets 类相同
//售票窗口类 TicketWindow
import java.util.concurrent.locks.Lock;
import java.util.concurrent.locks.ReentrantLock;

public class TicketWindow implements Runnable {
    private AirTickets airTickets;
    private static ReentrantLock lock = new ReentrantLock();
    public TicketWindow(AirTickets airTickets) {
        this.airTickets = airTickets;
    }
    @Override
    public void run() {
        int number;
        while(true) {
            lock.lock();                //获取锁
            if((number = airTickets.getNumberOfTickets())> 0) {
```

```
            airTickets.setNumberOfTickets(number - 1);
            System.out.println(Thread.currentThread().getName() + "售出 1 张机票");
            try {
                Thread.sleep(1000);
            }
            catch (InterruptedException e) {
                e.printStackTrace();
            }
        }
        else {
            lock.unlock();          //退出 while 循环前先释放锁
            break;
        }
        lock.unlock();              //释放锁
        }
    }
}
//程序主类 Test
public class Test {
    public static void main(String[] args) {
        AirTickets.getInstance().setNumberOfTickets(10);
        AirTickets airTickets = AirTickets.getInstance();
        Thread t1 = new Thread(new TicketWindow(airTickets));
        Thread t2 = new Thread(new TicketWindow(airTickets));
        Thread t3 = new Thread(new TicketWindow(airTickets));
        t1.setName("一号窗口");
        t2.setName("二号窗口");
        t3.setName("三号窗口");
        System.out.println("开始售票");
        t1.start();
        t2.start();
        t3.start();
    }
}
```

请读者自行运行程序，并观察程序的运行结果。

14.4 线程死锁

当 2 道或多道线程同时争夺多个资源时，有可能进入相互等待的状态，从而使程序的执行也进入停滞状态。这种现象被称为线程死锁。

【**例 14.7**】 线程死锁。

本例模拟使用两个 ReentrantLock 锁控制两道线程对两种共享资源的同步访问过程。程序代码如下：

```
import java.util.concurrent.locks.ReentrantLock;
public class TestDeadlock {
    static ReentrantLock lock1 = new ReentrantLock();
    static ReentrantLock lock2 = new ReentrantLock();
    static class Thread1 implements Runnable{
        @Override
        public void run() {
```

```
        lock1.lock();                    //获取 lock1
        System.out.println("线程 1 获取了 lock1 锁");
        System.out.println("线程 1 等待 lock2 锁");
        try {
            Thread.sleep(2000);
        } catch (InterruptedException e) {
                e.printStackTrace();
        }
        lock2.lock();                    //获取 lock2
        System.out.println("线程 1 获取了 lock2 锁\n线程 1 继续执行");
        System.out.println(" -------------------------- ");
        try {
            Thread.sleep(1000);
        } catch (InterruptedException e) {
                e.printStackTrace();
        }
        lock2.unlock();
        lock1.unlock();
    }
}
static class Thread2 implementsRunnable{
    @Override
    public void run() {
        lock2.lock();
        System.out.println("线程 2 获取了 lock2 锁");
        System.out.println("线程 2 等待 lock1 锁");
        try {
            Thread.sleep(2000);
        } catch (InterruptedException e) {
                e.printStackTrace();
        }
        lock1.lock();
        System.out.println("线程 2 获取了 lock1 锁\n线程 2 继续执行");
        System.out.println(" -------------------------- ");
        try {
            Thread.sleep(1000);
        } catch (InterruptedException e) {
                e.printStackTrace();
        }
        lock1.unlock();
        lock2.unlock();
    }
}
public static void main(String[] args) {
    Thread t1 = new Thread(new Thread1());
    Thread t2 = new Thread(new Thread2());
    t1.start();
    t2.start();
}
}
```

程序模拟两道线程访问两个共享资源,两道线程分别使用两个可重入锁 lock1 和 lock2 控制它们对资源的同步访问。线程 1 先获取了 lock1 锁,然后睡眠 2 秒,再去获取 lock2 锁; 线程 2 先获取了 lock2 锁,然后睡眠 2 秒,再去获取 lock1 锁。由于此时 lock1 锁和 lock2 锁已经分别被线程 1 和线程 2 持有，因此线程 1 进入阻塞状态，等待线程 2 释放 lock2 锁；线程 2 也进入阻塞状态，等待线程 1 释放 lock1 锁。2 道线程互相等待对方持有的锁被释放，导致程序执行进入死锁状态。例 14.7 程序的运行结果如图 14.7 所示。

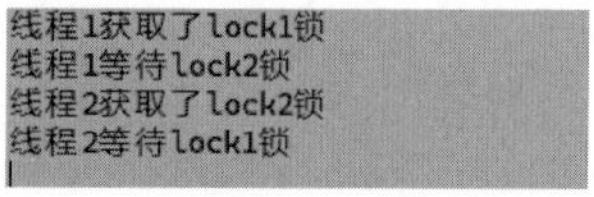

线程1获取了lock1锁
线程1等待lock2锁
线程2获取了lock2锁
线程2等待lock1锁

从图 14.7 可以看出，程序陷入了停滞状态，无法向前运行。

图 14.7　例 14.7 程序的运行结果

那么怎样避免程序中出现线程死锁现象呢？下面介绍两种简单的避免线程死锁的策略。

14.4.1　在多个线程中使用相同的顺序获取锁

通过分析例 14.7 的程序，发现导致线程死锁的一个原因是 2 道线程获取锁的顺序不同。线程 1 先申请获取 lock1 锁，再申请获取 lock2 锁；而线程 2 先申请获取 lock2 锁，再申请获取 lock1 锁。如果令每道线程对锁的申请顺序都相同，则肯定不会发生死锁现象。

【例 14.8】　令多道线程获取锁的顺序相同，以避免线程死锁。

本例为修改例 14.7 中的程序，使 2 道线程都按 lock1→lock2 的顺序来获取锁。程序代码如下：

```java
import java.util.concurrent.locks.ReentrantLock;
public class TestDeadlock {
    static ReentrantLock lock1 = new ReentrantLock();
    static ReentrantLock lock2 = new ReentrantLock();
    static class Thread1 implementsRunnable{
        @Override
        public void run() {
            lock1.lock();                     //获取 lock1
            System.out.println("线程 1 获取了 lock1 锁");
            System.out.println("线程 1 等待 lock2 锁");
            try {
                Thread.sleep(2000);
            } catch (InterruptedException e) {
                    e.printStackTrace();
            }
            lock2.lock();                     //获取 lock2
            System.out.println("线程 1 获取了 lock2 锁\n线程 1 继续执行");
            System.out.println(" ---------------------------- ");
            try {
                Thread.sleep(1000);
            } catch (InterruptedException e) {
                    e.printStackTrace();
            }
            lock2.unlock();                 //释放 lock2 锁
            lock1.unlock();                 //释放 lock1 锁
        }
    }
    static class Thread2 implementsRunnable{
        @Override
        public void run() {
            lock1.lock();                         //获取 lock1 锁
```

```
        System.out.println("线程 2 获取了 lock1 锁");
        System.out.println("线程 2 等待 lock2 锁");
        try {
            Thread.sleep(2000);
        } catch (InterruptedException e) {
            e.printStackTrace();
        }
        lock2.lock();                    //获取 lock2 锁
        System.out.println("线程 2 获取了 lock2 锁\n线程 2 继续执行");
        System.out.println(" ------------------------- ");
        try {
            Thread.sleep(1000);
        } catch (InterruptedException e) {
            e.printStackTrace();
        }
        lock2.unlock();                  //释放 lock2 锁
        lock1.unlock();                  //释放 lock1 锁
    }
}
    public static void main(String[] args) {
        Thread t1 = new Thread(new Thread1());
        Thread t2 = new Thread(new Thread2());
        t1.start();
        t2.start();
    }
}
```

例 14.8 程序的运行结果如图 14.8 所示。

从图 14.8 可以看到，两道线程都获取了所需资源，程序也正常运行完毕。

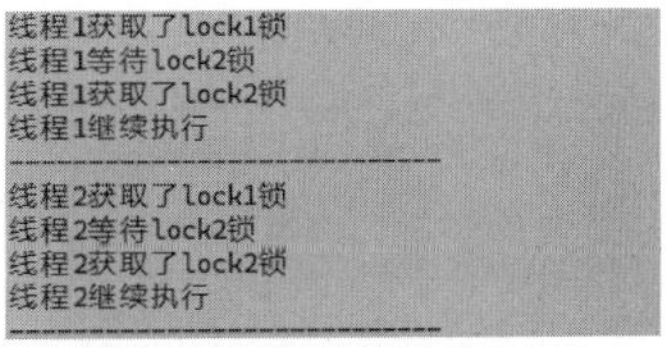

图 14.8　例 14.8 程序的运行结果

14.4.2　使用 ReenTrantLock 类的 tryLock()方法获取锁

可以使用 ReenTrantLock 类的 tryLock()方法获取锁，和 lock()方法相比，不管是否获取了锁，tryLock()方法都会马上返回。如果成功获取了锁，则 tryLock()方法返回 true；如果获取锁失败，则 tryLock()方法也不会进入等待该锁的阻塞状态，而是直接返回 false。可以通过对该方法返回值的判断，进一步决定当前线程对其他锁的掌控状态以避免发生死锁现象。

还可以使用带参数的 tryLock()方法(见表 14.3)指定线程获取锁的等待时间间隔。此方法的方法签名如下：

```
public boolean tryLock(long timeout, TimeUnit unit);
```

方法的第 1 个参数指定获取锁的最大等待时间。如果在此时间间隔中获取了锁，则方法返回 true；如果等待时间已经超过了这个时间间隔，则方法返回 false。

方法的第 2 个参数指定使用的时间单位。TimeUnit 是一种枚举类型，其中定义了几个常量，分别表示几种不同的时间单位。TimeUnit 中定义的时间单位及其含义如表 14.4 所示。

表 14.4 TimeUnit 中定义的时间单位及其含义

时 间 单 位	含 义
public static final TimeUnit DAYS	表示时间单位为天
public static final TimeUnit HOURS	表示时间单位为小时
public static final TimeUnit MINUTES	表示时间单位为分钟
public static final TimeUnit SECONDS	表示时间单位为秒
public static final TimeUnit MILLISECONDS	表示时间单位为毫秒
public static final TimeUnit MICROSECOND	表示时间单位为微秒
public static final TimeUnit NANOSECONDS	表示时间单位为纳秒

【例 14.9】 使用 ReenTrantLock 类的 tryLock()方法获取锁来避免线程死锁。
程序代码如下：

```java
import java.util.concurrent.TimeUnit;
import java.util.concurrent.locks.ReentrantLock;
public class TestDeadlock {
    static ReentrantLock lock1 = new ReentrantLock();
    static ReentrantLock lock2 = new ReentrantLock();
    static class Thread1 implements Runnable{
        @Override
        public void run() {
        while(true) {
          try {
            //if((lock1.tryLock(1000,TimeUnit.MICROSECONDS)) == true) {
            if((lock1.tryLock() == true)) {
                System.out.println("线程 1 获取了 lock1 锁");
                System.out.println("线程 1 等待 lock2 锁");
                Thread.sleep(1000);
                if((lock2.tryLock()) == true) {
                  System.out.println("线程 1 获取了 lock2 锁");
                  System.out.println("线程 1 继续执行");
                  System.out.println(" -------------------- ");
                  lock2.unlock();
                  lock1.unlock();
                  break;
                }else {
                  System.out.println("线程 1 获取 lock2 锁失败");
                  lock1.unlock();            //如果线程 1 获取 lock2 失败,则释放 lock1
                }

            }
            else
                System.out.println("线程 1 获取 lock1 锁失败");
                Thread.sleep(1000);
          } catch (InterruptedException e1) {
            System.out.println(e1.getMessage());
          }
        }
      }
    }
    static class Thread2 implements Runnable{
      @Override
```

```
        public void run() {
          while(true) {
            try {
            //if((lock2.tryLock(1000,TimeUnit.MICROSECONDS)) == true) {
              if((lock2.tryLock()) == true) {
                System.out.println("线程 2 获取了 lock2 锁");
                System.out.println("线程 2 等待 lock1 锁");
                Thread.sleep(1000);
                //if((lock1.tryLock(1000,TimeUnit.MICROSECONDS)) == true) {
                if((lock1.tryLock()) == true) {
                  System.out.println("线程 2 获取了 lock1 锁");
                  System.out.println("线程 2 继续执行");
                  System.out.println(" -------------------- ");
                  lock1.unlock();
                  lock2.unlock();
                  break;
                }
                else {
                  System.out.println("线程 2 获取 lock1 锁失败");
                  lock2.unlock();              //如果线程 2 获取 lock1 失败,则释放 lock2
                }
              }
              else
                System.out.println("线程 2 获取 lock2 锁失败");
                Thread.sleep(1000);
            } catch (InterruptedException e1) {
              System.out.println(e1.getMessage());
            }
          }
        }
      }
      public static void main(String[] args) {
        Thread t1 = new Thread(new Thread1());
        Thread t2 = new Thread(new Thread2());
        t1.start();
        t2.start();
      }
    }
```

程序中的两道线程争夺两个可重入锁 lock1 和 lock2,
只有同时持有这两个锁的线程才能继续执行(访问共享资
源)。当线程 1 持有 lock1 但获取 lock2 失败时,为了避免死
锁使线程 1 放弃 lock1 的持有权(lock1. unlock()),这样就
可以使其他线程有权获取 lock1;当线程 2 持有 lock2 但获
取 lock1 失败时,使线程 2 放弃 lock2 的持有权(lock2.
unlock())。

程序中获取锁使用的是 tryLock()方法,也可以使用带
参数的 tryLock()方法获取锁。例 14.9 程序的运行结果如
图 14.9 所示。

从图 14.9 可以看出,程序经过一段时间的运行后,最终

```
线程1获取了lock1锁
线程1等待lock2锁
线程2获取lock1锁失败
线程1获取lock2锁失败
线程2获取了lock2锁
线程2等待lock1锁
线程1获取了lock1锁
线程1等待lock2锁
线程1获取lock2锁失败
线程2获取lock1锁失败
线程1获取了lock1锁
线程2等待lock1锁
线程1等待lock2锁
线程2获取lock1锁失败
线程1获取了lock2锁
线程1继续执行
--------------------
线程2获取了lock2锁
线程2等待lock1锁
线程2获取了lock1锁
线程2继续执行
--------------------
```

图 14.9 例 14.9 程序的运行结果

两道线程都获得了各自所需的锁,并运行结束。

14.5　线程联合

Thread 类的 join()方法可以使当前线程进入阻塞状态,等待执行 join()方法的线程执行完毕后,当前线程再继续执行。这种行为被称为线程联合。

【例 14.10】 线程联合。

程序代码如下:

```
public class Test {
    public static void main(String[] args) {
        System.out.println("主线程开始执行!");
        Thread t1 = new Thread(new Runnable() {
            @Override
            public void run() {
                String name = Thread.currentThread().getName();
                System.out.println("线程" + name + "开始执行");
                try {
                    Thread.sleep(2000);
                } catch (InterruptedException e) {
                    e.printStackTrace();
                }
                System.out.println("线程" + name + "执行结束");
            }
        });
        t1.start();                      //启动线程 t1
        try {
            t1.join();                   //主线程进入阻塞状态,等待线程 t1 执行完毕
        } catch (InterruptedException e) {
            e.printStackTrace();
        }
        System.out.println("主线程执行结束!");
    }
}
```

程序在主线程(main()方法)中创建并启动了线程 t1,然后执行语句"t1.join();"使主线程进入阻塞状态,等待 t1 线程执行结束。t1 线程执行结束后,主线程再从阻塞状态进入运行状态继续执行。例 14.10 程序的运行结果如图 14.10 所示。

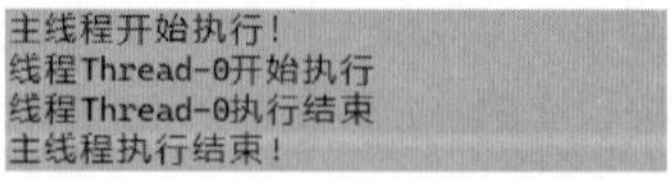

```
主线程开始执行!
线程Thread-0开始执行
线程Thread-0执行结束
主线程执行结束!
```

图 14.10　例 14.10 程序的运行结果

14.6　小结

进程是程序的一次执行,一道进程中可以包含多道线程,线程是处理器调度的基本单位。一道进程中的多道线程可以并行运行。Java 语言内置了多线程编程功能。

Java 语言的 Thread 类和 Runnable 接口是编写多线程程序的两个主要元素。可以通

过以下两种方式创建线程：

（1）继承 Thread 类，并改写父类的 run()方法。

（2）实现 Runnable 接口，并实现接口中声明的 run()方法。

新建线程中运行的是线程对象的 run()方法。

线程同步技术可以解决多道线程同时访问共享资源时有可能引发的数据不一致性问题。Java 语言提供了用于实现线程同步控制的技术，常用的线程同步技术包括 synchronized 关键字和 ReenTrantLock 类。synchronized 关键字和 ReenTrantLock 类本质上都是给程序代码加互斥锁。在同一时刻只有 1 道线程可以进入被锁定的代码块。

线程同步控制有可能引发线程死锁现象。线程死锁指两道或多道线程同步访问共享资源时互相等待的现象。线程死锁将使程序进入停滞状态，无法继续执行。本章介绍了比较常用的两种避免线程死锁的策略——顺序加锁和使用 ReenTrantLock 类的 tryLock() 方法。

Thread 类的 join()方法可以使当前线程进入阻塞状态，等待执行此方法的线程执行完毕后，当前线程再继续执行。这种技术被称为线程联合。

第15章

套接字

Java 语言的 Socket 类提供了针对 TCP/IP 协议实现网络通信的功能。Socket 类被称为套接字。本章介绍 Java 语言的套接字编程技术。

15.1 InetAddress 类

InetAddress 是一个位于 java.net 包中的类，表示网络资源的 IP 地址。一个 InetAddress 对象中包含一个 IP 地址和对应的主机名。InetAddress 类没有提供 public 型的构造方法，也就是说程序中不能直接使用构造方法创建它的对象。可以通过 InetAddress 类中的静态方法来获取它的实例。表 15.1 列出了 InetAddress 类的常用方法及其功能描述。

表 15.1　InetAddress 类的常用方法及其功能描述

方　　法	功　能　描　述
public static InetAddress getByName(String host)	返回指定主机名称的 IP 地址。主机名称可以是计算机名，也可以是其 IP 地址的文本表示(Web 服务器的域名)。如果主机名称输入错误，则此方法抛出 UnknownHostException 类型的异常
public static InetAddress getByAddress(byte[] addr)	返回给定原生 IP 地址的 InetAddress 对象。参数 addr 是以字节数组形式表示的原生 IP 地址。如果 IP 地址的长度非法，则此方法抛出 UnknownHostException 类型的异常
public static InetAddress getLocalHost()	返回表示本地主机的 InetAddress 对象
public byte[] getAddress()	以字节数组的形式返回此 InetAddress 对象的原生 IP 地址
public String getHostAddress()	以字符串的形式返回此对象表示的 IP 地址
public String getHostName()	返回此 IP 地址的主机名(也可能是 Web 服务器的域名)
public boolean isReachable (int timeout)	测试该地址是否可访问。参数 timeout 是以毫秒为单位测试的时间长度

表 15.1 中列出的前 3 个静态方法，可以根据网络主机名、主机的域名、IP 地址的原生表示法获取表示特定网络资源的 InetAddress 类对象。

【例 15.1】　使用 InetAddress 类获取网站服务器主机的 IP 地址。

程序代码如下：

```
import java.io.IOException;
import java.net.InetAddress;
import java.net.UnknownHostException;
```

```java
public class Test {
    public static void main(String[ ] args) {
        InetAddress ip1 = null;
        try {
            ip1 = InetAddress.getByName("www.baidu.com.cn");
        } catch (UnknownHostException e) {
            e.printStackTrace();
        }
        System.out.println("百度服务器的域名和 IP 地址如下所示");
        System.out.println(ip1.toString());
        System.out.println(" ---------------------------------- ");
        System.out.println("下面以两种不同的方式获取并输出百度服务器的 IP 地址");
        byte[ ] ips  = ip1.getAddress();
        System.out.print("百度服务器的 IP 地址是: ");
        for(int i = 0;i < ips.length;i++) {
            System.out.print(Byte.toUnsignedInt(ips[i]));
            if(i < ips.length - 1)
                System.out.print(".");
        }
        System.out.println();
        System.out.println("百度服务器的 IP 地址是: " + ip1.getHostAddress());
        System.out.println(" ---------------------------------- ");
        System.out.println("百度服务器的域名是: " + ip1.getHostName());
        System.out.println(" ---------------------------------- ");
        try {
            System.out.println("百度服务器是否可以访问:" + ip1.isReachable(2000));
        } catch (IOException e) {
            e.printStackTrace();
        }
    }
}
```

如上程序演示了使用 InetAddress 类获取百度服务器 IP 地址的方法。程序中使用 Byte 类的静态方法 toUnsignedInt()将 byte 型的值转换成无符号单字节整数。例 15.1 程序的运行结果如图 15.1 所示。

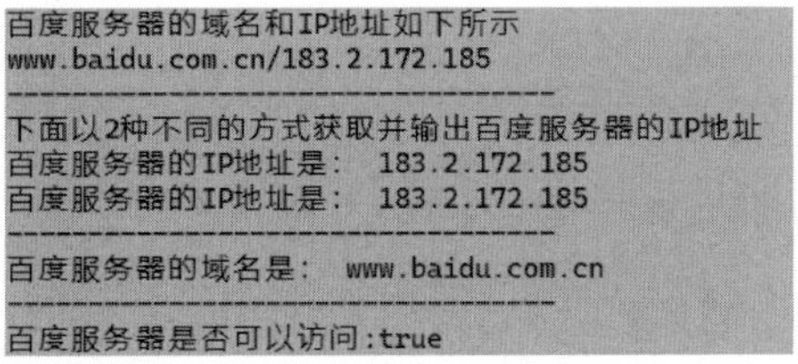

```
百度服务器的域名和IP地址如下所示
www.baidu.com.cn/183.2.172.185
----------------------------------
下面以2种不同的方式获取并输出百度服务器的IP地址
百度服务器的IP地址是:  183.2.172.185
百度服务器的IP地址是:  183.2.172.185
----------------------------------
百度服务器的域名是:  www.baidu.com.cn
----------------------------------
百度服务器是否可以访问:true
```

图 15.1　例 15.1 程序的运行结果

15.2 URL 类

URL 类被称为统一资源定位符,它位于 java.net 包中。它的实例用于唯一地标识和定位万维网(www)上的各种资源,如网页、目录或文件等。

可以使用如下构造方法创建一个 URL 对象。

```java
public URL(String spec);
```

构造方法的参数是一个表示统一资源定位符的字符串。一个表示 URL 的字符串由 3 部分组成：协议、资源所在主机的 IP 地址（可以包含端口号）、资源的具体地址（如文件名、目录名等）。如"http://www.baidu.com"。

当字符串的格式不符合 URL 规范时，构造方法将抛出一个 MalformedURLException 类型的异常。如字符串"www.baidu.com"是不符合 URL 规范的，因为其中没有指定协议类型。

【例 15.2】 使用 URL 类访问网页。

程序代码如下：

```java
import java.awt.Desktop;
import java.io.IOException;
import java.net.MalformedURLException;
import java.net.URISyntaxException;
import java.net.URL;

public class Test {
    public static void main(String[] args) {
        URL url = null;
        try {
            url = new URL("http://www.baidu.com");
        } catch (MalformedURLException e) {
            e.printStackTrace();
        }
        try {
            Desktop.getDesktop().browse(url.toURI());
        } catch (IOException | URISyntaxException e) {
            e.printStackTrace();
        }
    }
}
```

程序为 http://www.baidu.com 创建了一个 URL 对象，并调用计算机上的默认浏览器打开该网页。

Desktop 是表示计算机桌面的类，它的静态方法 getDesktop()返回表示本地主机桌面的 Desktop 对象，方法 browse(url.toURI())调用在计算机桌面注册的默认浏览器打开由 url 对象指定的页面。读者可以自行运行程序，并观察程序的运行结果。

15.3 套接字通信

套接字是对网络中不同主机上的程序之间通信端点的抽象表示。一个套接字就表示网络中一台主机上运行的通信进程的一端，不同主机上的进程通过各自的套接字进行通信。套接字通信通常分为两种类型：流式套接字和数据报套接字。流式套接字实现面向连接的、可靠的数据通信；数据报套接字则是一种非连接的、不可靠的数据通信机制。

15.3.1 针对 TCP 的套接字通信

TCP（传输控制协议）是一种面向连接的、基于字节流的传输层通信协议。TCP 要求两台主机上运行的进程在通信之前必须先建立连接，在通信结束之后必须释放先前建立的连接。TCP 连接的端点叫作套接字，套接字由一台主机的 IP 地址和用来通信的端口号拼接而成。端口号表示实现网络通信的端口编号，是一个 16 位二进制整数，范围是 0～65535，其中 0～1023 端口已被预定义的通信服务占用，如 HTTP 使用 80 端口进行通信，这部分端口被称为知名端口。1024～65535 的端口被称为普通端口，程序中可以选择这个范围的端口号作为通信端口。

Java 的 Socket 类和 ServerSocket 类提供了针对 TCP 的通信服务功能。Socket 类和 ServerSocket 类都位于 java.net 包中。Socket 类表示流式套接字，负责向要通信的主机发起连接请求，并实现两台主机之间的数据通信功能。ServerSocket 类表示服务器端套接字，它主要负责监听客户端主机发出的连接请求，并建立两台主机之间的连接。表 15.2 和表 15.3 列出了 Socket 类和 ServerSocket 类的常用构造方法及其功能描述。

表 15.2　Socket 类的常用构造方法及其功能描述

方　　法	功　能　描　述
public Socket()	创建一个未连接的套接字
public Socket(InetAddress address, int port)	创建流式套接字，并将其连接到指定 IP 地址的指定端口号。参数 address 和 port 是要连接到的主机的 IP 地址和该主机的端口号
public Socket(String host, int port)	创建流式套接字并将其连接到名为 host 的主机上的指定端口号 post 上

表 15.3　ServerSocket 类的常用构造方法及其功能描述

方　　法	功　能　描　述
public ServerSocket()	创建一个未绑定的服务器套接字。此构造方法将尝试使用服务器端的一个空闲端口号来监听客户机的连接请求
public ServerSocket(int port)	创建绑定到指定端口的服务器套接字。参数 port 指定服务器端主机实现通信所使用的端口号

表 15.2 中的 Socket 类的带参数的构造方法在创建套接字的同时，会立即尝试同 IP 地址为 address 的主机上的 port 端口建立连接。如果没有连接成功，则构造方法不会进入阻塞状态等待连接成功，而是会抛出一个 IOException 类型的异常，并立即返回。表 15.4 和表 15.5 列出了 Socket 类和 ServerSocket 类的常用方法及其功能描述。

表 15.4　Socket 类的常用方法及其功能描述

方　　法	功　能　描　述
public void connect(SocketAddress endpoint)	用于将此套接字连接到服务器端。主要用于将使用 Socket 类的不带参数的构造方法创建的未连接套接字连接到服务器端。参数 endpoint 是 SocketAddress 接口的实例，可使用 SocketAddress 的实现类 InetSocketAddress 的包含服务器端主机 IP 地址和通信端口号的对象来指定要连接的服务器端。此方法将使程序进入阻塞状态，直到连接成功或发生了错误，如服务器无法连接或拒绝连接
public void connect(SocketAddress endpoint, int timeout)	将此套接字连接到服务器端。参数 timeout 是以毫秒为单位的连接超时时间。如果在 timeout 时间之内无法连接，则方法抛出 SocketTimeoutException 异常并返回；timeout 为零被解释为无限超时，然后，连接将被阻塞，直到建立或出现错误

续表

方　　法	功　能　描　述
public InputStream getInputStream()	返回此套接字上的字节输入流对象。程序中可从此对象读取另一个主机发送来的数据
public OutputStream getOutputStream()	返回此套接字上的字节输出流对象。程序中可以将发送给另一个主机的数据信息写到这个输出流中
public boolean isConnected()	返回套接字的连接状态。如果套接字成功连接到服务器，则返回 true
public void close()	通信结束后，应该调用此方法关闭套接字

表 15.5　ServerSocket 类的常用方法及其功能描述

方　　法	功　能　描　述
public Socket accept()	侦听要与此套接字建立连接的请求，接受该请求建立连接，并返回服务器端用于通信的套接字。该方法将阻塞，直到建立连接为止
public void bind(SocketAddress endpoint)	用于将服务器套接字绑定到指定的地址（IP 地址和端口号）。可以使用 SocketAddress 接口的实现类 InetSocketAddress 的实例来指定 IP 地址和端口号
public void close()	通信结束后，应使用此方法关闭此服务器端套接字

通常把申请通信的主机称为客户端，把接受申请并建立连接的主机称为服务器端。客户端和服务器端的通信过程如下。

第一步：在服务器端创建 ServerSocket 对象，并调用此对象的 accept() 方法开始侦听客户端的连接请求。

第二步：在客户端创建 Socket 对象，同时向服务器端提出连接请求。

第三步：服务器端的 accept() 方法侦听到客户端的连接请求后，向客户端发送确认信息，建立连接，并返回用于通信的 Socket 对象。

第四步：客户端收到服务器端的确认信息后，开始和服务器端进行通信。

第五步：通信结束后，客户端应关闭套接字；服务器端如果不再和其他客户机通信，也应该关闭服务器端的套接字。

【例 15.3】　使用 TCP 实现网络通信。

本例模拟客户在网上向银行查询还款金额的过程。客户在客户端用户界面中输入贷款金额和贷款年限，客户端进程将这两个数据传输给银行服务器；服务器接收到这两个数据后，使用模拟的公式计算客户应还款的总金额，服务器进程将这个数据发回给客户端；客户端再将服务器发回的数据显示在客户端进程的用户界面中。

程序代码如下：

```
//Client 类模拟客户端程序
import java.awt.BorderLayout;
import java.awt.Color;
import java.awt.event.ActionEvent;
import java.awt.event.ActionListener;
import java.io.DataInputStream;
import java.io.DataOutputStream;
import java.io.IOException;
import java.net.Socket;
import java.net.UnknownHostException;
```

```java
import javax.swing.BorderFactory;
import javax.swing.JButton;
import javax.swing.JFrame;
import javax.swing.JLabel;
import javax.swing.JPanel;
import javax.swing.JTextArea;
import javax.swing.JTextField;
import javax.swing.border.Border;

public class Client extends JFrame{
    JPanel jp;
    JTextField jtf1;
    JTextField jtf2;
    JTextArea jta;
    JButton jbt;
    Socket socket;
    DataInputStream in;
    DataOutputStream out;
    public Client() {
        super("计算还款总额");
        jp = new JPanel();
        jtf1 = new JTextField(5);
        jtf2 = new JTextField(5);
        jta = new JTextArea(20,15);
        jta.setBorder(BorderFactory.createLineBorder(Color.blue));
        jbt = new JButton("发送");
        jbt.addActionListener(new ActionListener() {
            @Override
            public void actionPerformed(ActionEvent e) {
                try {
                    socket = new Socket("127.0.0.1",8000);      //连接服务器
                    in = new DataInputStream(socket.getInputStream());
                    out = new DataOutputStream(socket.getOutputStream());
                    double repay = -1;
                    while(true) {
                        double money = Double.parseDouble(jtf1.getText().trim());
                        int year = Integer.parseInt(jtf2.getText().trim());
                        out.writeDouble(money);                 //向服务器发送数据
                        out.writeInt(year);                     //向服务器发送数据

                        repay = in.readDouble();                //从服务器接收数据
                        if(repay!= -1) {
                            jta.setText("您的还款总额为" + repay + "万");
                            break;
                        }
                    }
                    socket.close();

                } catch (UnknownHostException e1) {
                    e1.printStackTrace();
                } catch (IOException e1) {
                    e1.printStackTrace();
                }
            }
```

```
                    });
                    jp.add(new JLabel("请输入贷款金额(万)"));
                    jp.add(jtf1);
                    jp.add(new JLabel("请输入贷款年数"));
                    jp.add(jtf2);
                    jp.add(jbt);
                    this.add(jp, BorderLayout.NORTH);
                    this.add(jta, BorderLayout.CENTER);
                    this.setLocationRelativeTo(null);
                    this.setSize(600, 200);
                    this.setDefaultCloseOperation(JFrame.EXIT_ON_CLOSE);
                    this.setVisible(true);
                }
                public static void main(String[] args) {
                    new Client();
                }
            }


            //Server 类模拟服务器端
            import java.io.DataInputStream;
            import java.io.DataOutputStream;
            import java.io.IOException;
            import java.net.ServerSocket;
            import java.net.Socket;
            public class Server {
                static DataInputStream in;
                static DataOutputStream out;
                public static void main(String[] args) {
                    double total;
                    try {
                        ServerSocket serverSocket = new ServerSocket(8000);
                        System.out.println("开始侦听客户端请求");
                        System.out.println(" ----------------- ");
                        Socket socket = serverSocket.accept();              //开始侦听客户端连接请求
                        System.out.println("侦听到客户端请求,开始处理");
                        System.out.println(" ----------------- ");
                        in = new DataInputStream(socket.getInputStream());
                        out = new DataOutputStream(socket.getOutputStream());
                        while(true) {
                            double money = in.readDouble();             //从客户端接收一个浮点数
                            int year = in.readInt();                    //从客户端接收一个整数
                            int months = year * 12;
                            total = money + ((money/months + money * 1.75) + money/months * 2.75)/2;
                            out.writeDouble(total);                     //向客户端发送一个浮点数
                            break;
                        }
                        System.out.println("处理结束");
                        socket.close();
                        serverSocket.close();
                    } catch (IOException e) {
                        e.printStackTrace();
                    }
                }
            }
```

当运行程序时,应先运行 Server 类,启动服务器端;再运行 Client 类,启动客户端。由于服务器端主机使用本机模拟,因此客户端连接服务器时使用的 IP 地址是"127.0.0.1"("127.0.0.1"是表示本机的 IP 地址,这里也可以使用字符串"localhost")。如果在局域网的不同主机上运行此例程,则服务器端 IP 地址应使用模拟服务器主机的 IP 地址。程序运行结果如图 15.2 和图 15.3 所示。

图 15.2 服务器端程序的运行结果

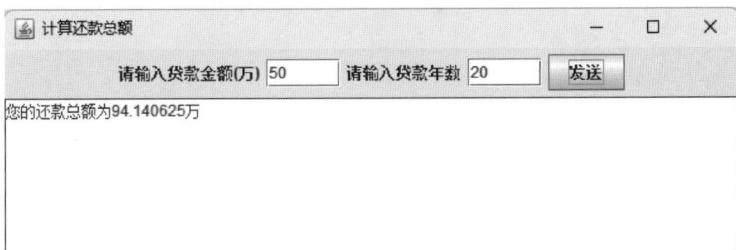

图 15.3 客户端程序的运行结果

如果很多客户端同时访问服务器端,则有可能造成服务器端的拥堵现象。服务器端应使用一道单独的线程处理每个客户端请求。使用多线程技术的服务器端程序如下:

```java
//ServerWithThread类是使用多线程技术的服务器端
import java.io.DataInputStream;
import java.io.DataOutputStream;
import java.io.IOException;
import java.net.ServerSocket;
import java.net.Socket;

public class ServerWithThread {
  static ServerSocket serverSocket;
  static Socket socket;
  public static void main(String[] args) {
    System.out.println("开始侦听客户端请求");
    System.out.println("------------------");
    try {
        serverSocket = new ServerSocket(8000);
    } catch (IOException e1) {
        // TODO Auto-generated catch block
        e1.printStackTrace();
    }
    while(true) {
      try {
        socket = serverSocket.accept();          //开始侦听客户端连接请求
        System.out.println("侦听到客户端请求,开始处理");
        System.out.println("------------------");
        Thread t = new Thread(new Communicate(socket));
        t.start();                               //启动一道单独线程处理一个用户的连接请求
        try {
```

```
            Thread.sleep(3000);
        } catch (InterruptedException e) {
            e.printStackTrace();
        }
    } catch (IOException e) {
        e.printStackTrace();
    }
    }
}
static class Communicate implements Runnable{
    Socket socketInThread;
    public Communicate(Socket socket) {
        socketInThread = socket;
    }
    @Override
    public void run() {
      try {
        DataInputStream in;
        DataOutputStream out;
        in = new DataInputStream(socketInThread.getInputStream());
        out = new DataOutputStream(socketInThread.getOutputStream());
        double money = in.readDouble();
        int year = in.readInt();
        int months = year * 12;
        double total = money + ((money/months + money * 1.75) + money/months * 2.75)/2;
        out.writeDouble(total);
        System.out.println("处理结束");
        socketInThread.close();
      } catch (IOException e) {
        e.printStackTrace();
      }
    }
  }
}
```

ServerWithThread 是服务器端主类，它的内部类 Communicate 处理一个用户端的连接请求。读者可以自行运行该服务器端，并启动多个客户端连接服务器。

15.3.2　针对 UDP 的套接字通信

UDP（用户数据报协议）是一种无连接的、不可靠的传输层协议。通信时，双方主机不建立连接，发送方主机只负责将发送方和接收方主机的 IP 地址和端口号封装在 UDP 报文的头部，然后将报文发送到网络上，而不管该报文是否能被接收方主机完整无误地接收到。和使用 TCP 通信相比，UDP 无法保证通信的可靠性，但通信速度快。由于 UDP 通信不需要连接，因此可以实现多播和广播。如果把 TCP 通信形象地比喻为发送方和接收方"通电话"，则可以把 UDP 通信比喻为发送方给接收方"写信"。

Java 使用 java.net 包中的 DatagramPacket 类处理 UDP 数据包，使用 java.net 包中的 DatagramSocket 类来发送和接收 UDP 数据包。DatagramPacket 类的常用构造方法及其功能描述如表 15.6 所示。

表 15.6 DatagramPacket 类的常用构造方法及其功能描述

方 法	功 能 描 述
public DatagramPacket（byte［］buf，int length）	构造用于接收长度为 length 的数据报的 DatagramPacket 对象（数据包）。参数是用于保存传入数据包的缓冲区
public DatagramPacket（byte［］buf，int length，InetAddress address，int port）	构造一个存放数据报的 DatagramPacket 对象（数据包），用于将长度为 length 的数据包发送到指定主机上的指定端口号。length 参数必须小于或等于 buf.length。参数 buf 是保存数据的字节数组，参数 length 指明数据包的长度（以字节为单位），参数 address 是目的主机的 IP 地址，参数 port 是目标主机用来接收数据的端口号

表 15.6 中的带两个参数的构造方法（第 1 个）常用于创建接收数据的数据包；带 4 个参数的构造方法（第 2 个）常用于创建保存发送数据的数据包，参数 address 指定了发送的目标主机的 IP 地址，参数 port 是目标主机用于接收数据包的端口号。表 15.7 列出了 DatagramPacket 类的常用方法及其功能描述。

表 15.7 DatagramPacket 类的常用方法及其功能描述

方 法	功 能 描 述
public byte[] getData()	返回数据包中保存的数据，本质是返回数据包中用作数据缓冲区的字节数组
public int getLength()	返回要发送的数据长度或接收的数据长度，单位是字节
public InetAddress getAddress()	返回发送此数据包或接收数据包的主机的 IP 地址
public int getPort()	返回远程主机上的端口号，此数据包将发送到该主机或从该主机接收数据包
public void setData(byte[] buf)	设置此数据包的数据缓冲区。参数 buf 是要为此数据包设置的缓冲区，其中保存待发送的数据
public void setLength(int length)	设置此数据包的长度。数据包的长度是数据包的数据缓冲区中将要发送的字节数，或者是数据包数据缓冲区中将用于接收数据的字节数
public void setAddress(InetAddress iaddr)	设置要将此数据报发送到的主机的 IP 地址
public void setPort(int iport)	设置要将此数据报发送到的远程主机上的端口号

当接收方从源主机接收到数据包后，可以使用 DatagramPacket 类的 getData()方法获取其中保存的数据。

DatagramSocket 类被称为数据报套接字类，主要用于发送和接收数据报。表 15.8 列出了 DatagramSocket 类的常用构造方法及其功能描述。

表 15.8 DatagramSocket 类的常用构造方法及其功能描述

方 法	功 能 描 述
public DatagramSocket()	构造一个数据报套接字，并将其绑定到本地主机上的任何可用端口
public DatagramSocket(int port)	构造一个数据报套接字，并将其绑定到本地主机上的指定端口

DatagramSocket 类的不带参数的构造方法常用于创建用于发送数据报的套接字对象；带参数的构造方法常用于创建接收数据报的套接字。表 15.9 列出了 DatagramSocket 类的常用方法及其功能描述。

表15.9 **DatagramSocket** 类的常用方法及其功能描述

方 法	功 能 描 述
public void send(DatagramPacket p)	从此套接字发送数据包(包中保存数据报)。参数 p 是待发送的数据包
public void receive(DatagramPacket p)	从此套接字接收数据包(包中保存数据报)。被接收的数据包存放在参数 p 中
public void bind (SocketAddress addr)	将此 DatagramSocket 绑定到特定的地址和端口
public void connect (InetAddress address,int port)	将套接字连接到一个远程地址。当套接字连接到远程地址时,数据包只能发送到该地址或从该地址接收。在默认情况下,数据报套接字未连接
public boolean isClosed()	返回套接字是否处于关闭状态。如果套接字已关闭,则返回 true;否则返回 false
public boolean isConnected()	返回套接字的连接状态。如果套接字成功连接到服务器,则返回 true;否则返回 false
public InetAddress getInetAddress()	返回此套接字所连接的地址。如果套接字未连接,则返回 null
public int getPort()	返回此套接字所连接的端口号。如果套接字未连接,则返回-1

DatagramSocket 类的 send()方法用于发送数据包,receive()方法用来接收数据包。

【例15.4】 模拟网络聊天软件,使用 UDP 传递聊天数据。

本例设计了一个模拟网络聊天的软件,用户双方都使用 GUI 窗体进行聊天,聊天数据使用 UDP 发送和接收。程序代码如下:

```java
//Sender 类模拟聊天的一方
import java.awt.BorderLayout;
import java.awt.Color;
import java.awt.ComponentOrientation;
import java.awt.event.ActionEvent;
import java.awt.event.ActionListener;
import java.io.IOException;
import java.net.DatagramPacket;
import java.net.DatagramSocket;
import java.net.InetAddress;
import java.net.SocketException;
import java.net.UnknownHostException;
import javax.swing.BorderFactory;
import javax.swing.JButton;
import javax.swing.JFrame;
import javax.swing.JPanel;
import javax.swing.JScrollPane;
import javax.swing.JTextArea;
import javax.swing.JTextField;

public class Sender extends JFrame {
    JPanel jp;
    JTextField jtf;
    JButton jbt;
    static JTextArea jta;
    static DatagramSocket toSocket;
```

```
static DatagramSocket reSocket;
static InetAddress ip;
public Sender() {
    super("模拟聊天");
    jp = new JPanel();
    jtf = new JTextField(10);
    jbt = new JButton("发送");
    jta = new JTextArea(20,25);
    jp.add(jtf);
    jp.add(jbt);
    jta.setBorder(BorderFactory.createLineBorder(Color.black));
    jbt.addActionListener(new ActionListener() {
        @Override
        public void actionPerformed(ActionEvent arg0) {
            String s = jtf.getText();
            jta.append("我: " + s + "\n");
            jtf.setText("");
            try {
                toSocket = new DatagramSocket();            //创建发送数据包的套接字
                ip = InetAddress.getByName("localhost");
                DatagramPacket packet = new DatagramPacket(s.getBytes(), s.getBytes().
length, ip, 8010);                                          //创建待发送的数据包
                toSocket.send(packet);                      //发送数据包
            } catch (Exception e) {
                e.printStackTrace();
            }
        }
    });
    this.add(new JScrollPane(jta), BorderLayout.CENTER);
    this.add(jp, BorderLayout.SOUTH);
    this.setLocationRelativeTo(null);
    this.pack();
    this.setDefaultCloseOperation(JFrame.EXIT_ON_CLOSE);
    this.setVisible(true);
}
public static void main(String[] args) {
    Sender sender = new Sender();
    try {
        reSocket = new DatagramSocket(8020);
    } catch (SocketException e) {
        e.printStackTrace();
    }
    while(true) {
        byte[] buffer = new byte[1024];
        DatagramPacket packet = new DatagramPacket(buffer, buffer.length);
        //上面的语句创建用来接收数据报的数据包
        try {
            reSocket.receive(packet);                       //接收数据包

        } catch (IOException e) {
            e.printStackTrace();
        }
        String s = new String(packet.getData(), 0, packet.getLength());
        //上面的语句从接收的数据包中提取字符串
```

```
                    jta.append("对方: " + s + "\n");
                    if("再见".equals(s)||"拜拜".equals(s))
                        break;
                }
                toSocket.close();
                reSocket.close();
            }
        }
//Receiver 类模拟聊天的另一方
import java.awt.BorderLayout;
import java.awt.Color;
import java.awt.ComponentOrientation;
import java.awt.event.ActionEvent;
import java.awt.event.ActionListener;
import java.io.IOException;
import java.net.DatagramPacket;
import java.net.DatagramSocket;
import java.net.InetAddress;
import java.net.SocketException;
import java.net.UnknownHostException;
import javax.swing.AbstractButton;
import javax.swing.BorderFactory;
import javax.swing.JButton;
import javax.swing.JFrame;
import javax.swing.JPanel;
import javax.swing.JScrollPane;
import javax.swing.JTextArea;
import javax.swing.JTextField;

public class Receiver extends JFrame {
    JPanel jp;
    JTextField jtf;
    JButton jbt;
    static JTextArea jta;
    static DatagramSocket toSocket;
    static DatagramSocket reSocket;
    static InetAddress ip;
    public Receiver() {
        super("模拟聊天");
        jp = new JPanel();
        jtf = new JTextField(10);
        jbt = new JButton("发送");
        jta = new JTextArea(20,25);
        jp.add(jtf);
        jp.add(jbt);
        jta.setBorder(BorderFactory.createLineBorder(Color.black));
        jbt.addActionListener(new ActionListener() {
            @Override
            public void actionPerformed(ActionEvent arg0) {
                String s = jtf.getText();
                jta.append("我: " + s + "\n");
                jtf.setText("");
                try {
                    toSocket = new DatagramSocket();           //创建发送数据包的套接字
```

```
                    ip = InetAddress.getByName("localhost");
                } catch (Exception e) {
                    e.printStackTrace();
                }
                  DatagramPacket packet = new DatagramPacket(s.getBytes(), s.getBytes().
    length, ip, 8020);                          //创建待发送的数据包
                try {
                    toSocket.send(packet);              //发送数据包
                } catch (IOException e) {
                    e.printStackTrace();
                }
            }
        });
        this.add(new JScrollPane(jta), BorderLayout.CENTER);
        this.add(jp, BorderLayout.SOUTH);
        this.setLocationRelativeTo(null);
        this.pack();
        this.setDefaultCloseOperation(JFrame.EXIT_ON_CLOSE);
        this.setVisible(true);
    }
    public static void main(String[] args) {
        Receiver receiver = new Receiver();
        try {
            reSocket = new DatagramSocket(8010);        //创建用于接收数据报的套接字
        } catch (SocketException e) {
            e.printStackTrace();
        }
        while(true) {
            byte[] buffer = new byte[1024];
            DatagramPacket packet = new DatagramPacket(buffer, buffer.length);
            //上面的语句创建用于接收数据的数据包
            try {
                reSocket.receive(packet);               //接收数据
            String s = new String(packet.getData(), 0, packet.getLength());
                //上面的语句从接收到的数据包中提取数据(字符串)
                jta.append("对方: " + s + "\n");
                if("再见".equals(s)||"拜拜".equals(s))
                    break;
            } catch (IOException e) {
                e.printStackTrace();
            }
        }
        toSocket.close();
        reSocket.close();
    }
}
```

读者需要分别运行 Sender 类和 Receiver 类,两个程序运行后都显示一个 GUI 窗体,用户可在窗体下面的单行文本输入区中输入文本信息,然后单击右侧的"发送"按钮,将文本信息发送给对方主机。程序界面上方的多行文本输入区中将显示用户聊天的内容。例 15.4 程序的运行结果如图 15.4 所示。

在例 15.4 的程序中,Sender 所代表的一方使用"发送"按钮事件处理线程实现 UDP 数据报的发送,使用主线程(main()方法所在的线程)接收从 Receiver 发来的 UDP 数据报;聊

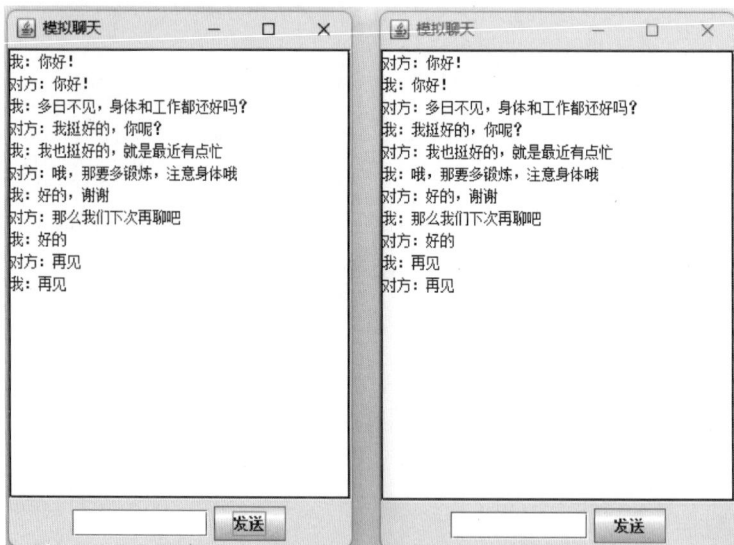

图 15.4　例 15.4 程序的运行结果

天的另一方 Receiver 也使用"发送"按钮事件处理线程来发送 UDP 数据报，使用主线程（main()方法所在的线程）接收从 Sender 发来的 UDP 数据报。

15.4　小结

InetAddress 是表示 IP 地址的类，可以使用它的成员方法获取网络主机的 IP 地址。

URL 类的实例被称为统一资源定位符，它用来唯一地定位网络上的资源，可以通过 url 去访问它所定位的网络资源。

TCP 和 UDP 是两种常用的传输层协议。TCP（传输控制协议）是一种面向连接的信息传输协议，要求通信的双方在通信开始前必须建立连接，除此之外，TCP 还提供了验证和重发机制，以保证发送方可以完整、准确地将信息发送到接收方。Java 提供了 Socket 类和 ServerSocket 类来实现针对 TCP 的通信功能。

UDP（用户数据报协议）是一种无连接的信息传输协议，它并不要求通信者必须建立连接，UDP 只是把要发送的信息以数据报的形式尽快地发送到网络上，数据报的头部中包含目标主机的地址和接收信息的端口号，这些包含数据报的数据包被各种网络设备逐级转发到目标主机，在转发过程中有可能出现丢包现象，而且 UDP 也不提供报文到达确认机制。它是一种不可靠的信息传输协议，但是和 TCP 相比，UDP 具有传输信息快速、高效的特点。Java 中的 DatagramSocket 类和 DatagramPacket 类提供了实现 UDP 通信的功能。

第16章

Java反射技术

扫描下方二维码,查看本章内容。

第 16 章二维码

参 考 文 献

［1］ 李刚.疯狂 Java 讲义.6 版.北京：电子工业出版社,2023.

［2］ LIANG Y D.Java 语言程序设计(基础篇).12 版.戴开宇,译.北京：机械工业出版社,2021.

［3］ LIANG Y D.Java 语言程序设计(进阶篇).12 版.戴开宇,译.北京：机械工业出版社,2021.

［4］ ECKEL B.Java 编程思想.4 版.陈昊鹏,译.北京：机械工业出版社,2007.

［5］ HORSTMANN C S.Java 核心技术卷 I：开发基础.林琪,苏钰涵,译.12 版.北京：机械工业出版
社,2022.

［6］ 耿祥义,张跃平.Java2 实用教程.6 版.北京：清华大学出版社,2021.